教育部高等学校电子信息类专业教学指导委员会规划教材

高等学校电子信息类专业系列教材·新形态教材

MATLAB/Simulink
入门经典教程

徐国保　主编

刘雯景　赵桂艳　陈锋军　黄江　编著

清华大学出版社

北京

内 容 简 介

本书系统地介绍 MATLAB 和 Simulink 的基础知识。全书以当今流行的 MATLAB R2020a 和 Simulink 10.1 为平台详细介绍 MATLAB 和 Simulink 的基本功能及应用。全书分为三篇(共 11 章):MATLAB/Simulink 基础篇(第 1～9 章)、MATLAB/Simulink 案例篇(第 10 章)和 MATLAB/Simulink 实验篇(第 11 章),内容包括 MATLAB 语言概述、矩阵及其运算、字符串和数组、程序结构和 M 文件、数值计算、符号运算、数据可视化、图形用户界面、Simulink 仿真基础、MATLAB/Simulink 案例和 MATLAB/Simulink 实验,内容涉及较广,能满足一般用户使用的各种功能需求。

本书通俗易懂,兼顾不同专业的读者,注重 MATLAB 和 Simulink 的基础知识,弱化专业应用;内容编排科学合理,先基础后案例,先理论后实验,由浅入深、循序渐进;内容丰富,例题新颖,案例广泛,体现新工科和工程教育专业认证理念,便于读者学习和掌握 MATLAB 和 Simulink。

本书适合作为高等院校理工科各专业本科生的教学用书,也可以作为研究生、科研与工程技术人员的参考用书。

图书在版编目(CIP)数据

MATLAB/Simulink 入门经典教程/徐国保主编.—北京:清华大学出版社,2021.7(2024.2重印)
高等学校电子信息类专业系列教材·新形态教材
ISBN 978-7-302-58585-5

Ⅰ.①M… Ⅱ.①徐… Ⅲ.①自动控制系统—系统仿真—Matlab 软件—高等学校—教材
Ⅳ.①TP273-39

中国版本图书馆 CIP 数据核字(2021)第 131370 号

责任编辑:盛东亮 钟志芳
封面设计:李召霞
责任校对:时翠兰
责任印制:丛怀宇

出版发行:清华大学出版社
    网   址:https://www.tup.com.cn,https://www.wqxuetang.com
    地   址:北京清华大学学研大厦 A 座   邮   编:100084
    社 总 机:010-83470000   邮   购:010-62786544
    投稿与读者服务:010-62776969,c-service@tup.tsinghua.edu.cn
    质量反馈:010-62772015,zhiliang@tup.tsinghua.edu.cn
    课件下载:https://www.tup.com.cn,010-83470236
印 装 者:三河市铭诚印务有限公司
经   销:全国新华书店
开   本:185mm×260mm   印   张:25.75   字   数:626 千字
版   次:2021 年 9 月第 1 版   印   次:2024 年 2 月第 4 次印刷
印   数:2901～3700
定   价:69.00 元

产品编号:083651-01

高等学校电子信息类专业系列教材

序

FOREWORD

我国电子信息产业销售收入总规模在 2013 年已经突破 12 万亿元,行业收入占工业总体比重已经超过 9%。电子信息产业在工业经济中的支撑作用凸显,更加促进了信息化和工业化的高层次深度融合。随着移动互联网、云计算、物联网、大数据和石墨烯等新兴产业的爆发式增长,电子信息产业的发展呈现了新的特点,电子信息产业的人才培养面临着新的挑战。

(1)随着控制、通信、人机交互和网络互联等新兴电子信息技术的不断发展,传统工业设备融合了大量最新的电子信息技术,它们一起构成了庞大而复杂的系统,派生出大量新兴的电子信息技术应用需求。这些"系统级"的应用需求,迫切要求具有系统级设计能力的电子信息技术人才。

(2)电子信息系统设备的功能越来越复杂,系统的集成度越来越高。因此,要求未来的设计者应该具备更扎实的理论基础知识和更宽广的专业视野。未来电子信息系统的设计越来越要求软件和硬件的协同规划、协同设计和协同调试。

(3)新兴电子信息技术的发展依赖于半导体产业的不断推动,半导体厂商为设计者提供了越来越丰富的生态资源,系统集成厂商的全方位配合又加速了这种生态资源的进一步完善。半导体厂商和系统集成厂商所建立的这种生态系统,为未来的设计者提供了更加便捷却又必须依赖的设计资源。

教育部 2012 年颁布的《普通高等学校本科专业目录》将电子信息类专业进行了整合,为各高校建立系统化的人才培养体系,培养具有扎实理论基础和宽广专业技能的、兼顾"基础"和"系统"的高层次电子信息人才给出了指引。

传统的电子信息学科专业课程体系呈现"自底向上"的特点,这种课程体系偏重对底层元器件的分析与设计,较少涉及系统级的集成与设计。近年来,国内很多高校对电子信息类专业课程体系进行了大力度的改革,这些改革顺应时代潮流,从系统集成的角度,更加科学合理地构建了课程体系。

为了进一步提高普通高校电子信息类专业教育与教学质量,贯彻落实《国家中长期教育改革和发展规划纲要(2010—2020 年)》和《教育部关于全面提高高等教育质量若干意见》(教高〔2012〕4 号)的精神,教育部高等学校电子信息类专业教学指导委员会开展了"高等学校电子信息类专业课程体系"的立项研究工作,并于 2014 年 5 月启动了《高等学校电子信息类专业系列教材》(教育部高等学校电子信息类专业教学指导委员会规划教材)的建设工作。其目的是为推进高等教育内涵式发展,提高教学水平,满足高等学校对电子信息类专业人才培养、教学改革与课程改革的需要。

本系列教材定位于高等学校电子信息类专业的专业课程,适用于电子信息类的电子信息工程、电子科学与技术、通信工程、微电子科学与工程、光电信息科学与工程、信息工程及其相近专业。经过编审委员会与众多高校多次沟通,初步拟定分批次(2014—2017年)建设约100门课程教材。本系列教材将力求在保证基础的前提下,突出技术的先进性和科学的前沿性,体现创新教学和工程实践教学;将重视系统集成思想在教学中的体现,鼓励推陈出新,采用"自顶向下"的方法编写教材;将注重反映优秀的教学改革成果,推广优秀的教学经验与理念。

为了保证本系列教材的科学性、系统性及编写质量,本系列教材设立顾问委员会及编审委员会。顾问委员会由教指委高级顾问、特约高级顾问和国家级教学名师担任,编审委员会由教育部高等学校电子信息类专业教学指导委员会委员和一线教学名师组成。同时,清华大学出版社为本系列教材配置优秀的编辑团队,力求高水准出版。本系列教材的建设,不仅有众多高校教师参与,也有大量知名的电子信息类企业支持。在此,谨向参与本系列教材策划、组织、编写与出版的广大教师、企业代表及出版人员致以诚挚的感谢,并殷切希望本系列教材在我国高等学校电子信息类专业人才培养与课程体系建设中发挥切实的作用。

吕志伟 教授

前言
PREFACE

MATLAB 是由 MathWorks 公司开发的,目前已经发展成为国际上最流行、应用最广泛的科学计算软件之一。在全球 5000 所大学中,MATLAB 被广泛应用于工程、科学、经济和金融等领域的教学、科研以及学生项目开发。MATLAB 软件具有强大的矩阵计算、数值计算、符号计算、数据可视化和系统仿真分析等功能,广泛应用于科学计算、人工智能与数据科学、电子电气与信息技术、机械能动与控制、工业工程与智能制造、金融、经济与管理等领域,也成为线性代数、高等数学、概率论与数理统计、信号与系统、数字信号处理、数字图像处理、时间序列分析、自动控制原理、动态系统仿真等课程的基本教学工具。近年来,MATLAB 成为国内外众多高校本科生和研究生的课程,成为学生必须掌握的基本编程语言之一,也成为教师、科研人员和工程师进行教学、科学研究和生产实践的一个基本工具。

本书以当今流行的 MATLAB R2020a 和 Simulink 10.1 为平台,由不同专业作者在高校从事十余年 MATLAB 课程教学、课程改革、毕业设计指导和利用 MATLAB 进行科学研究的基础上编著而成,具有以下特点:

(1) 体现新工科和工程教育专业认证理念。以学生为中心,案例式教学为手段,培养学生用 MATLAB 解决复杂工程问题的能力。

(2) 内容编排科学、合理。本书按先基础后案例,先理论后实验,由浅入深、循序渐进的原则进行编排,便于读者学习 MATLAB 和 Simulink。

(3) 内容全面,案例丰富。本书详细介绍 MATLAB 和 Simulink 的基本内容,提供丰富的例题和案例,便于读者更好地掌握 MATLAB 和 Simulink 的各种函数和命令。

(4) 理论教学与上机实验相配套。为了便于教师教学,本书提供配套的电子教案、例题和案例的源代码、习题答案以及所有图片;为了便于读者上机做实验,本书提供 11 个 MATLAB/Simulink 基本实验。

本书分三篇:MATLAB/Simulink 基础篇、MATLAB/Simulink 案例篇和 MATLAB/Simulink 实验篇。MATLAB/Simulink 基础篇包括:第 1 章 MATLAB 语言概述,主要介绍 MATLAB 语言的发展、特点、环境、帮助系统、数据类型和运算符;第 2 章 MATLAB 矩阵及其运算,主要介绍矩阵的创建、矩阵的修改、矩阵基本运算和矩阵分析;第 3 章 MATLAB 字符串和数组,主要介绍字符串、多维数组、结构数组和元胞数组;第 4 章 MATLAB 程序结构和 M 文件,主要介绍 MATLAB 程序结构、M 脚本文件、M 函数文件和程序调试;第 5 章 MATLAB 数值计算,主要介绍多项式运算、数据插值、数据拟合、数据统计和数值计算;第 6 章 MATLAB 符号运算,主要介绍符号定义、符号运算、符号极限、符号微分和积分;第 7 章 MATLAB 数据可视化,主要介绍 MATLAB 二维曲线绘制、二维特殊图形绘制、三维曲线和曲线绘制;第 8 章 MATLAB 图形用户界面,主要介绍图形用户界面、控制框常用对象及功能、GUI 菜单的设计；第 9 章 Simulink 仿真基础，主要介绍 Simulink、常用模块、模块编辑和 Simulink 仿真。MATLAB/Simulink 案例篇主要介绍本书前 9 章 MATLAB/Simulink 基础内容的 66 个典型案例。MATLAB/Simulink 实验篇介绍 11 个基本的 MATLAB/Simulink 实验。

　　本书适合作为高等院校理工科各专业的教学用书，也可以作为研究生、科研与工程技术人员的参考用书。建议授课学时为 40 或 48 学时。对于短课时（如 32 学时，低年级开的课程），可以讲授第 1～7 章和第 9 章内容以及第 11 章实验部分，第 8 章 MATLAB 图形用户界面和第 10 章 MATLAB/Simulink 案例应用部分可以留给学生自学。

　　本书第 1～5 章、第 8 章、第 11 章由广东海洋大学徐国保编写，第 10 章由广东海洋大学刘雯景编写，第 7 章由广东海洋大学赵桂艳编写，第 9 章由北京林业大学陈锋军编写，第 6 章由广东海洋大学黄江编写。为了确保本书的质量，各部分的应用案例由教学经验丰富的相关专业任课教师编写。本书的编写思路与内容选择由编者集体讨论确定，全书的代码更新和调试运行由刘雯景负责，全书例题的微课视频录制由徐国保和赵桂艳负责，全书由徐国保负责统稿、校稿和定稿。

　　在本书的编写过程中，参考和引用了相关教材和资料，在此一并向教材和资料的作者表示诚挚的谢意。

　　为了便于学生学习，全书附有习题（84 道习题）的参考答案和所有例题的源代码及微课视频（419 分钟）。为了方便教师教学，本书配有完整的教学课件（10 章 PPT）、所有例题（172 个例题）的源代码、全书图片（259 张图）素材、实验内容（11 个实验）电子版、课程大纲、授课计划表以及课后习题答案等内容，欢迎选用本书作为教材的老师联系作者索取。

　　由于编者的水平有限，书中难免存在不妥之处，欢迎使用本书的教师、学生和科技人员批评指正，以便再版时改进和提高。

编　者

2021 年 7 月

目 录
CONTENTS

MATLAB/Simulink 案例篇

MATLAB/Simulink 实验篇

MATLAB/Simulink 基础篇

MATLAB/Simulink 基础篇主要介绍 MATLAB 的基础知识、MATLAB 编程的基本方法和 Simulink 仿真基础。通过 MATLAB/Simulink 基础篇的学习,读者可以了解和掌握 MATLAB 的基本语法、基本函数、常用命令、M 文件、程序结构和 Simulink 仿真基础等知识,掌握 MATLAB 的矩阵及其运算、数值计算和符号计算、数据可视化、图形用户界面和系统仿真等功能,为学习下一篇 MATLAB/Simulink 案例应用奠定良好的基础。

MATLAB/Simulink 基础篇包含:

第1章

MATLAB 语言概述

本章要点：

- MATLAB 语言的发展；
- MATLAB 语言的特点；
- MATLAB 语言的环境；
- MATLAB 的帮助系统；
- MATLAB 的数据类型；
- MATLAB 的运算符。

1.1 MATLAB 语言的发展

MATLAB 名字是矩阵实验室（Matrix Laboratory）的前三个字母的缩写。MATLAB 语言最初是由美国的 Cleve Moler 教授为了解决"线性代数"课程的矩阵运算问题，于 1980 年前后编写的。早期的 MATLAB 版本是用 FORTRAN 语言编写的。1984 年，John Little、Cleve Moler 和 Steve Bangert 合作成立了 MathWorks 公司，正式把 MATLAB 推向市场。此后，MATLAB 版本都是用 C 语言编写的，功能越来越强大，除了原有的数值计算功能外，还增加了符号计算功能和图形图像处理功能等。

1993 年，MathWorks 公司推出 MATLAB 4.0 Windows 版，从此告别 DOS 版。与以往的版本相比，MATLAB 4.0 Windows 版增加了几个重要的功能：推出了交互式操作的动态系统建模、仿真、分析集成环境 Simulink，推出了符号计算工具包，构建了 Notebook 等。

2006 年，MathWorks 公司分别在 3 月和 9 月进行两次产品发布，3 月发布的版本被称为"R2006a"，9 月发布的版本被称为"R2006b"。之后，MATLAB 版本更新非常快，MathWorks 公司几乎每年更新两次，上半年推出"a"版本，下半年推出"b"版本。MATLAB 主要版本如表 1-1 所示。MATLAB 支持 UNIX、Linux、Windows 等多种操作平台系统。

表 1-1 MATLAB 的发展

版　　本	编　　号	发 布 时 间	版　　本	编　　号	发 布 时 间
MATLAB 1		1984	MATLAB 4.0		1993
MATALB 2		1986	MATLAB 4.2c	R7	1994
MATLAB 3		1987	MATLAB 5.0	R8	1996
MATLAB 3.5		1990	MATLAB 5.3	R11	1999

续表

版　本	编　号	发布时间	版　本	编　号	发布时间
MATLAB 6.0	R12	2000	MATLAB 7.14	R2012a	2012
MATLAB 6.5	R13	2002	MATLAB 8.0	R2012b	2012
MATLAB 7.0	R14	2004	MATLAB 8.1	R2013a	2013
MATLAB 7.1	R14SP3	2005	MATLAB 8.3	R2014a	2014
MATLAB 7.2	R2006a	2006	MATLAB 8.5	R2015a	2015
MATLAB 7.4	R2007a	2007	MATLAB 9.0	R2016a	2016
MATLAB 7.6	R2008a	2008	MATLAB 9.2	R2017a	2017
MATLAB 7.8	R2009a	2009	MATLAB 9.4	R2018a	2018
MATLAB 7.10	R2010a	2010	MATLAB 9.6	R2019a	2019
MATLAB 7.12	R2011a	2011	MATLAB 9.8	R2020a	2020

目前,MATLAB已经成为线性代数、高等数学、概率论与数理统计、自动控制原理、数字信号处理、信号与系统、时间序列分析、动态系统仿真和数字图像处理等课程的基本教学工具,国内外高校纷纷将 MATLAB列为本科生和研究生的课程,成为学生必须掌握的基本编程语言之一。在高校、研究所和公司企业单位中,MATLAB也成为教师、科研人员和工程师们进行教学、科学研究和生产实践的一个基本工具,主要应用于科学计算、控制设计、仿真分析、信号处理与通信、图像处理、信号检测和金融建模设计与分析等领域。MATLAB R2020a 版本集成了 MATLAB 9.8 编译器,Simulink 10.1 仿真软件和很多工具箱,具有强大的数值计算、符号计算、图形图像处理和仿真分析等功能。本书以 MATLAB R2020a 版本为基础,介绍 MATLAB 的基本功能及其应用。

1.2　MATLAB 语言的特点

MATLAB 自 1984 年 MathWorks 公司推向市场以来,经历了 30 余年的发展和完善,代表了当今国际科学计算软件的先进水平。同其他高级语言相比,MATLAB 的特点包括简单的编程环境、可靠的数值计算和符号计算功能、强大的数据可视化功能、直观的 Simulink 仿真功能、丰富的工具箱和完整的帮助功能等。

1. 简单的编程环境

MATLAB 语言编程简单,书写自由,不需要编译及连接即可执行。MATLAB 语言的函数名和命令表达很接近标准的数学公式和表达方式,可以利用 MATLAB 命令窗口直接书写公式并求解,能直接得出运算结果,能快速验证编程人员的算法结果,因此,MATLAB 被称为“草稿式”的语言。MATLAB 程序编写语法限制不严格,在命令窗口能立即给出错误提示,便于编程者修改,减轻编程和调试工作,提高了编程效率。

2. 可靠的数值计算和符号计算功能

MATLAB 以矩阵作为数据操作的基本单位,这使得矩阵运算变得非常简单、快捷和高效。MATLAB 还提供了 600 多个数值计算函数,极大地降低编程工作量,因而具有强大的数值计算功能。另外 MATLAB 和符号计算语言 Maple 相结合,可以解决数学、应用科学和工程计算领域的符号计算问题,具有高效的符号计算功能。

3. 强大的数据可视化功能

MATLAB 具有非常强大的数据可视化功能,能各方面地将矩阵和数组显示成图形,智能地根据输入数据自动确定坐标轴和不同颜色线型。利用不同作图函数可以画出多种坐标系(如笛卡儿坐标系、极坐标系和对数坐标系等)的图形,可以设置不同的颜色、线型和标注方式,可以对图形进行修饰(如标题、横纵坐标名称和图例等)。

4. 直观的 Simulink 仿真功能

Simulink 是 MATLAB 的仿真工具箱,是一个交互式动态系统建模、仿真和综合分析的集成环境。使用 Simulink 构建和模拟一个系统,简单方便,用户通过框图的绘制代替程序的输入,用鼠标操作替代编程,不需要考虑系统模块内部。Simulink 支持线性、非线性以及混合系统,也支持连续、离散和混合系统的仿真,能够用于控制系统、电路系统、信号与系统、信号处理和通信系统等进行系统建模、仿真和分析。

5. 丰富的工具箱

MATLAB 包括数百个核心内部函数和丰富的工具箱。其工具箱可以分为功能性工具箱和学科性工具箱,每个工具箱都是为了某一类学科专业和应用而编制,为不同领域的用户提供了丰富强大的功能。MATLAB 常用工具箱有符号数学工具箱(Symbolic Math Toolbox)、图像处理工具箱(Image Processing Toolbox)、数据库工具箱(Database Toolbox)、优化工具箱(Optimization Toolbox)、统计工具箱(Statistics Toolbox)、信号处理工具箱(Signal Processing Toolbox)、小波分析工具箱(Wavelet Toolbox)、通信工具箱(Communication Toolbox)、滤波器设计工具箱(Filter Design Toolbox)、控制系统工具箱(Control System Toolbox)、系统辨识工具箱(System Identification Toolbox)、神经网络工具箱(Neural Network Toolbox)、机器人系统工具箱(Robotics System Toolbox)、鲁棒控制工具箱(Robust Control Toolbox)、模糊逻辑工具箱(Fuzzy Logic Toolbox)和金融工具箱(Financial Toolbox)等。

6. 完整的帮助功能

MATLAB 帮助功能完整,用户使用方便。用户可以通过命令窗口输入 help 函数命令获取特定函数的使用帮助信息,利用 lookfor 函数搜索和关键字相关的 MATLAB 函数信息,另外还可以通过联机帮助系统获取各种帮助信息。MATLAB 的帮助文件不仅介绍函数的功能、参数定义和使用方法,还给出了相应的实例,以及相关的函数名称。

1.3　MATLAB 语言的环境

1.3.1　MATLAB 语言的安装

安装 MATLAB 软件的主要操作步骤如下。

(1) 下载 MATLAB R2020a 安装文件,安装文件为压缩格式,需要用解压缩软件解压,安装前要确保系统满足软硬件要求。MATLAB R2020a 需要 64 位操作系统,软件安装文件占用 31GB 以上的空间。

(2) 双击 setup. exe 文件进行安装,单击"高级选项",选择"我有文件安装密钥",如图 1-1 所示。

(3) 是否接受许可协议的条款? 选择"是",单击"下一步"按钮,如图 1-2 所示。

图 1-1 选择安装方法

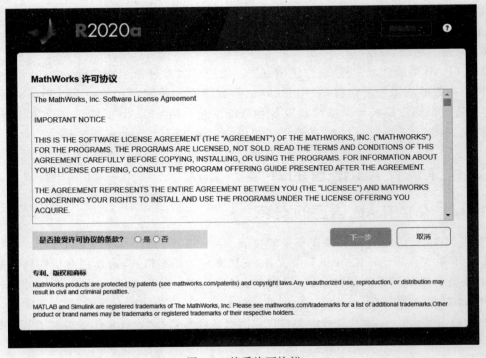

图 1-2 接受许可协议

（4）输入文件安装密钥，单击"下一步"按钮，如图 1-3 所示。

图 1-3　输入文件安装密钥

（5）输入许可证文件的完成路径。单击"浏览"按钮，选择许可文件的所在路径，找到许可文件 license_standalone. lic，再单击"下一步"按钮，如图 1-4 所示。

图 1-4　选择许可证文件

（6）文件夹选择。可以根据自己的爱好和需要，选择安装目录。如果选择默认的安装目录，单击"下一步"按钮，如图 1-5 所示。

图 1-5　选择目标文件夹

（7）产品选择。可以根据自己的爱好和需要，选择安装产品。默认安装将安装所有的产品，需要空间大，功能完善。用户可以有选择地安装产品，在不需要的产品前把"√"去掉，需要的空间可以相对小一些。如果选择默认安装类型，单击"下一步"按钮，开始安装默认产品，如图 1-6～图 1-8 所示。

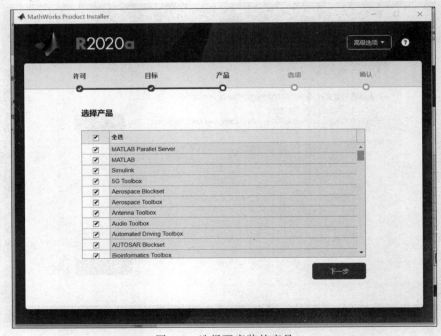

图 1-6　选择要安装的产品

图 1-7 选择选项

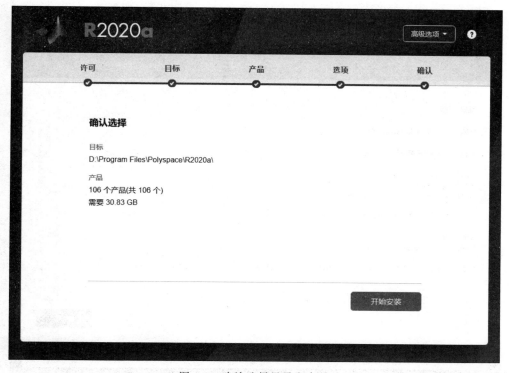

图 1-8 确认选择目录和产品

（8）等待安装结束。由于软件很大，安装时间可能较长，安装界面如图 1-9 所示。

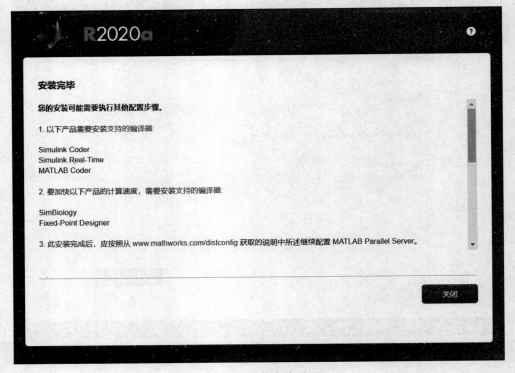

图 1-9　正在安装界面

（9）安装完成。安装完成后，弹出安装完成对话框，如图 1-10 所示。

图 1-10　安装完毕界面

用户如果需要卸载 MATLAB,在安装目录中 uninstall 文件夹找到 uninstall. exe 文件,双击后,MATLAB 开始卸载,如图 1-11 所示。

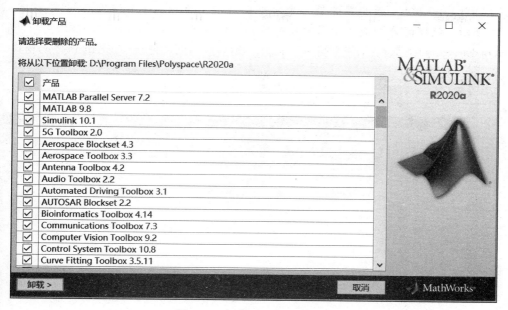

图 1-11　卸载 MATLAB 界面

打开并运行 MATLAB 软件,有下面两种方法:

(1) 双击桌面上的快捷方式图标 。

(2) 在 MATLAB 安装目录下的 bin 文件夹,双击 matlab. exe 文件运行。

打开 MATLAB 软件后,启动运行窗口如图 1-12 所示。

图 1-12　启动 MATLAB 界面

1.3.2 MATLAB 语言的界面简介

MATLAB R2020a 版的界面是一个高度集成的 MATLAB 工作界面,其默认形式如图 1-13 所示。该界面分割成 4 个最常用的窗口:命令窗口(Command Window)、当前目录(Current Directory)浏览器、工作空间(Workspace)窗口和当前文件夹(Current Folder)窗口。

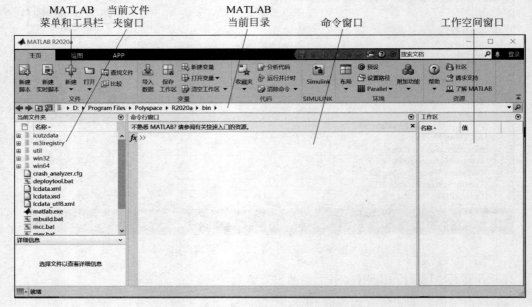

图 1-13 默认 MATLAB 工作界面

1. 命令窗口

命令窗口是进行各种 MATLAB 操作的最主要窗口。在该窗口,可以键入各种 MATLAB 运行的指令、函数和表达式,显示除图形外的所有运算结果,显示错误信息等,如图 1-14 所示。

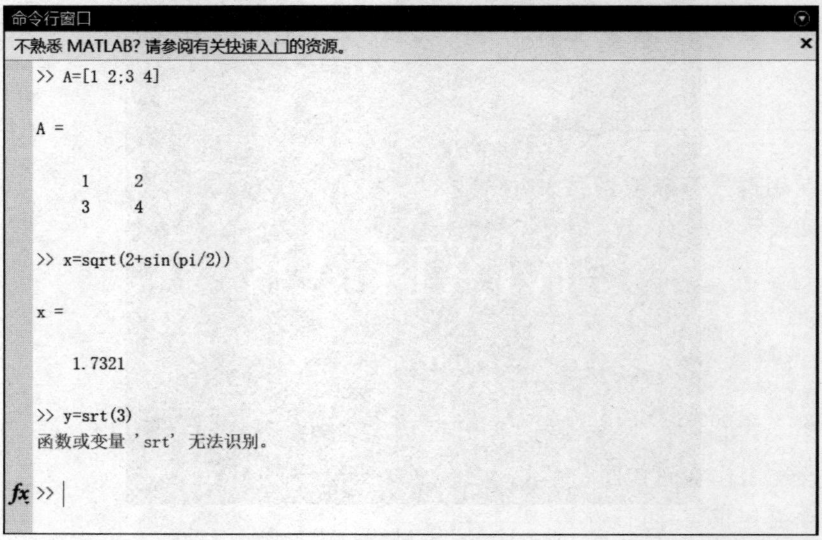

```
命令行窗口
不熟悉 MATLAB? 请参阅有关快速入门的资源。              ×

>> A=[1 2;3 4]

A =

     1     2
     3     4

>> x=sqrt(2+sin(pi/2))

x =

    1.7321

>> y=srt(3)
函数或变量 'srt' 无法识别。

fx >> |
```

图 1-14 命令窗口

　　MATLAB命令窗口中的>>为命令提示符,表示MATLAB处于准备状态。在命令提示符后面输入命令,并按Enter键后,MATLAB就立即执行所输入的命令,并在工作空间中显示变量名、数值、大小和类别等信息。

　　命令行可以输入一条命令,也可以同时输入多条命令,命令之间可以用分号或者逗号分隔,最后一条命令可以不用分号或者逗号,直接按Enter键,MATLAB立即执行命令。如果命令结尾使用分号就不在命令空间显示该条命令的结果。MATLAB语言中常用的标点符号及其功能如表1-2所示。

表1-2　常用标点符号的功能

符号	名称	功　　能	例　　子
	空格	数组或矩阵各行列元素的分隔符	A=[1 0 0]
,	逗号	数组或矩阵各行列元素的分隔符; 显示计算结果的指令和后面指令分隔符	A=[1,0,0] x=1,y=2;
.	点号	数值中是小数点; 用于运算符前,表示点运算	x=3.14 C=A.*B
:	冒号	用于生成一维数组或矩阵; 用于矩阵行或者列,表示全部的行或者列	v=1:1:10 A(2,:)=[1 2 3]
;	分号	用于指令后,不显示计算结果; 用于矩阵,作为行间分隔符	A=[1 2 3];B=[1 0 0] A=[1 0 0;0 1 0;0 0 1]
' '	单引号	用于生成字符串	x='student'
%	百分号	用于注释分隔符	%后面的指令不执行
( )	圆括号	用于改变运算次序; 用于引用数组元素; 用于函数输入参量列表	x=3*(6-2) a(2) sqrt(x)
[ ]	方括号	用于创建矩阵或者数组; 用于函数输出参数列表	A=[1 0 0] [x,y]=ff(x)
{ }	大括号	用于创建元胞数组	A={'cell',[1 2];1+2i,0,5}
…	续行号	用于后面的行与该行连接,构成完整行	a=1+2+3+… 4+5+6
_	下画线	用于变量、文件和函数名中的连字符	a_student=3
@	"at"号	用于形成函数句柄及形成用户对象目录	a=@sqrt

　　命令语句用逗号分隔或者按Enter键,会在命令空间显示运行结果。运行后都会在工作空间存储和显示变量名、数值、大小和类别等信息。例如:

```
>> a=1;b=1+2,c=1+2i
b =
    3
c =
  1.0000 + 2.0000i
```

结果都会在工作空间存储和显示,如图1-15所示。

　　如果命令语句很长,可以在第一行之后加上3个小黑点,按Enter键后,在第二行继续输入命令的剩余部分。3个小黑点为续行符,表示把下面的行看作该行的逻辑继续。例如:

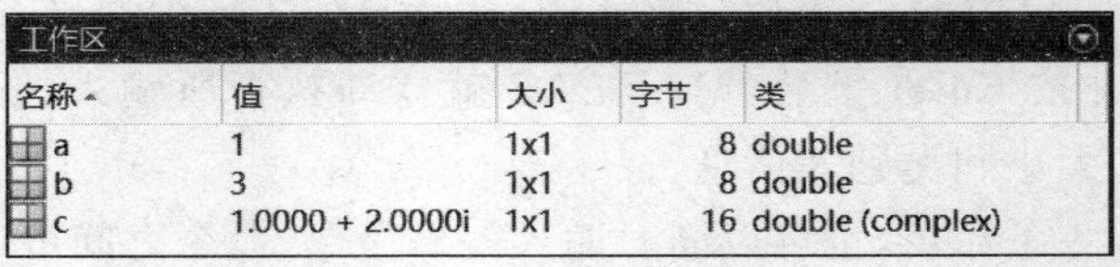

图 1-15　变量存储和显示

```
>> a = 1 + 2 + 3 + ...
4 + 5 + 6
a =
    21
```

　　MATLAB 命令窗口不仅可以对输入的命令进行编辑和运行,而且可以使用很多控制键对已经输入的命令进行回调、编辑和重新运行,提高编程效率。命令窗口中行编辑的常用控制键如表 1-3 所示。

表 1-3　命令窗口中行编辑的常用控制键

控 制 键 名	功　　能	控 制 键 名	功　　能
↑	向前调回已输入的命令	Delete	删除光标右边的字符
↓	向后调回已输入的命令	Backspace	删除光标左边的字符
←	光标左移一个字符	Esc	删除当前行全部内容
→	光标右移一个字符	PgUp	向前翻一页已输入命令
Home	光标移到当前行行首	PgDn	向后翻一页已输入命令
End	光标移到当前行末尾	Ctrl＋C	中断 MATLAB 命令的运行

　　例如,在命令窗口中输入命令 y＝(1＋tg(pi/3))/sqrt(2),按 Enter 键后,MATLAB 给出下面错误信息:

```
>> y = (1 + tg(pi/3))/sqrt(2)
函数或变量 'tg' 无法识别。
```

　　重新输入命令时,用户就不需要输入整行命令,只需要按向上方向(↑)键,就可以调出刚输入的命令,把光标移到相应位置,删除 g,输入 an,并按 Enter 键即可。反复使用↑键,可以调回以前输入的所有命令。

　　若要清除 MATLAB 命令窗口的命令及信息,可以使用清除工作命令窗口 clc 函数,相当于擦去一页命令窗口,光标回到屏幕左上角。需要注意,clc 命令只清除命令窗口显示的内容,不能清除工作空间的变量。

　　2. 当前目录浏览器

　　当前目录浏览器用来设置当前目录,显示当前目录下的各种文件信息,并提供搜索功能。通过目录下拉列表框可以选择已经访问过的目录,也可以单击搜索图标 🔍 ,就可以在当前文件夹及子文件夹中搜索文件。

　　3. 当前文件夹窗口

　　当前文件夹窗口用来显示当前文件夹里的所有文件及文件夹,便于用户浏览、查询和打开文件,也可以在当前文件夹创建新文件夹。

4. 工作空间窗口

工作空间窗口是 MATLAB 用于存储各种变量和结构的内部空间,可以显示变量的名称、值、维度大小、字节、类别、最小值、最大值、均值、中位数、方差和标准差等,可以对变量进行观察、编辑、保存和删除等操作。工作空间窗口如图 1-16 所示。

名称 ^	值	大小	字节	类	最小值	最大值	极差	均值
a	[1,2;3,4]	2x2	32	double	1	4	3	2.5000
x	1	1x1	1	logical				
y	1	1x1	8	double	1	1	0	1

图 1-16　工作空间

MATLAB 常用 4 个指令函数 who、whos、clear 和 exist 来管理工作空间。

1) who 与 whos

查询变量信息函数。who 只显示工作空间的变量名称;whos 显示变量名 Name、大小 Size、字节 Bytes、类型 Class 和属性 Attributes 等信息。

```
>> who
您的变量为:
a   b   c   da
>> whos
Name        Size            Bytes   Class       Attributes
a           1x1             8       double
b           2x2             32      double
c           1x1             16      double      complex
da          1x1             8       double
```

2) clear 删除变量和函数

MATLAB 清除命令空间的变量可以用 clear 函数。
常见有下面几种格式:

```
clear var1              % 清除 var1 一个变量
clear var1 var2         % 清除 var1 和 var2 两个变量
clear                   % 清除工作空间中的所有变量
clear all               % 清除工作空间中的所有变量和函数
```

注意,清除多个变量时,变量之间需要空格隔开,不能使用","或";"。clear 是无条件删除变量且不可恢复。

3) exist 查询变量函数

MATLAB 查询变量空间中是否存在某个变量,可以用 exist 函数,函数调用格式:

```
i = exist('var')
```

其中,var 为要查询的变量名;i 为返回值。i=1 表示工作空间存在变量名为 var 的变量;i=0 表示工作空间不存在变量名为 var 的变量。

1.4 MATLAB 帮助系统

学习 MATLAB 的最佳途径是充分使用帮助系统所提供的信息。MATLAB 的帮助系统较为完善,包括 help 和 lookfor 查询帮助命令函数以及联机帮助系统。

MATLAB 用户可以通过在命令窗口直接输入帮助函数命令来获取相关的帮助信息,这种获取帮助的方式比联机帮助更为便捷。命令窗口查询帮助主要使用 help 和 lookfor 这两个函数命令。

1.4.1 help 查询帮助函数

当 MATLAB 用户知道函数名称,但不知道该函数具体用法时,可以在命令窗口输入 help+函数名,就可以获得该函数帮助信息。例如,在命令窗口输入:

```
help fft2
fft2 – 二维快速傅里叶变换
    此 MATLAB 函数使用快速傅里叶变换算法返回矩阵的二维傅里叶变换,这等同于计算
fft(fft(X).').'。如果 X 是一个多维数组,fft2 将采用高于 2 的每个维度的二维变换。输出 Y 的大
小与 X 相同。
    Y = fft2(X)
    Y = fft2(X,m,n)
    另请参阅 fft, fftn, fftw, ifft2
    fft2 的文档
    名为 fft2 的其他函数
```

由帮助文件可知,fft2 是二维离散傅里叶变换函数,帮助文件也给出了使用方法。

1.4.2 lookfor 查询帮助函数

当 MATLAB 用户不知道一些函数的名称,此时就不能用 help 函数寻求帮助,但可以用 lookfor 函数帮助我们查找到和关键字相关的所有函数名称。因此在使用 lookfor 函数时,用户只需要知道函数的部分关键字,在命令窗口中输入 lookfor+关键字,就可以很方便地查找函数名称。例如,在命令窗口里输入:

```
lookfor Fourier
```

则运行结果如下:

```
fft                    – Discrete Fourier transform.
fft2                   – Two–dimensional discrete Fourier Transform.
fftn                   – N–dimensional discrete Fourier Transform.
ifft                   – Inverse discrete Fourier transform.
ifft2                  – Two–dimensional inverse discrete Fourier transform.
ifftn                  – N–dimensional inverse discrete Fourier transform.
nufft                  – Nonuniform Discrete Fourier Transform.
nufftn                 – N–dimensional nonuniform Discrete Fourier Transform.
slexFourPointDFTSysObj – 4 point Discrete Fourier Transform
fourierBasis           – Generates Fourier series expansion for gain surface tuning.
```

fi_radix2fft_demo	— Convert Fast Fourier Transform (FFT) to Fixed Point
fft	— Discrete Fourier transform of codistributed array
fft2	— Two－dimensional discrete Fourier Transform for codistributed array
fftn	— N－dimensional discrete Fourier Transform.
ifft	— Inverse discrete Fourier transform of codistributed array
ifft2	— Two－dimensional inverse discrete Fourier transform.
ifftn	— N－dimensional inverse discrete Fourier Transform.
fft	— Discrete Fourier transform of gpuArray
fft2	— Two－dimensional discrete Fourier Transform for gpuArray
fftn	— N－dimensional discrete Fourier Transform.
ifft	— Inverse discrete Fourier transform of gpuArray
ifft2	— Two－dimensional inverse discrete Fourier transform.
ifftn	— N－dimensional inverse discrete Fourier Transform.
power_fftscope	— Fourier analysis of simulation data.
dftmtx	— Discrete Fourier transform matrix.
fsst	— Fourier synchrosqueezed transform
ifsst	— Inverse Fourier synchrosqueezed transform
istft	— Inverse short－time Fourier transform.
specgram	— Spectrogram using a Short－Time Fourier Transform (STFT).
spectrogram	— Spectrogram using a Short－Time Fourier Transform (STFT).
stft	— Short－time Fourier transform.
xspectrogram	— Cross－spectrogram using Short－Time Fourier Transforms (STFT).
spectrogram	— Spectrogram using a Short－Time Fourier Transform (STFT) on the GPU.
stft	— Short－time Fourier transform on the GPU.
istft	— Inverse short－time Fourier transform for tall arrays
spectrogram	— Spectrogram using a Short－Time Fourier Transform (STFT).
stft	— Short－time Fourier transform for tall arrays
fourier	— Fourier integral transform.
ifourier	— Inverse Fourier integral transform.
instdfft	— Inverse non－standard 1－D fast Fourier transform.
nstdfft	— Non－standard 1－D fast Fourier transform.
waveft	— Wavelet Fourier transform.
waveft2	— Wavelet Fourier transform 2－D.

由运行结果可知,可以得到 Fourier 关键字相关的所有函数名称。如果想知道这些函数的具体使用方法,可以使用 help＋函数名的方法得到其帮助信息。

1.4.3 联机帮助系统

MATLAB 联机帮助系统(帮助窗口)相当于一个帮助信息浏览器。使用帮助窗口可以查看和搜索所有 MATLAB 的帮助文档信息,还能运行有关演示例题程序。可以通过下面两种方法打开 MATLAB 帮助窗口。

(1) 单击 MATLAB 主窗口工具栏中的帮助按钮 。

(2) 在命令窗口中运行 helpdesk 或者 doc 命令。

MATLAB 帮助窗口如图 1-17 所示,该窗口的下面显示各种模块和各种工具箱名称的链接。若单击 Wavelet Toolbox,则得到 Wavelet Toolbox 帮助窗口如图 1-18 所示。在左边的帮助向导窗口选择帮助项目名称,将在右边的帮助显示窗口中显示对应的帮助信息。

在右边的帮助显示窗口中还有两个常用选项卡:Examples 选项卡和 Functions 选项

卡。Examples 选项卡查看和运行 MATLAB 的例题演示程序,这对学习 MATLAB 编程非常有帮助。Functions 选项卡查看这个模块或者工具箱相关的所有函数名称,这样可以快速找到该工具箱里的常用函数名称。

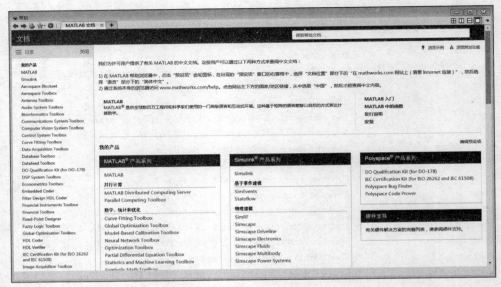

图 1-17　帮助窗口

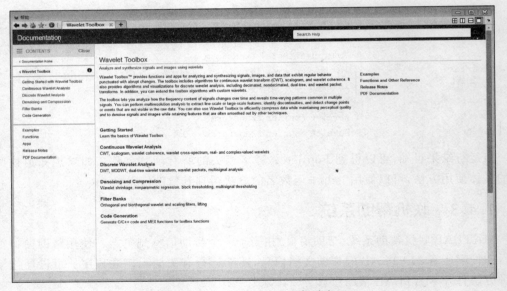

图 1-18　Wavelet Toolbox 帮助窗口

1.5　MATLAB 数据类型

MATLAB R2020a 定义了多种基本的数据类型,常见的有整型、浮点型、字符型和逻辑型等。MATLAB 内部的任何数据类型,都是按照数组(矩阵)的形式进行存储和运算。

整型数包括符号数和无符号数,浮点数包括单精度型和双精度型。MATLAB R2020a 默认将所有数值都按照双精度浮点数类型存储和操作,可以使用类型转换函数将不同数据 类型相互转换。

1.5.1　常量和变量

1. 特殊常量

MATLAB 有些固定的变量,称为特殊常量。这些特殊常量具有特定的意义,用户在定义变量名时应避免使用。表 1-4 给出 MATLAB 常用的特殊常量。

表 1-4　MATLAB 常用的特殊常量

特殊常量名	取值及说明	特殊常量名	取值及说明
ans	运算结果的默认变量名	tic	秒表计时开始
pi	圆周率 π	toc	秒表计时停止
eps	浮点数的相对误差	i 或 j	虚数单位
inf	无穷大∞,如 $1/0$	date	日历
NaN	不定值,如 $0/0$、$0\times\infty$	clock	时钟
now	按照连续的日期数值格式获取当前系统时间	etime	运行时间

例如:

```
>> date                 % 当前系统的时间
ans =
    '07 - Oct - 2020'
>> clock                % 按照日期向量格式获取当前系统时间
ans =
    1.0e + 03 *
    2.0200    0.0100    0.0070    0.0180    0.0290    0.0165
>> now                  % 按照连续的日期数值格式获取当前系统时间
ans =
    7.3807e + 05
```

在 MATLAB 语言中,需要知道程序或者代码的运行时间,可以使用计时函数 tic/toc 和 etime 两种方法实现。

(1) tic/toc 方法:tic 在程序代码开始时启动计时器;toc 放在程序代码的最后,用于终止计时器,并返回计时时间就是程序运行时间。

例如:

```
tic
                        % 程序段
toc                     % 返回时间就是程序运行时间
```

(2) etime 方法:使用 etime 函数来获取程序运行时间,函数命令格式为

```
etime(t2,t1)
```

其中,t2 和 t1 可以使用 clock 函数获得,例如:

```
t1 = clock
```

```
                    % 程序段
t2 = clock
t = etime(t2,t1)        % t 为程序运行时间
```

2. 变量

变量是其值可以改变的量,是数值计算的基本单元。与其他高级语言不同,MATLAB变量使用无须事先定义和声明,也不需要指定变量的数据类型。MATLAB 语言可以自动根据变量值或对变量操作来识别变量类型。在变量赋值过程中,MATLAB 语言自动使用新值替换旧值,用新值类型替换旧值类型。

MATLAB 语言变量的命名应遵循下面规则:

(1)变量名由字母、数字和下画线组成,且第一个字符为字母,不能有空格和标点符号。例如:1a、a 1、_aa%、b-1 和变量 a 都是不规范的变量名。

(2)变量名区分大小写。例如 P1Q、p1q、P1q、p1Q 是四个不同的变量。

(3)变量名的长度上限为 63 个字符,第 63 个字符后面的字符被忽略。

(4)关键字或者系统的函数名不能作为变量,如 if、while、for、function 和 who 等。

需要指出,在 MATLAB R2020a 中,函数名和文件名都要遵循变量名的命名规则。

1.5.2　整数和浮点数

1. 整数

MATLAB R2020a 提供 8 种常见的整数类型,可以使用类型转换函数将各种整数类型强制互相转换。表 1-5 给出 MATLAB 各种整数类型的取值范围和类型转换函数。

表 1-5　各种整数类型的取值范围和类型转换函数

数 据 类 型	取 值 范 围	字节数	类型转换函数
无符号 8 位整数 uint8	$0 \sim 2^8 - 1$	1	uint8()
无符号 16 位整数 uint16	$0 \sim 2^{16} - 1$	2	uint16()
无符号 32 位整数 uint32	$0 \sim 2^{32} - 1$	4	uint32()
无符号 64 位整数 uint64	$0 \sim 2^{64} - 1$	8	uint64()
有符号 8 位整数 int8	$-2^7 \sim 2^7 - 1$	1	int8()
有符号 16 位整数 int16	$-2^{15} \sim 2^{15} - 1$	2	int16()
有符号 32 位整数 int32	$-2^{31} \sim 2^{31} - 1$	4	int32()
有符号 64 位整数 int64	$-2^{63} \sim 2^{63} - 1$	8	int64()

2. 浮点数

在 MATLAB R2020a 中,浮点数包括单精度型(single)和双精度型(double)。MATLAB默认的数据类型是双精度型。单精度型取值范围是 $-3.4028 \times 10^{38} \sim 3.4028 \times 10^{38}$;双精度型取值范围是 $-1.7977 \times 10^{308} \sim 1.7977 \times 10^{308}$,浮点数类型可以用类型转换函数 single()和 double()互相转换。

例如,按照如下方式在命令空间操作类型转换函数。

```
>> y1 = int8(1.6e16)        % 将浮点数强制转换为有符号 8 位整数,最大为 127
y1 =
  int8
  127
```

```
>> y2 = int16(1.6e16)        % 将浮点数强制转换为有符号 16 位整数,最大为 32767
y2 =
  int16
   32767
>> y3 = int8(2.65)           % 将浮点数强制转换为有符号 8 位整数(四舍五入)
y3 =
  int8
   3
>> y4 = uint8(-3.2)          % 8 位无符号整数最小值是 0
y4 =
  uint8
   0
>> y5 = 1/3                  % MATLAB 默认的数据类型是双精度型
y5 =
0.3333
>> y6 = single(1/3)          % 用 single()函数,将双精度型强制转换为单精度型
y6 =
  single
0.3333
```

工作空间窗口如图 1-19 所示,该窗口直观显示了各种整数类型的值、大小、字节以及数据类型。

名称	值	大小	字节	类
ans	7.3807e+05	1x1	8	double
y1	127	1x1	1	int8
y2	32767	1x1	2	int16
y3	3	1x1	1	int8
y4	0	1x1	1	uint8
y5	0.3333	1x1	8	double
y6	0.3333	1x1	4	single

图 1-19　各种整数类型转换工作空间窗口

1.5.3　复数

MATLAB 用特殊变量 i 或 j 表示虚数的单位。MATLAB 中复数运算可以直接进行。复数 z 可以通过以下几种方式产生。

(1) $z=a+b*i$ 或者 $z=a+b*j$,其中 a 为实部,b 为虚部;

(2) $z=a+bi$ 或者 $z=a+bj$;

(3) $z=r*\exp(i*thetha)$,其中 r 为半径,thetha 为相角(以弧度为单位);

(4) $z=complex(a,b)$;

(5) $z=a+b*\sqrt{(-1)}$。

MATLAB 复数运算常见函数如表 1-6 所示。

表 1-6　常见的复数运算函数

函 数 名	功　　能	函 数 名	功　　能
abs(z)	求复数 z 的模	real(z)	求复数 z 的实部
angle(z)	求复数 z 的相角,以弧度为单位	imag(z)	求复数 z 的虚部
complex(a,b)	以 a 和 b 分别为实部和虚部,创建复数	conj(z)	求复数 z 的共轭复数

【例 1-1】 使用常见复数运算函数实现复数的创建和运算。

微课视频

```
>> a = 1,b = 2;
>> z = complex(a,b)              % 已知实部 a,虚部 b,产生复数 z
z =
    1.0000 + 2.0000i
>> a1 = real(z)                  % 求复数 z 的实部
a1 =
     1
>> b1 = imag(z)                  % 求复数 z 的虚部
b1 =
     2
>> r = 5,thetha = pi/6;
>> z1 = r * exp(i * thetha)      % 已知模 r 和相角 thetha,产生复数 z1
z1 =
    4.3301 + 2.5000i
>> r1 = abs(z1)                  % 求复数 z1 的模
r1 =
     5
>> thetha1 = angle(z1)           % 求复数 z1 的相角
thetha1 =
    0.5236
>> z2 = conj(z1)                 % 求复数 z1 的共轭复数
z2 =
4.3301 - 2.5000i
```

1.6 MATLAB 运算符

MATLAB 语言包括三种常见运算符：算术运算符、关系运算符和逻辑运算符。

1.6.1 算术运算符

MATLAB 语言有许多算术运算符，如表 1-7 所示。

表 1-7　算法运算符

运　算　符	功　能	运　算　符	功　能
＋	加	./	点右除
－	减	\	左除
*	乘	.\	点左除
.*	点乘	^	乘方
/	右除	.^	点乘方

说明：

(1) 加、减、乘和乘方运算规则与传统的数学定义一样,用法也相同。

(2) 点运算(点乘、点乘方、点左除与点右除)是指对应元素点对点运算,要求参与运算矩阵的维度要一样。需要指出点左除与点右除不一样,$A./B$ 是指 A 的对应元素除以 B 的对应元素,$A.\backslash B$ 是指 B 的对应元素除以 A 的对应元素。

（3）MATLAB 除法相对复杂些,对于单个数值运算,右除和传统除法一样,即 a/b＝a÷b;
而左除与传统除法相反,即 a\b＝b÷a。对于矩阵运算,左除 $A \backslash B$ 相当于矩阵方程组 $AX＝B$
的解,即 $X＝A \backslash B＝\text{inv}(A) * B$;右除 B/A 相当于矩阵方程组 $XA＝B$ 的解,即 $X＝B/A＝$
$B * \text{inv}(A)$。

【例1-2】 矩阵 A＝[1 2;3 4],B＝[1 1;0 1],求：A\B,inv(A)*B,B/A,B*inv(A)。

微课视频

```
>> A = [1 2;3 4];B = [1 1;0 1];
>> C1 = A\B
C1 =
    -2.0000    -1.0000
     1.5000     1.0000
>> C2 = inv(A) * B
C2 =
    -2.0000    -1.0000
     1.5000     1.0000
>> D1 = B/A
D1 =
    -0.5000     0.5000
     1.5000    -0.5000
>> D2 = B * inv(A)
D2 =
    -0.5000     0.5000
     1.5000    -0.5000
```

显然：A\B＝inv(A)*B；B/A＝B*inv(A)。

MATLAB 提供许多常用数学函数,若函数自变量是一个矩阵,运算规则是将函数逐项作
用于矩阵的元素上,得到的结果是一个与自变量同维数的矩阵。表1-8列出了常用数学函数。

表 1-8 常用数学函数

函 数 类 型	函 数 名	功 能	函 数 类 型	函 数 名	功 能
三角函数	sin(x)	正弦	指数对数函数	exp(x)	自然指数
	cos(x)	余弦		pow2(x)	2 的幂
	tan(x)	正切		log(x)	自然对数
	asin(x)	反正弦		log10(x)	常用对数
	acos(x)	反余弦		log2(x)	以 2 为底的对数
	atan(x)	反正切	复数函数	abs(x)	复数的模
	sinh(x)	双曲正弦		angle(x)	复数的相角
	cosh(x)	双曲余弦		real(x)	复数的实部
	tanh(x)	双曲正切		imag(x)	复数的虚部
	asinh(x)	反双曲正弦		conj(x)	复数的共轭
	acosh(x)	反双曲余弦	基本函数	abs(x)	绝对值
	atanh(x)	反双曲正切		sqrt(x)	平方根
取整函数	round(x)	四舍五入取整		sign(x)	符号函数
	fix(x)	向零方向取整		mod(x,y)	x 除以 y 的余数
	floor(x)	向一∞方向取整		lcm(x,y)	x 和 y 的最小公倍数
	ceil(x)	向＋∞方向取整		gcd(x,y)	x 和 y 的最大公约数

说明：

（1）abs 函数可以求实数的绝对值，复数的模和字符串的 ASCII 值，例如，abs(-2.3)＝2.3；abs(3＋4i)＝5；abs('a')＝97。

（2）MATLAB 语言有 4 个取整的函数：round、fix、floor 和 ceil，它们之间是有区别的。例如，round(1.49)＝1,fix(1.49)＝1,floor(1.49)＝1,ceil(1.49)＝2；round(-1.51)＝-2,fix(-1.51)＝-1,floor(-1.51)＝-2,ceil(-1.51)＝-1。

（3）MATLAB 语言中以 10 为底的对数函数是 log10(x)，而不是 lg(x)，自然指数函数是 exp(x)，而不是 e^(x)。

（4）符号函数 sign(x)的值有 3 种：当 x＝0 时,sign(x)＝0；当 x＞0 时,sign(x)＝1；当 x＜0 时,sign(x)＝-1。

（5）MATLAB 语言三角函数都是对弧度进行操作，使用三角函数时，需要将度数变换为弧度，变换公式为弧度＝2＊pi＊（度/360）。比如，数学上的 sin60°，MATLAB 语言应该写成 sin(2＊pi＊60/360)。

MATLAB 语言提供了丰富的数学函数，可以在命令窗口很方便实现各种数学公式的计算，下面通过几个例子说明 MATLAB 在数学计算上的优势。

微课视频

【例 1-3】 计算下式的结果，其中 $x＝-29°,y＝57°$，求 z 的值。

$$z=\frac{2\cos(|x|+|y|)}{\sqrt{\sin(|x+y|)}}$$

```
>> x = pi/180 * ( - 29);y = pi/180 * 57;        % 将角度转换为弧度值
>> z = 2 * cos(abs(x) + abs(y))/sqrt(sin(abs(x + y)))
z =
    0.2036
```

微课视频

【例 1-4】 求解一元二次方程 $ax^2＋bx＋c＝0$ 的根，其中：$a＝1,b＝3,c＝6$。已知，一元二次方程的求根公式为

$$x_{1,2}=\frac{-b\pm\sqrt{b^2-4ac}}{2a}$$

```
>> a = 1;b = 3;c = 6;
>> d = sqrt(b * b - 4 * a * c);
>> x1 = ( - b + d)/(2 * a)
x1 =
   - 1.5000 + 1.9365i
>> x2 = ( - b - d)/(2 * a)
x2 =
   - 1.5000 - 1.9365i
```

微课视频

【例 1-5】 我国人口按 2000 年第五次全国人口普查的结果为 12.9533 亿，如果年增长率为 1.07％，求公元 2016 年末的人口数。

已知人口增长模型为：$x1＝x0(1＋p)^n$，其中：$x1$ 为几年后的人口，$x0$ 为人口的初值，p 为年增长率，n 为年数。

```
>> p = 0.0107;
>> n = 2016 - 2000;
```

```
>> x0 = 12.9533e8;
>> x1 = x0 * (1.0 + p)^n
x1 =
   1.5358e + 09
```

需要指出,用 MATLAB 计算公式时,需要注意以下几点:

(1) 乘号 * 不能省略;

(2) MATLAB 语言的三角函数是用弧度操作的,因此先把度转换为弧度;

(3) MATLAB 语言用 e(E) 表示 10 为底的科学计数,例如 1.56×10^6,MATLAB 写成 1.56e6;

(4) 写 MATLAB 表达式时,要注意括号的配对使用;

(5) 指数 e^x 要写成 exp(x)。

1.6.2 关系运算符

MATLAB 语言有大于、大于或等于、小于、小于或等于、等于和不等于 6 种常见关系运算符,如表 1-9 所示。

表 1-9 关系运算符

关系运算符	定 义	关系运算符	定 义
>	大于	<	小于
>=	大于或等于	<=	小于或等于
==	等于	~=	不等于

关系运算符主要用于数与数、数与矩阵元素、矩阵与矩阵之间元素进行比较,返回两者之间的关系的矩阵(由数 0 和 1 组成),0 和 1 分别表示关系不满足和满足。矩阵与矩阵之间进行比较时,两个矩阵的维度要一样。

【例 1-6】 已知 $a=1, b=2, C=[1, 2; 3\ 4], D=[4\ 3; 2\ 1]$,求关系运算:$a == b, a \sim= b$, $a == C$ 和 $C < D$。

微课视频

```
>> a = 1;b = 2;C = [1,2;3 4];D = [4 3;2 1];
>> p = a == b
p =
  logical
   0
>> q = a~ = b
q =
  logical
   1
>> P = a == C
P =
  2×2 logical 数组
   1   0
   0   0
>> Q = C < D
Q =
  2×2 logical 数组
   1   1
   0   0
```

1.6.3　逻辑运算符

MATLAB语言提供4种常见的逻辑运算符：&(与)、|(或)、～(非)和 xor(异或)。

运算规则：

（1）在逻辑运算中，所有非零元素均被认为真，用1表示；零元素为假，用0表示。

（2）设参与逻辑运算的两个标量 a 和 b，那么逻辑运算规则如表 1-10 所示。

（3）如果两个同维矩阵参与逻辑运算，矩阵对应元素按标量规则进行逻辑运算，得到同维的由 1 或者 0 构成的矩阵。

（4）如果一个标量和一个矩阵参与逻辑运算，标量和矩阵的每个元素按标量规则进行逻辑运算，得到同维的由 1 或者 0 构成的矩阵。

表 1-10　逻辑运算规则

输入		非	与	或	异或
a	b	～a	a&b	a|b	xor(a,b)
0	0	1	0	0	0
0	1	1	0	1	1
1	0	0	0	1	1
1	1	0	1	1	0

例如：

```
>> A = [1 0;2, -1];
>> B = [0,2;3 1];
>> C = A|B
C =
  2×2 logical 数组
   1   1
   1   1
>> C = A&B
C =
  2×2 logical 数组
   0   0
   1   1
>> b = 2;
>> C = A&b
C =
  2×2 logical 数组
   1   0
   1   1
```

1.6.4　优先级

在 MATLAB 算术、关系和逻辑三种运算符中，算术运算符优先级最高，关系运算符次之，逻辑运算符为最低。即程序先执行算术运算，然后执行关系运算，最后执行逻辑运算。在逻辑"与""或""非"三种运算符中，"非"的优先级最高，"与"和"或"的优先级相同，即从左往右执行。实际应用中,可以通过括号来调整运算的顺序。

例如:

```
>> q = (1 > 2 | 2 < 1 + 2)
q =
  logical
   1
```

其中,MATLAB 先执行算术运算:1+2=3,然后执行关系运算 1>2 为 0 和 2<3 为 1,最后执行逻辑运算 0|1=1。

习题

1. 对照教材安装步骤,在自己电脑上安装 MATLAB R2020 版软件。

2. 同其他高级语言相比,MATLAB 具有哪些特点?

3. 利用 MATLAB 帮助函数 help、查询 sqrt、dwt、plot、imshow、round 和 inv 等函数的功能和用法。

4. 利用 MATLAB 帮助函数 lookfor,查询所有傅里叶(Fourier)函数名称。

5. 练习使用常见的命令窗口中行编辑控制键。

6. 设 $A = 1.6, B = -12, C = 3.0, D = 5$,计算

$$a = \arctan\left(\frac{2\pi A - |B| / (2\pi C)}{\sqrt{D}}\right)$$

7. 设 $x = 1.57$, $y = 3.93$,计算

$$z = \frac{e^{x+y}}{\lg(x + y)}$$

第 2 章

CHAPTER 2

MATLAB 矩阵及其运算

本章要点：

- 矩阵的创建；
- 矩阵的修改；
- 矩阵的基本运算；
- 矩阵的分析。

MATLAB 各种数据类型都是以矩阵形式存在，大部分运算都是基于矩阵运算，所以矩阵是 MATLAB 最基本和最重要的数据对象。

在 MATLAB 语言中，矩阵主要分为三类：数值矩阵、符号矩阵和特殊矩阵。其中，数值矩阵又分为实数矩阵和复数矩阵。每种矩阵生成方法不完全相同，本章主要介绍数值矩阵和特殊矩阵的创建方法及其运算。

2.1 矩阵的创建

2.1.1 直接输入矩阵

MATLAB 语言最简单的创建矩阵方法是通过键盘在命令窗口直接输入矩阵，直接输入法的规则是：

(1) 将所有矩阵元素置于一对方括号[ ]内；

(2) 同一行不同元素之间用逗号","或者空格符来分隔；

(3) 不同行用分号";"或者回车符分隔。

例如，在命令空间输入：

```
>> A = [ 1 0;0 1 ]              %元素之间用空格符分隔,换行用分号
A =
     1     0
     0     1
>> A = [1,0                     %用回车符代替分号
     0,1]
A =
     1     0
     0     1
```

MATLAB 语言创建复数矩阵，方法和创建一般实数矩阵一样，虚数单位用 i 或者 j 表

示。例如,创建复数矩阵:

```
>> B = [1 + 3i,1 - 2 * j;1 + 3 * sqrt( - 2),2j]        % 创建一个复数矩阵
B =
    1.0000 + 3.0000i   1.0000 - 2.0000i
    1.0000 + 4.2426i   0.0000 + 2.0000i
```

其中:

(1) 虚部和虚数单位之间可以使用乘号(*)连接,也可以忽略乘号;

(2) 复数矩阵元素可以用运算表达式;

(3) 虚数单位用 i 或者 j,显示时都是 i。

2.1.2　冒号生成矩阵

在 MATLAB 语言中,冒号":"是一个很重要的运算符,可以利用它产生步长相等的一维数组或行向量。冒号表达式的格式如下:

```
x = a:step:b
```

其中:

(1) a 是数组或者行向量的第一个元素,b 是最后一个元素,step 是步长增量;

(2) 冒号表达式可以产生一个由 a 开始到 b 结束,以步长 step 自增或自减(步长为负值,b＜a)的数组或者行向量;

(3) 如果步长 step＝1,则冒号表达式可以省略步长,直接写为 x＝a:b。

例如:

```
>> x1 = 1:1:8
x1 =
     1     2     3     4     5     6     7     8
>> x2 = 1:8
x2 =
     1     2     3     4     5     6     7     8
>> x3 = 8: - 2:0
x3 =
     8     6     4     2     0
```

2.1.3　利用函数生成矩阵

在 MATLAB 语言中,可以利用函数生成一维数组或者行向量。

1. linspace 函数

MATLAB 语言可以用 linspace 函数生成初值、终值和元素个数已知的一维数组或者行向量,元素之间是等差数列。其调用格式如下:

```
x = linspace(a,b,n)
```

其中:

(1) a 和 b 分别是生成一维数组或者行向量的初值和终值,n 是元素总数。当 n 省略时,自动产生 100 个元素;

（2）用 linspace 函数产生的一维数组或者行向量，n 个元素是等差数列；

（3）当 a>b，元素之间是等差递减；当 a<b，元素之间是等差递增；

（4）显然，linspace(a,b,n)与 a：(b−a)/(n−1)：b 是等价的。

例如：

```
>> x1 = linspace(0,12,6)
x1 =
          0    2.4000    4.8000    7.2000    9.6000    12.0000
>> x2 = linspace(12,0,5)
x2 =
    12     9     6     3     0
>> x3 = 12:(0 - 12)/(5 - 1):0
x3 =
    12     9     6     3     0
```

2. logspace 函数

MATLAB 语言可以用 logspace 函数生成一维数组或者行向量，元素之间也是对数等差数列。其调用格式如下：

```
x = logspace(a,b,n)
```

其中：

（1）第一个元素为 10^a，最后一个元素为 10^b，元素个数为 n 的对数等差数列；

（2）如果 b 的值为 pi，则该函数产生到 pi 之间 n 个对数等差数列。

例如：

```
>> x1 = logspace(1,2,5)
x1 =
   10.0000    17.7828    31.6228    56.2341    100.0000
>> x2 = logspace(1,pi,5)
x2 =
   10.0000    7.4866    5.6050    4.1963    3.1416
```

2.1.4　利用文本文件生成矩阵

MATLAB 语言中的矩阵还可以由文本文件生成，即先建立 txt 数据文件，然后在命令窗口直接调用该文件，就能产生数据矩阵。需要注意，txt 文件中不含变量名称，文件名为矩阵变量名，每行数值个数相等。

这种生成矩阵方法的优点是可以将数据存储在文本文件中，利用 load 函数，直接将数据读入 MATLAB 工作空间中，自动生成矩阵，而不需要手动输入数据。

【例 2-1】　利用文本文件建立矩阵 A，把下面代码另存至工作目录中，文件名为 A. txt 文件，如图 2-1 所示。

微课视频

```
1 2 3
4 5 6
>> load A.txt
>> A
```

A =

```
   1      2      3
   4      5      6
```

图 2-1　文本文件数据

2.1.5　利用 M 文件生成矩阵

对于一些比较大的常用矩阵，MATLAB 语言可以为它专门建立一个 M 文件，在命令窗口中直接调用文件，此种方法比较适合大型矩阵创建，便于修改。需要注意，M 文件中的矩阵变量名不能与文件名相同，否则会出现变量名和文件名混乱的情况。

【例 2-2】　利用 M 文件生成如下大矩阵 A，文件名为 exam_2_2.m

$$A = \begin{bmatrix} 134 & 132 & 130 & 128 & 126 & 124 \\ 132 & 130 & 128 & 126 & 124 & 122 \\ 130 & 128 & 126 & 124 & 122 & 120 \\ 128 & 126 & 124 & 122 & 120 & 118 \\ 126 & 124 & 122 & 120 & 118 & 116 \end{bmatrix}$$

微课视频

定义 exam_2_2.m 文件，将下面代码另存为工作目录下的 exam_2_2.m 文件

```
A = [134    132    130    128    126    124
     132    130    128    126    124    122
     130    128    126    124    122    120
     128    126    124    122    120    118
     126    124    122    120    118    116]
>> exam_2_2
A =
     134    132    130    128    126    124
     132    130    128    126    124    122
     130    128    126    124    122    120
     128    126    124    122    120    118
     126    124    122    120    118    116
```

2.1.6 特殊矩阵的生成

MATLAB 语言中内置了许多特殊矩阵的生成函数,可以通过这些函数自动生成具有不同性质的特殊矩阵。表 2-1 是 MATLAB 语言中常见的特殊矩阵函数。

表 2-1 常见特殊矩阵函数

函数名	功　能	函数名	功　能
eye	单位矩阵	rand	元素服从 0~1 分布的随机矩阵
zeros	元素全为零的矩阵	randn	元素服从 0 均值单位方差正态分布的随机矩阵
ones	元素全为 1 的矩阵	diag	对角矩阵
magic	魔方矩阵	tril(u)	tril 下三角矩阵;triu 上三角矩阵

1. 单位矩阵

MATLAB 语言生成单位矩阵的函数是 eye,其调用格式如下:

A1 = eye(n); A2 = eye(m,n)

其中:

(1) A1＝eye(n)表示生成 n×n 的单位矩阵;

(2) A2＝eye(m,n)表示生成 m×n 的单位矩阵。

例如:

```
>> A1 = eye(2)
A1 =
     1     0
     0     1
>> A2 = eye(2,3)
A2 =
     1     0     0
     0     1     0
```

2. 0 矩阵

MATLAB 语言生成所有元素为 0 的矩阵函数是 zeros,其调用格式如下:

A1 = zeros(n); A2 = zeros(m,n)

其中:

(1) A1＝ zeros(n)表示生成 n×n 的 0 矩阵;

(2) A2＝zeros(m,n)表示生成 m×n 的 0 矩阵。

例如:

```
>> A1 = zeros(2)
A1 =
     0     0
     0     0
>> A2 = zeros(1,4)
A2 =
     0     0     0     0
```

3.1 矩阵

MATLAB 语言生成所有元素为 1 的矩阵函数是 ones,其调用格式如下:

A1 = ones(n); A2 = ones(m,n)

其中:

(1) A1= ones(n)表示生成 n×n 的 1 矩阵;

(2) A2=ones(m,n)表示生成 m×n 的 1 矩阵。

例如:

```
>> A1 = ones(2)
A1 =
     1     1
     1     1
>> A2 = ones(1,3)
A2 =
     1     1     1
```

4. 魔方矩阵

魔方矩阵是指行和列,正和反斜对角线元素之和都相等的矩阵,MATLAB 语言可以用 magic 函数生成魔方矩阵,其调用格式如下:

A = magic(n)

其中,A=magic(n)表示生成 n×n 的魔方矩阵,n>0,且 n≠2。例如:

```
>> A = magic(5)
A =
    17    24     1     8    15
    23     5     7    14    16
     4     6    13    20    22
    10    12    19    21     3
    11    18    25     2     9
>> B = sum(A)       % 计算每列的和
B =
    65    65    65    65    65
>> C = sum(A')      % 计算每行的和
C =
    65    65    65    65    65
```

显然,由 B 和 C 结果可知,矩阵 A 是一个 5×5 魔方矩阵。

5. 0～1 均匀分布随机矩阵

MATLAB 语言生成 0～1 均匀分布的随机矩阵的函数是 rand,其调用格式如下:

A1 = rand(n); A2 = rand(m,n); A3 = a + (b − a) * rand(m,n)

其中:

(1) A1= rand(n)表示生成 n×n 个元素值为 0～1 均匀分布的随机矩阵;

(2) A2= rand(m, n)表示生成 m×n 个元素值为 0～1 均匀分布的随机矩阵;

(3) A3=a+(b−a) * rand(m,n)表示生成 m×n 个元素值为 a～b 均匀分布的随机矩阵。

例如：

```
>> A1 = rand(2)
A1 =
    0.0975    0.5469
    0.2785    0.9575
>> A2 = rand(2,4)
A2 =
    0.9649    0.9706    0.4854    0.1419
    0.1576    0.9572    0.8003    0.4218
>> A3 = 5 + (10 - 5) * rand(2,3)        %生成 2×3 个元素值为 5～10 均匀分布的随机矩阵
A3 =
    9.5787    9.7975    5.1786
    8.9610    8.2787    9.2456
```

6. 正态分布随机矩阵

MATLAB 语言生成均值为 0，单位方差的正态分布的随机矩阵函数是 randn，其调用格式如下：

A1 = randn(n); A2 = randn(m,n); A3 = a + sqrt(b) * randn(m,n)

其中：

（1）A1＝ randn(n)表示生成 n×n 个元素且均值为 0、方差为 1 的正态分布的随机矩阵；

（2）A2＝ randn(m，n)表示生成 m×n 个元素且均值为 0、方差为 1 的正态分布的随机矩阵；

（3）A3＝a＋sqrt(b) * randn(m,n)表示生成 m×n 个元素且均值为 a、方差为 b 的正态分布的随机矩阵。

例如：

```
>>  A1 = randn(2)
A1 =
    1.6302    1.0347
    0.4889    0.7269
>> A2 = randn(2,4)
A2 =
   - 0.3034   - 0.7873   - 1.1471   - 0.8095
    0.2939    0.8884   - 1.0689   - 2.9443
>> A3 = 1 + sqrt(0.2) * randn(2,3)       %生成 2×3 个元素且均值为 1、方差为 0.2 的正态
                                         %分布的随机矩阵
A3 =
    1.6433    0.6624    0.2346
    1.1454    1.6128    0.9543
```

需要指出的是，rand 和 randn 产生的都是随机数，用户所得结果可能与本书的例题不同。

7. 对角矩阵

MATLAB 语言生成对角矩阵的函数是 diag，其调用格式如下：

```
A = diag(v,k)
```

其中：

（1）A＝diag(v,k)表示生成以向量 v 元素作为矩阵 A 的第 k 条对角线元素的对角矩阵；

（2）当 k＝0 时，v 为 A 的主对角线；当 k＞0 时，v 为 A 的主对角线上方第 k 条对角线元素；当 k＜0 时，v 为 A 的主对角线下方第 k 条对角线元素。

例如：

```
>> v = [1 2 3];
>> A1 = diag(v)
A1 =
     1     0     0
     0     2     0
     0     0     3
>>  A2 = diag(v,1)
A2 =
     0     1     0     0
     0     0     2     0
     0     0     0     3
     0     0     0     0
```

若 A 是一个矩阵，则 diag(A)是提取矩阵 A 的对角线矩阵。例如：

```
>> A = [1 2 3;4 5 6]
A =
     1     2     3
     4     5     6
>> B = diag(A)
B =
     1
     5
```

8. 三角矩阵

MATLAB 语言生成三角矩阵的函数是 tril 和 triu，其调用格式如下：

```
A1 = tril(A,k); A2 = triu(A,k)
```

其中：

（1）A1＝tril(A,k)表示生成矩阵 A 中第 k 条对角线的下三角部分的矩阵；

（2）A1＝triu(A,k)表示生成矩阵 A 中第 k 条对角线的上三角部分的矩阵；

（3）k＝0 为 A 的主对角线，k＞0 为 A 的主对角线以上，k＜0 为 A 的主对角线以下。

例如：

```
>> A = ones(4);
>> U = triu(A,1)
U =
     0     1     1     1
     0     0     1     1
     0     0     0     1
     0     0     0     0
```

```
>> L = tril(A, -1)
L =
     0     0     0     0
     1     0     0     0
     1     1     0     0
     1     1     1     0
```

2.2 矩阵的修改

2.2.1 矩阵部分替换

MATLAB 语言可以部分替换矩阵的某个值、某行或者某列的值,常用下面的格式:

A(m,n) = a1; A(m,:) = [a1,a2,...,an]; A(:,n) = [a1,a2,…,am]

其中:

(1) A(m,n)=a_1 表示替换矩阵 A 中的第 m 行,第 n 列元素为 a_1;

(2) A(m,:)=$[a_1,a_2,…a_n]$ 表示替换矩阵 A 中第 m 行的所有元素为 $a_1,a_2,…,a_n$;

(3) A(:,n)=$[a_1,a_2,…,a_m]$ 表示替换矩阵 A 中第 n 列的所有元素为 $a_1,a_2,…,a_m$。

例如:

```
>> A = [1 2 3;4 5 6;7 8 9]
A =
     1     2     3
     4     5     6
     7     8     9
>> A(2,:) = [14 15 16]     % 整行替换
A =
     1     2     3
    14    15    16
     7     8     9
>> A = [1 2 3;4 5 6;7 8 9];
>> A(:,2) = [12 15 18]     % 整列替换
A =
     1    12     3
     4    15     6
     7    18     9
```

2.2.2 矩阵部分删除

MATLAB 语言可以部分删除矩阵行或者列,常用下面的格式:

A(:,n) = [ ]; A(m,:) = [ ]

其中:

(1) A(:,n)=[]表示删除矩阵 A 的第 n 列;

(2) A(m,:)=[]表示删除矩阵 A 的第 m 行。

例如:

```
>> A = [1 2 3;4 5 6;7 8 9]
A =
      1      2      3
      4      5      6
      7      8      9
>> A(2,:) = []              % 删除 A 的第 2 行
A =
      1      2      3
      7      8      9
>> A = [1 2 3;4 5 6;7 8 9];
>> A(:,2) = []              % 删除 A 的第 2 列
A =
      1      3
      4      6
      7      9
```

2.2.3　矩阵部分扩展

MATLAB 语言可以部分扩展矩阵,生成大的矩阵,常用下面格式:

1. M=[A；B C]

其中:

(1) A 为原矩阵,B 和 C 为要扩展的元素,M 为扩展后的矩阵;

(2) 需要注意,B 和 C 的行数都要相等;

(3) B 和 C 的列数之和要与 A 的列数相等。

例如:

```
>> A = [1 0 0 0;0 1 0 0]
A =
      1      0      0      0
      0      1      0      0
>> B = eye(2);
>> C = zeros(2);
>> M = [A;B C]
M =
      1      0      0      0
      0      1      0      0
      1      0      0      0
      0      1      0      0
```

2. 平铺矩阵函数

MATLAB 语言可以利用平铺矩阵函数 repmat 扩展矩阵,函数的调用格式如下:

```
M = repmat(A,m,n)
```

其中,M=repmat(A,m,n)表示将矩阵 A 复制扩展为 m×n 块。例如:

```
>> A = [1 2;3 4];
>> M = repmat(A,2,3)
M =
```

```
1    2    1    2    1    2
3    4    3    4    3    4
1    2    1    2    1    2
3    4    3    4    3    4
```

3. 指定维数拼接函数

MATLAB 语言可以利用指定维数拼接函数 cat 拼接矩阵,函数的调用格式如下:

```
M1 = cat(1,A,B); M2 = cat(2,A,B); M3 = cat(3,A,B)
```

其中:

(1) M1＝cat(1,A,B)垂直拼接;

(2) M2＝cat(2,A,B)水平拼接;

(3) M3＝cat(3,A,B)三维拼接。

例如:

```
>> A = zeros(2);
>> B = eye(2);
>> M1 = cat(1,A,B)
M1 =
     0    0
     0    0
     1    0
     0    1
>> M2 = cat(2,A,B)
M2 =
     0    0    1    0
     0    0    0    1
>> M3 = cat(3,A,B)
M3(:,:,1) =
     0    0
     0    0
M3(:,:,2) =
     1    0
     0    1
```

2.2.4　矩阵结构变换

MATLAB 语言可以利用函数变换矩阵的结构,常用以下几种函数。

1. 上下行对调

MATLAB 语言可以用函数 flipud 上下变换矩阵的结构,常用下面的格式:

```
M = flipud(A)
```

其中,M＝flipud(A)表示将矩阵 A 的行元素上下对调,列数不变。例如:

```
>> A = [1 2; 3 4; 5 6]
A =
     1    2
     3    4
```

```
     5     6
>> M = flipud(A)                    % 上下对调矩阵 A 的行
M =
     5     6
     3     4
     1     2
```

2. 左右列对调

MATLAB 语言可以用函数 fliplr 左右变换矩阵的结构,函数的调用格式如下:

```
M = fliplr(A)
```

其中,M＝fliplr(A)表示将矩阵 A 的列元素左右对调,行数不变,相当于将矩阵 A 镜像对调。例如:

```
>> A = [1 2; 3 4; 5 6]
A =
     1     2
     3     4
     5     6
>> M = fliplr(A)                    % 左右对调矩阵 A 的列
M =
     2     1
     4     3
     6     5
```

3. 逆(顺)时针旋转

MATLAB 语言可以用函数 rot90 旋转矩阵的结构,函数的调用格式如下:

```
M1 = rot90(A); M2 = rot90(A,k)
```

其中:

(1) M_1＝rot90(A)表示将矩阵 A 逆时针旋转 $90°$;

(2) M_2＝rot90(A,k)表示将矩阵 A 旋转 k 倍的 $90°$,当 k＞0,逆时针旋转,当 k＜0,顺时针旋转。

例如:

```
>> A = [1 2; 3 4; 5 6]
A =
     1     2
     3     4
     5     6
>> M1 = rot90(A)
M1 =
     2     4     6
     1     3     5
>> M1 = rot90(A, -1)
M1 =
     5     3     1
     6     4     2
```

4. 转置

MATLAB 语言可以用转置实现矩阵结构的改变,转置用"'"运算符,调用格式如下:

```
M1 = A'; M2 = B'
```

其中:

(1) 当 A 为实数矩阵时,转置的运算规则是矩阵的行变列,列变行;

(2) 当 B 为复数矩阵时,转置的运算规则是先将 B 取共轭,然后行变列,列变行,也就是 Hermit 转置。

例如:

```
>> A = [1 2; 3 4; 5 6]
A =
    1    2
    3    4
    5    6
>> M1 = A'
M1 =
    1    3    5
    2    4    6
>> B = [1 - i, 1 + 2i;2i,2 - 2i]
B =
  1.0000 - 1.0000i   1.0000 + 2.0000i
  0.0000 + 2.0000i   2.0000 - 2.0000i
>> M2 = B'
M2 =
  1.0000 + 1.0000i   0.0000 - 2.0000i
  1.0000 - 2.0000i   2.0000 + 2.0000i
```

5. 矩阵的变维

MATLAB 语言可以用函数 reshape 实现矩阵变维,函数调用格式如下:

```
M = reshape(A,m,n)
```

其中,M=reshape(A,m,n)表示以矩阵 A 的元素构成 m×n 维 M 矩阵。显然 M 中元素个数与 A 相同。

例如:

```
>> A = 1:12
A =
    1    2    3    4    5    6    7    8    9    10   11   12
>> M = reshape(A,3,4)
M =
    1    4    7   10
    2    5    8   11
    3    6    9   12
```

在 MATLAB 中,一幅灰度数字图像被存为二维矩阵,图像的分辨率是矩阵的行数和列数,矩阵的值对应图像每个点颜色。对图像进行处理,实际上是对矩阵的值进行操作。图像处理中经常对一幅图像进行左右镜像处理,上下翻转,逆时针或者顺时针旋转 90°,以及图像平铺处理,可以利用本章学过的矩阵结构变换函数方便地实现图像处理。

【例 2-3】 已知一幅数字图像 lena. bmp,用 MATLAB 语言对该图像进行左右翻转、上下翻转、逆时针翻转 90°、顺时针翻转 90°以及图像平铺 2×3=6 块处理。

微课视频

程序代码如下:

```
A = imread('E:\work\lena.bmp','bmp');    % 读取原始图像 lena.bmp 到变量空间中,存储为
                                         % A 矩阵
subplot(2,3,1)                           % 当前图形窗口分割为 2×3 块,在第 1 块显示图像
imshow(A)                                % 将矩阵 A 数据显示为图像
title('原始图像')                         % 在图像正上方显示标题"原始图像"
B = fliplr(A);                           % 图像矩阵 A 左右对调
subplot(2,3,2)
imshow(B);
title('左右对调')
C = flipud(A);                           % 图像矩阵 A 上下对调
subplot(2,3,3)
imshow(C)
title('上下对调')
D = rot90(A);                            % 图像矩阵 A 逆时针旋转 90°
subplot(2,3,4)
imshow(D)
title('逆时针旋转 90°')
E = rot90(A, -1);                        % 图像矩阵 A 顺时针旋转 90°
subplot(2,3,5)
imshow(E)
title('顺时针旋转 90°')
F = repmat(A,3,2);                       % 图像矩阵 A 平铺 3×2 块
subplot(2,3,6)
imshow(F)
title('图像平铺 3 * 2 块 ')
```

程序运行结果如图 2-2 所示,由该例题结果可知,在 MATLAB 语言中,对数字图像矩阵的简单变换,就能实现对图像的各种处理,所以 MATLAB 语言特别适合应用于数字图像处理。

原始图像

左右对调

上下对调

逆时针旋转90°

顺时针旋转90°

图像平铺3×2块

图 2-2 矩阵结构变换函数处理图像

2.3　矩阵的基本运算

2.3.1　矩阵的加减运算

两个矩阵相加或相减运算的规则是两个同维(相同的行和列)的矩阵对应元素相加减。若一个标量和一个矩阵相加减,规则是标量和所有元素分别进行相加减操作。加减运算符分别是"＋"和"－"。

例如:

```
>> A = [1 2;3 4];
>> B = [5 6;7 8];
>> M1 = A － 1
M1 =
     0     1
     2     3
M2 = A ＋ B
M2 =
     6     8
    10    12
```

2.3.2　矩阵的乘法运算

两个矩阵相乘运算的规则是第一个矩阵的各行元素分别与第二个矩阵各列元素对应相乘并相加。假定两个矩阵 $A_{m \times n}$ 和 $B_{n \times p}$,则,$M_{m \times p} = A_{m \times n} * B_{n \times p}$。若一个标量和一个矩阵相乘,规则是标量和所有元素分别进行乘操作。乘法运算符是" ＊ "。

例如:

```
>> A = [1 2;3 4;5 6];
>> B = [1 2 3;4 5 6];
>> M1 = B ＊ 2
M1 =
     2     4     6
     8    10    12
>> M2 = A ＊ B
M2 =
     9    12    15
    19    26    33
    29    40    51
```

2.3.3　矩阵的除法运算

在 MATLAB 语言中,有两种除法运算:左除和右除。左除和右除的运算符分别是"\"和"/"。假定矩阵 A 是非奇异方阵,$A \backslash B$ 等效为 A 的逆矩阵左乘 B 矩阵,即 inv(A) ＊ B,相当于方程 $A * X = B$ 的解;B/A 等效为 A 的逆矩阵右乘 B 矩阵,即 B ＊ inv(A),相当于方程 $X * A = B$ 的解。一般来说,$A \backslash B \neq B/A$。

例如:

```
>> A = [1 2;3 4];
>> B = [1 1;0 1];
>> M1 = A\B
M1 =
    -2.0000    -1.0000
     1.5000     1.0000
>> M2 = B/A
M2 =
    -0.5000     0.5000
     1.5000    -0.5000
```

显然,$A\backslash B \neq B/A$。

2.3.4 矩阵的乘方运算

在 MATLAB 语言中,当 A 是方阵,n 为大于 0 的整数时,一个矩阵 A 的 n 次乘方运算可以表示成为 $A\hat{\ }n$,即 A 自乘 n 次;当 n 为小于 0 的整数时,$A\hat{\ }n$ 表示 A 的逆矩阵$(A\hat{\ }-1)$的 $|n|$ 次方。

例如:

```
>> A = [1 2;3 4];
>> M1 = A^2
M1 =
     7    10
    15    22
>> M2 = A^ - 2
M2 =
     5.5000    -2.5000
    -3.7500     1.7500
>> M = M1 * M2
M =
     1.0000     0.0000
    -0.0000     1.0000
```

显然,由例题可以验证:$M = A\hat{\ }2 * A\hat{\ }-2 = I$ 单位矩阵。

2.3.5 矩阵的点运算

在 MATLAB 语言中,点运算是一种特殊的运算,其运算符是在有关算术运算符前加点。点运算符有".*",". /",". \",". ^"4 种。点运算规则是对应元素进行相关运算,具体如下:

(1) 若两个矩阵 A,B 进行点乘运算,要求矩阵维度相同,对应元素相乘;

(2) 如果 A,B 两个矩阵同维,则 $A./B$ 表示 A 矩阵除以 B 矩阵的对应元素;$B.\backslash A$ 表示 A 矩阵除以 B 矩阵的对应元素,等价于 $A./B$;

(3) 若 A,B 两个矩阵同维,则 $A.\hat{\ }B$ 表示两个矩阵对应元素进行乘方运算;

(4) 若 b 是标量,则 $A.\hat{\ }b$ 表示 A 的每个元素与 b 做乘方运算;若 a 是标量,则 $a.\hat{\ }B$ 表示 a 与 B 的每个元素进行乘方运算。

例如:

```
>> A = [1 2;3 4];
>> B = [1 1;2 -1];
>> M1 = A. * B                    %A 点乘 B
M1 =
        1        2
        6       -4
>> M2 = A. /B                     %A 点右除 B
M2 =
    1.0000     2.0000
    1.5000    -4.0000
>> M3 = B. \A                     %B 点左除 A
M3 =
    1.0000     2.0000
    1.5000    -4.0000
>> M4 = A.^B                      %A 点乘方 B
M4 =
    1.0000     2.0000
    9.0000     0.2500
>> a = 2;b = 2;
>> M5 = A.^b                      %A 点乘方标量 b
M5 =
        1        4
        9       16
>> M6 = a.^B                      %标量 a 点乘方 B
M6 =
    2.0000     2.0000
    4.0000     0.5000
```

点运算是 MATLAB 语言的一个很重要的特殊运算符,有时点运算可以代替一重循环运算,例如,当 x 从 0 到 2,增量是 0.2 变化,求函数 $y = e^x \cos(x)$ 的值。

正常使用别的高级语言编程时候,需要用一重循环语句,求出 y 的值。而用 MATLAB 语言的点运算,可以很方便地求出 y 的值,具体代码如下:

```
>> x = 0:0.2:2
x =
  列 1 至 8
         0    0.2000    0.4000    0.6000    0.8000    1.0000    1.2000    1.4000
  1.6000    1.8000    2.0000
>> y = exp(x) * cos(x)
错误使用  *
用于矩阵乘法的维度不正确。请检查并确保第一个矩阵中的列数与第二个矩阵中的行数匹配。要
执行按元素相乘,请使用 '. * '。
>> y = exp(x). * cos(x)
y =
  1.0000    1.1971    1.3741    1.5039    1.5505    1.4687    1.2031    0.6893
 -0.1446   -1.3745   -3.0749
```

其中,y 表达式中必须用点运算,因为 $\exp(x)$ 和 $\cos(x)$ 是一个同维的矩阵。

2.4 矩阵的分析

矩阵是 MATLAB 语言的基本运算单元。本节主要介绍矩阵分析与处理的常用函数和功能。

2.4.1　方阵的行列式

一个行数和列数相同的方阵可以看作一个行列式,而行列式是一个数值。MATLAB语言用 D＝det(A)函数求方矩阵的行列式的值。例如:

已知一个方阵 A＝[1 1;2 1],求行列式的值 D。

```
>> A = [1 1;2 1]
A =
     1     1
     2     1
>> D = det(A)
D =
    -1
```

2.4.2　矩阵的秩和迹

1. 矩阵的秩

与矩阵线性无关的行数或者列数称为矩阵的秩。MATLAB 语言用 r＝rank(A)函数求矩阵的秩。例如:

```
>> A = [1 1;2 1]
A =
     1     1
     2     1
>> r = rank(A)
r =
     2
```

2. 矩阵的迹

一个矩阵的迹等于矩阵的主对角线元素之和,也等于矩阵的特征值之和。MATLAB语言用 t＝trace(A)函数求矩阵的迹。例如:

```
>> A = [1 1;2 1]
A =
     1     1
     2     1
>> t = trace(A)
t =
     2
```

2.4.3　矩阵的逆和伪逆

1. 方阵的逆矩阵

对于一个方矩阵 A,如果存在一个同阶方矩阵 B,使得 $A * B＝B * A＝I$(其中 I 为单位矩阵),则称 B 为 A 的逆矩阵,A 也为 B 的逆矩阵。

在线性代数里用公式计算逆矩阵相对烦琐,然而,在 MATLAB 语言里,用求逆矩阵的函数 inv(A)求解却很容易。例如:

```
>> A = [1 0 1;1 1 0;0 1 1]
A =
      1      0      1
      1      1      0
      0      1      1
>> B = inv(A)
B =
      0.5000      0.5000     -0.5000
     -0.5000      0.5000      0.5000
      0.5000     -0.5000      0.5000
>> M1 = A * B
M1 =
      1      0      0
      0      1      0
      0      0      1
>> M2 = B * A
M2 =
      1      0      0
      0      1      0
      0      0      1
```

显然,$A * B = B * A = I$,故 B 与 A 是互逆矩阵。

2. 矩阵的伪逆矩阵

如果矩阵 A 不是一个方阵,或者 A 为非满秩矩阵,那么就不存在逆矩阵,但可以求广义上的逆矩阵 B,称为伪逆矩阵,MATLAB 语言用 B=pinv(A)函数求伪逆矩阵。例如:

```
>> A = [1 0 1;1 1 0]
A =
      1      0      1
      1      1      0
>> B = pinv(A)
B =
      0.3333      0.3333
     -0.3333      0.6667
      0.6667     -0.3333
>> M = A * B
M =
      1.0000           0
      0.0000      1.0000
```

显然,$A * B = I$,B 是 A 的伪逆矩阵。

2.4.4 线性方程组的解

线性方程组的解一般包括三大类:一类是方程组存在唯一解或者特解,另一类是方程组有无穷解或者通解,第三类是方程组不存在精确解,可以得到最小二乘近似解。可以通过求方程组的系数矩阵的秩来判断解的类型。

假设含有 n 个未知数,由 m 个方程构成线性方程组,表示为:

$$\begin{cases} a_{11}x_1 + a_{12}x_2 + \cdots + a_{1n}x_n = b_1 \\ a_{21}x_1 + a_{22}x_2 + \cdots + a_{2n}x_n = b_2 \\ \qquad\qquad\qquad\qquad \vdots \\ a_{m1}x_1 + a_{m2}x_2 + \cdots + a_{mn}x_n = b_m \end{cases}$$

用矩阵表示为：

$$\boldsymbol{A}_{m\times n}\boldsymbol{x} = \boldsymbol{b}$$

系数矩阵 $\boldsymbol{A}$ 的秩为 r，方程组的解有下面几种情况：

（1）若 $r=n$，则方程组有唯一解；

（2）若 $r<n$，则方程组有无穷解；

（3）若方程数 $m>n$，则方程组无精确解，有最小二乘近似解。

1. 线性方程组唯一解

用 MATLAB 语言求解线性方程组 $\boldsymbol{A}_{m\times n}\boldsymbol{x} = \boldsymbol{b}$ 唯一解的方法常用左除法和逆矩阵法，下面通过一个例子介绍这两种方法。

【例 2-4】　在 MATLAB 语言中，用左除法和逆矩阵法分别求解下列线性方法组的唯一解。

$$\begin{cases} x_1 - x_2 + x_3 = 2 \\ x_1 + x_2 - x_3 = 4 \\ x_1 + x_3 = 1 \end{cases}$$

程序代码如下：

```
>> A = [1 -1 1;1 1 -1;1 0 1];    %输入方程组的系数矩阵
>> b = [2;4;1];
>> r = rank(A)                    %求系数矩阵 A 的秩,判断方程组是否唯一解
r =
     3
>> x = A\b                        %用左除法求解方程组的唯一解
x =
     3
    -1
    -2
>> x = inv(A) * b                 %用逆矩阵法求解方程组的唯一解
x =
     3
    -1
    -2
```

以上结果表明，当方程组的系数矩阵 $\boldsymbol{A}$ 的秩等于未知量的个数时，线性方程组具有唯一解，用常用的左除法和逆矩阵方法求解线性方程组的解，结果是一样。

2. 线性方程组多解

用 MATLAB 语言求解线性方程组 $\boldsymbol{A}_{m\times n}\boldsymbol{x} = \boldsymbol{b}$ 多解的方法常用左除法和伪逆矩阵法，下面通过一个例子介绍这两种方法。

【例 2-5】　在 MATLAB 语言中，用左除法和伪逆矩阵法分别求解下列线性方法组的解。

$$\begin{cases} x_1 - x_2 + x_3 + x_4 = 2 \\ x_1 + x_2 - x_3 - x_4 = 4 \\ x_1 + x_3 + x_4 = 6 \end{cases}$$

程序代码如下：

```
>> A = [1 -1 1 1;1 1 -1 -1;1 0 1 1];        %输入方程组的系数矩阵
>> b = [2 4 6]';
>> r = rank(A)                              %求系数矩阵 A 的秩,判断方程组是否唯一解
r =
     3
>> x = A\b                                  %用左除法求解方程组的一组解
x =
    3.0000
    4.0000
    3.0000
         0
>> x = pinv(A) * b                          %用伪逆矩阵求解方程组的一组解
x =
    3.0000
    4.0000
    1.5000
    1.5000
```

以上结果表明,方程组的系数矩阵 **A** 的秩小于未知量的个数时,线性方程组具有无穷解,用常用的左除法和伪逆矩阵方法求解线性方程组的解,结果是不唯一的,但都是方程组的解。

3. 线性方程组最小二乘近似解

用 MATLAB 语言求解线性方程组 $\boldsymbol{A}_{m \times n} \boldsymbol{x} = \boldsymbol{b}$ 最小二乘近似解的方法常用左除法和伪逆矩阵法,下面通过一个例子介绍这两种方法。

微课视频

【例 2-6】 利用 MATLAB 左除法和伪逆矩阵法,求如下线性方程组的最小二乘近似解。

$$\begin{cases} x_1 + x_2 = 1 \\ x_1 - x_2 = -1 \\ x_1 + 2x_2 = 3 \end{cases}$$

MATLAB 命令程序如下：

```
>> A = [1 1;1 -1;1 2];
>> b = [1; -1;3];
>> x = A\b                    %用左除法求解方程组的最小二乘近似解
x =
    0.1429
    1.2857
>> x = pinv(A) * b            %用伪逆矩阵求解方程组的最小二乘近似解
x =
    0.1429
    1.2857
```

以上结果表明,方程组的系数矩阵 A 的行数(方程个数)比列数(未知数)大,线性方程组一般都没有精确解,但可以求最小二乘近似解,用常用的左除法和伪逆矩阵方法求解线性方程组的最小二乘近似解,结果是相同的。

2.4.5 矩阵的特征值和特征向量

矩阵的特征值与特征向量在科学计算中广泛应用。设 A 为 n 阶方阵,使得等式 $Av = Dv$ 成立,则 D 称为 A 的特征值,向量 v 称为 A 的特征向量。MATLAB 语言用函数 eig(A) 求矩阵的特征值和特征向量,常用下面两种格式:

(1) E=eig(A)求矩阵 A 的特征值,构成向量 E;

(2) [v,D]=eig(A)求矩阵 A 的特征值,构成对角矩阵 D,并求 A 的特征向量 v。

例如:

```
>> A = [1 1 1;1 0 0.25;0.5 0.25 2];
>> [v,D] = eig(A)
v =
     0.5334     -0.6834      0.6435
    -0.8456     -0.5326      0.3174
    -0.0211      0.4992      0.6966
D =
    -0.6246          0          0
         0     1.0488          0
         0          0     2.5758
>> A * v
ans =
    -0.3332     -0.7168      1.6574
     0.5282     -0.5586      0.8176
     0.0132      0.5236      1.7942
>> v * D
ans =
    -0.3332     -0.7168      1.6574
     0.5282     -0.5586      0.8176
     0.0132      0.5236      1.7942
```

显然,$A*v = v*D$,故 D 和 v 分别是 A 矩阵的特征值和特征向量。

特征值还可以应用于求解一元多次方程的根,具体方法是,先将方程的多项式系数组成行向量 a,然后用 compan(a)函数构造成伴随矩阵 A,最后再用 eig(A)函数求 A 的特征值,特征值就是方程的根。

【例 2-7】 用 MATLAB 求特征值的方法求解一元多次方程的根,方程如下:

$$x^5 - 5x^3 + 4x = 0$$

MATLAB 命令程序如下:

```
>> a = [1 0 -5 0 4 0];
>> A = compan(a);
>> x1 = eig(A)
x1 =
         0
```

微课视频

```
  - 2.0000
  - 1.0000
    2.0000
    1.0000
```

当然,求一元多次方程的根还可以利用多项式函数 roots。

```
>> x2 = roots(a)
x2 =
          0
  - 2.0000
    2.0000
  - 1.0000
    1.0000
```

显然,用这两种不同方法求解一元多次方程的根,结果是一样的。

2.4.6　矩阵的分解

矩阵有多种分解方法,常见的有对称正定矩阵分解(Cholesky)、高斯消去法分解(LU)、正交分解(QR)和矩阵的奇异值分解(SVD)。

1. 对称正定矩阵分解

MATLAB 语言中的对称正定矩阵 Cholesky 分解用函数 chol(A),函数语法格式如下:

```
R = chol(A)
```

其中,分解后的 R 满足 R' * R=A。若 A 是 n 阶对称正定矩阵,则 R 为实数的非奇异上三角矩阵;若 A 是非正定矩阵,则产生错误信息。

```
[R, p] = chol(A)
```

其中,分解后的 R 满足 R' * R=A。若 A 是 n 阶对称正定矩阵,则 R 为实数的非奇异上三角矩阵,p=0;若 A 是非正定矩阵,则 p 为正整数。

例如:已知 $A=[1\ 1\ 1;1\ 2\ 3;1\ 3\ 6]$,求该矩阵的 Cholesky 分解。

MATLAB 语言程序代码及结果如下:

```
>> A = [1 1 1;1 2 3;1 3 6]     % A 为 3 阶对称正定矩阵
A =
    1    1    1
    1    2    3
    1    3    6
>> [R, p] = chol(A)            % Cholesky 分解
R =
    1    1    1
    0    1    2
    0    0    1
p =
    0
>> R' * R
```

```
ans =
     1     1     1
     1     2     3
     1     3     6
```

由结果可知,Cholesky 分解得到的 **R** 矩阵是一个实数的非奇异上三角矩阵,且满足
R′ ∗ R＝A。

当 **A** 为非正定矩阵时,用 Cholesky 分解,错误信息如下:

```
>> A = [1 2;3 4]                  % 非对称正定矩阵
A =
     1     2
     3     4
>> R = chol(A)
错误使用 chol                       % 错误信息提示
矩阵必须为正定矩阵
```

2. 矩阵的高斯消去法分解

高斯消去法分解是在线性代数中矩阵分解的一种重要方法,主要应用在数值分析中,用
来解线性方程及计算行列式。矩阵的高斯消去法分解又称为三角分解,是将一个一般方矩
阵分解成一个下三角矩阵 **L** 和一个上三角矩阵 **U**,且满足 **A＝LU**,故称为 LU 分解。
MATLAB 语言用 lu(A)函数实现 LU 分解。函数语法格式如下:

```
[L,U] = lu(A)
```

其中,L 为下三角矩阵或其变换形式,U 为上三角矩阵,且满足 LU＝A。

```
[L,U,P] = lu(A)
```

其中,L 为下三角矩阵,U 为上三角矩阵,P 为单位矩阵的行变换矩阵,且满足 LU＝PA。

例如,已知 **A**＝[1 2 3;4 5 6;7 8 9],求该矩阵的 LU 分解。

MATLAB 语言程序代码及结果如下:

```
>> A = [1 2 3;4 5 6;7 8 9]
A =
     1     2     3
     4     5     6
     7     8     9
>> [L,U] = lu(A)
L =
    0.1429    1.0000         0
    0.5714    0.5000    1.0000
    1.0000         0         0
U =
    7.0000    8.0000    9.0000
         0    0.8571    1.7143
         0         0   -0.0000
>> L * U
ans =
     1     2     3
```

```
        4        5        6
        7        8        9
```

由上述结果可知,LU 分解得到的 L 是一个下三角变换矩阵,U 是一个上三角矩阵,且满足 $L*U=A$。

同样的矩阵 A,若用另一种 LU 分解,结果如下:

```
>> A = [1 2 3;4 5 6;7 8 9];
>> [L,U,P] = lu(A)
L =
    1.0000         0         0
    0.1429    1.0000         0
    0.5714    0.5000    1.0000
U =
    7.0000    8.0000    9.0000
         0    0.8571    1.7143
         0         0   -0.0000
P =
    0    0    1
    1    0    0
    0    1    0
>> P*A
ans =
    7    8    9
    1    2    3
    4    5    6
>> L*U
ans =
    7    8    9
    1    2    3
    4    5    6
```

由上述结果可知,LU 分解得到的 L 是一个下三角矩阵,U 是一个上三角矩阵,P 为单位矩阵的行变换矩阵,且满足 $L*U=P*A$。

3. 矩阵的正交分解

矩阵的正交分解是将一个一般矩阵 A 分解成一个正交矩阵 Q 和一个上三角矩阵 R 的乘积,且满足 $A=QR$,故称为 QR 分解。MATLAB 语言用 qr(A)函数实现 QR 分解。函数语法格式如下:

```
[Q,R] = qr(A)
```

其中,Q 为正交矩阵,R 为上三角矩阵,且满足 QR=A。

```
[Q,R,E] = qr(A)
```

其中,Q 为正交矩阵,R 为对角元素按大小降序排列上三角矩阵,E 为单位矩阵的变换形式,且满足 QR=AE。

例如,已知 $A=[1\ 2\ 3;4\ 5\ 6;7\ 8\ 9]$,求该矩阵的 QR 分解。

MATLAB 语言程序代码及结果如下:

```
>> A = [1 2 3;4 5 6;7 8 9]
A =
     1     2     3
     4     5     6
     7     8     9
>> [Q,R] = qr(A)
Q =
   - 0.1231      0.9045      0.4082
   - 0.4924      0.3015    - 0.8165
   - 0.8616    - 0.3015      0.4082
R =
   - 8.1240    - 9.6011    - 11.0782
         0      0.9045      1.8091
         0           0    - 0.0000
>> Q * R
ans =
    1.0000    2.0000    3.0000
    4.0000    5.0000    6.0000
    7.0000    8.0000    9.0000
```

由上述结果可知,QR 分解得到的 Q 是一个正交矩阵, R 是一个上三角矩阵,且满足 $Q * R = A$ 。

同样的矩阵 A ,若用另一种 QR 分解,结果如下:

```
>> [Q,R,E] = qr(A)
Q =
   - 0.2673      0.8729      0.4082
   - 0.5345      0.2182    - 0.8165
   - 0.8018    - 0.4364      0.4082
R =
   - 11.2250    - 8.0178    - 9.6214
          0    - 1.3093    - 0.6547
          0           0    - 0.0000
E =
     0     1     0
     0     0     1
     1     0     0
>> Q * R
ans =
    3.0000    1.0000    2.0000
    6.0000    4.0000    5.0000
    9.0000    7.0000    8.0000
>> A * E
ans =
     3     1     2
     6     4     5
     9     7     8
```

由上述结果可知,QR 分解得到的 Q 为正交矩阵, R 为对角元素按大小降序排列上三角矩阵, E 为单位矩阵的变换形式,且满足 $Q * R = A * E$ 。

4. 矩阵的奇异值分解

奇异值分解(Singular Value Decomposition)是线性代数中一种重要的矩阵分解方法,可以应用在信号处理、统计学等领域。矩阵的奇异值分解是将一个一般矩阵 A 分解成一个与 A 同大小的对角矩阵 S、两个酉矩阵 U 和 V,且满足:$A = U * S * V'$。MATLAB 语言用 svd(A)函数实现奇异值分解。函数语法格式如下:

s = svd(A)产生矩阵 A 的奇异值向量。

[U,S,V]=svd(A)产生一个与 A 同大小的对角矩阵 S,两个酉矩阵 U 和 V,且满足 A=U * S * V'。若 A 为 m×n 阵,则 U 为 m×m 阵,V 为 n×n 阵。奇异值在 S 的对角线上,非负且按降序排列。

例如,已知 $A = [1\ 2\ 3; 4\ 5\ 6]$,求该矩阵的奇异值分解。

MATLAB 语言程序代码及结果如下:

```
>> A = [1 2 3;4 5 6]
A =
     1       2       3
     4       5       6
>> [U,S,V] = svd(A)
U =
   - 0.3863   - 0.9224
   - 0.9224     0.3863
S =
     9.5080        0        0
          0   0.7729        0
V =
   - 0.4287     0.8060     0.4082
   - 0.5663     0.1124   - 0.8165
   - 0.7039   - 0.5812     0.4082
>> U * S * V'
ans =
     1.0000     2.0000     3.0000
     4.0000     5.0000     6.0000
```

由上述结果可知,奇异值分解得到一个与 A 同大小的对角矩阵 S、两个酉矩阵 U 和 V,且满足 $A = U * S * V'$。

2.4.7 矩阵的信息获取函数

MATLAB 语言提供了很多函数以获取矩阵的各种属性信息,包括矩阵的大小、矩阵的长度和矩阵元素的个数等。

1. size

MATLAB 语言可以用 size(A)函数来获取矩阵 A 的行和列的数。函数的调用格式如下:

D=size(A)返回一个行和列数构成两个元素的行向量;

[M,N]=size(A)返回矩阵 A 的行数为 M 和列数为 N。

例如,已知 $A = [1\ 2; 3\ 4; 5\ 6]$,求该矩阵的行数和列数。

MATLAB语言程序代码及结果如下：

```
>> A = [1 2;3 4; 5 6]
A =
     1     2
     3     4
     5     6
>> D = size(A)
D =
     3     2
>> [M,N] = size(A)
M =
     3
N =
     2
```

2. length

MATLAB语言可以用 length（A）函数获取矩阵 A 的行数和列数的较大者，即 length(A)＝max(size(A))。函数的调用格式如下：

d＝length(A)返回矩阵 A 的行数和列数的较大者。

例如：

```
>> A = [1 2;3 4; 5 6]
A =
     1     2
     3     4
     5     6
>> d = length(A)
d =
     3
```

3. numel

MATLAB语言可以用 numel(A)函数来获取矩阵 A 的元素的总个数。函数的调用格式如下：

n＝numel(A)返回矩阵 A 的元素的总个数。

例如：

```
>> A = [1 2;3 4; 5 6]
A =
     1     2
     3     4
     5     6
>> n = numel(A)
n =
     6
```

习题

1. 用冒号法生成矩阵 $A=[1\ 1.5\ 2\ 2.5\ 3\ 3.5\ 4\ 4.5\ 5\ 5.5\ 6]$和矩阵 $B=[10\ 8\ 6\ 4\ 2\ 0]$。
2. 利用函数法生成矩阵 $A=[1\ 2\ 3\ 4\ 5\ 6\ 7\ 8]$和矩阵 $B=[10\ 8\ 6\ 4\ 2\ 0]$。

3. 在 MATLAB 语言中,试用文本文件和 M 文件建立矩阵 A:

$$A = \begin{bmatrix} 1.2 & 2.1 & 3.3 & 4.2 & 5.5 & 6.7 \\ 1.4 & 2.8 & 3.6 & 4.7 & 5.8 & 6.9 \\ 1.1 & 2.3 & 3.9 & 4.8 & 5.6 & 6.4 \\ 1.5 & 2.6 & 3.8 & 4.4 & 5.7 & 6.1 \\ 1.6 & 2.9 & 3.7 & 4.1 & 5.1 & 6.2 \\ 1.7 & 2.5 & 3.1 & 4.9 & 5.2 & 6.3 \end{bmatrix}$$

4. 利用特殊矩阵生成函数,生成下面特殊矩阵:

$$A = \begin{bmatrix} 1 & 0 & 0 \\ 0 & 1 & 0 \\ 0 & 0 & 1 \end{bmatrix}, \quad B = \begin{bmatrix} 0 & 0 & 0 \\ 0 & 0 & 0 \\ 0 & 0 & 0 \end{bmatrix}, \quad C = \begin{bmatrix} 1 & 1 & 1 \\ 1 & 1 & 1 \\ 1 & 1 & 1 \end{bmatrix}$$

$$D = \begin{bmatrix} 1 & 0 & 0 \\ 0 & 2 & 0 \\ 0 & 0 & 3 \end{bmatrix}, \quad E = \begin{bmatrix} 0 & 0 & 0 \\ 1 & 0 & 0 \\ 1 & 1 & 0 \end{bmatrix}, \quad F = \begin{bmatrix} 1 & 1 & 1 \\ 0 & 1 & 1 \\ 0 & 0 & 1 \end{bmatrix}$$

5. 试用 MATLAB 生成 5 阶魔方矩阵,验证每行和每列元素之和是否相等。

6. 试用 MATLAB 生成区间[10,16]均匀分布的 5 阶随机矩阵。

7. 试用 MATLAB 生成均值为 1、方差为 0.2 的正态分布的 4 阶随机矩阵。

8. 将矩阵 $A = \begin{bmatrix} 1 & 2 & 3 \\ 4 & 5 & 6 \\ 7 & 8 & 9 \end{bmatrix}$ 中的第一行元素替换为[1 1 1],最后一列元素替换为 $\begin{bmatrix} 1 \\ 2 \\ 3 \end{bmatrix}$,删除矩阵 A 的第二行元素。

9. 已知矩阵 $A = \begin{bmatrix} 1 & 2 & 3 & 4 \\ 3 & 4 & 6 & 8 \\ 5 & 5 & 7 & 9 \\ 4 & 3 & 2 & 1 \end{bmatrix}$,对矩阵 A 实现上下翻转、左右翻转、逆时针旋转 90°、顺时针旋转 90°和平铺矩阵 A 为 $2 \times 3 = 6$ 块操作。

10. 已知矩阵 $A = \begin{bmatrix} 1 & 2 & 3 \\ 4 & 5 & 6 \\ 6 & 8 & 9 \end{bmatrix}$, $B = \begin{bmatrix} 1 & 1 & 1 \\ 0 & 1 & 1 \\ 1 & 0 & 1 \end{bmatrix}$,试用 MATLAB 分别实现 A 和 B 两个矩阵加、减、乘、点乘、左除和右除操作。

11. 已知矩阵 $A = \begin{bmatrix} 1 & 1 & 1 \\ 1 & 2 & 3 \\ 1 & 4 & 9 \end{bmatrix}$,试用 MATLAB 分别求矩阵 A 的行列式、转置、秩、逆、特征值和特征向量。

12. 已知三阶对称正定矩阵 $A = \begin{bmatrix} 1 & 1 & 1 \\ 1 & 2 & 3 \\ 1 & 3 & 6 \end{bmatrix}$,试用 MATLAB 分别对矩阵 A 进行

Cholesky 分解、LU 分解和 QR 分解。

13. 分别用 MATLAB 的左除和逆矩阵方法，求解下列方程组的解。

(1) $\begin{cases} x_1 + x_2 + x_3 = 6 \\ x_1 - x_2 + x_3 = 4 \\ x_1 - x_2 + 2x_3 = 8 \end{cases}$
　　(2) $\begin{cases} x_1 + x_2 + x_3 = 6 \\ x_1 + x_3 = 2 \\ 2x_1 - x_2 = 4 \end{cases}$

14. 分别用 MATLAB 的左除和伪逆矩阵方法求解下列方程组的一组解。

(1) $\begin{cases} x_1 + x_2 + x_3 = 4 \\ x_1 - x_2 + x_3 = 2 \end{cases}$
　　(2) $\begin{cases} x_1 + x_2 + x_3 + x_4 = 6 \\ x_1 + x_3 + 2x_4 = 4 \\ 2x_1 - x_2 + x_3 = 2 \end{cases}$

第 3 章

MATLAB 字符串和数组

本章要点：

- 字符串；
- 多维数组；
- 结构数组；
- 元胞数组。

在 MATLAB 语言中，数组是存储和运算的基本单元，向量和矩阵是数组的特例。MATLAB 常用数组包括一维数组、二维数组、多维数组、结构数组和元胞数组。其中字符串就是一个典型的一维字符数组。二维数组与二维矩阵在形式上是一样的，在第 2 章已经详细介绍过。本章主要介绍字符串的创建方法、操作和转换常用函数，以及多维数组、结构数组和元胞数组的创建和使用方法。

3.1 字符串

在 MATLAB 语言中，字符串是 MATLAB 语言的一个重要组成部分，MATLAB 语言提供强大的字符串处理功能，本节主要介绍字符串的创建方法、操作和转换常用函数等内容。

3.1.1 字符串的创建

在 MATLAB 语言中，字符串一般以 ASCII 码形式存储，以行向量形式存在，并且每个字符占用两字节的内存。在 MATLAB 语言中，创建一个字符串可以用下面几种方法。

（1）直接将字符内容用单引号(' ')括起来，例如：

```
>> str = 'Teacher_name'
str =
    'Teacher_name'
```

字符串的存储空间如下所示，所定义的字符串有 12 个字符，每个字符占用两字节的内存。

```
>> whos
  Name      Size            Bytes  Class     Attributes
  str       1x12               24  char
```

若要显示单引号(')字符,需要使用两个单引号,例如:

```
>> str = 'I''m a teacher'
str =
    'I'm a teacher'
```

(2) 用方括号连接多个字符串组成一个长字符串,例如:

```
>> str = ['I''m' ' a' ' teacher']
str =
    'I'm a teacher'
```

(3) 用函数 strcat 把多个字符串水平连接合并成一个长字符串,strcat 函数语法格式如下:

```
str = strcat(str1, str2, … )
```

例如:

```
>> str1 = 'I''m a student';
>> str2 = ' of';
>> str3 = ' Guangdong Ocean University';
>> str = strcat(str1, str2, str3)
str =
    'I'm a student of Guangdong Ocean University'
```

(4) 用函数 strvcat 把多个字符串连接成多行字符串,strvcat 函数语法格式如下:

```
str = strvcat(str1, str2, … )
```

例如:

```
>> str1 = 'good';
>> str2 = 'very good';
>> str3 = 'very very good';
>> strvcat(str1, str2, str3)
ans =
  3 × 14 char 数组
    'good          '
    'very good     '
    'very very good '
```

MATLAB 语言可以用 abs 或者 double 函数获取字符串所对应的 ASCII 码数值矩阵。相反,可以用 char 函数把 ASCII 码转换为字符串。例如:

```
>> str1 = 'I''m a teacher'
str1 =
    'I'm a teacher'
>> A = abs(str1)                % 把字符串转换为对应的 ASCII 码数值矩阵
A =
    73   39  109   32   97   32  116  101   97   99  104  101  114
>> str = char(A)               % 把 ASCII 码数值矩阵转换为字符串
str =
    'I'm a teacher'
```

【例 3-1】 已知一个字符串向量 str＝'It is a Yellow Dog'，完成以下任务：

（1）计算字符串向量字符个数；

（2）显示'a Yellow Dog'；

（3）将字符串倒序重排；

（4）将字符串中的大写字母变成相应小写字母，其余字符不变。

将下列程序代码存为脚本文件 fexam_3_1.m，并放于当前工作目录下。

```
str = 'It is a Yellow Dog'              % 创建字符串向量
n = length(str)                         % 计算字符串向量字符个数
str1 = str(7:18)                        % 显示'a Yellow Dog'
str2 = str(end: − 1:1)                  % 将字符串倒序重排
k = find(str > = 'A'&str < = 'Z')       % 查找大写字母的位置
str(k) = str(k) + ('a' − 'A')           % 将大写字符变成相应小写字母
```

然后在命令行窗口中运行下列指令：

```
>> fexam_3_1
str =
    'It is a Yellow Dog'
n =
    18
str1 =
    'a Yellow Dog'
str2 =
    'goD wolleY a si tI'
k =
     1    9    16
str =
    'it is a yellow dog'
```

3.1.2　字符串的操作

1. 字符串比较

MATLAB 语言比较两个字符串是否相同的常用函数有 strcmp、strncmp、strcmpi 和 strncmpi 这 4 个，字符串比较函数的调用格式及功能说明如表 3-1 所示。

表 3-1　字符串比较函数格式及功能

函　数　名	调用格式	功　能　说　明
strcmp	strcmp(str1,str2)	比较两个字符串是否相等，相等为 1，不相等为 0
strncmp	strncmp(str1,str2,n)	比较两个字符串前 n 个字符是否相等，相等为 1，不相等为 0
strcmpi	strcmpi(str1,str2)	忽略大小写，比较两个字符串是否相等，相等为 1，不相等为 0
strncmpi	strncmpi(str1,str2,n)	忽略大小写，比较两个字符串前 n 个字符是否相等，相等为 1，不相等为 0

例如：

```
>> str1 = {'one','two','three','four'};     % 定义字符串元胞数组
>> str2 = 'two';
```

```
>> strcmp(str1,str2)                    %比较两个字符串 str1 和 str2 是否相等
ans =
  1×4 logical 数组
   0   1   0   0
>> str1 = 'I am a handsome boy';
>> str2 = 'I am a pretty girl';
>> strncmp(str1,str2,7)                 %比较两个字符串 str1 和 str2 前 7 个字符是否相等
ans =
logical
   1
>> strncmp(str1,str2,8)
ans =
logical
   0
>> str1 = 'MATLAB 2018a';
>> str2 = 'MATLAB 2018A';
>> strcmp(str1,str2)
ans =
logical
   0
>> strcmpi(str1,str2)                   %忽略大小写,比较两个字符串是否相等
ans =
logical
   1
>> str1 = 'I am a handsome boy';
>> str2 = 'I am A pretty girl';
>> strncmpi(str1,str2,7)                %忽略大小写,比较两个字符串前 7 个字符是否相等
ans =
logical
   1
>> strncmp(str1,str2,7)
ans =
logical
   0
```

2. 字符串查找和替换

MATLAB 语言查找与替换字符串的常用函数有 5 个：strfind、findstr、strmatch、strtok 和 strrep。字符串查找函数的调用格式及功能说明如表 3-2 所示。

表 3-2　字符串查找函数

函　数　名	功　能　说　明
strfind(str, 'str1')	在字符串 str 中查找另一个字符串 str1 出现的位置
findstr(str, 'str1')	在一个较长字符串 str 中查找较短字符串 str1 出现的位置
strmatch('str1',str)	在 str 字符串数组中,查找匹配以字符 str1 为开头的字符串所在的行数
strtok(str)	从字符串 str 中截取第一个分隔符(包括空格、Tab 键和回车键)前面的字符串
strrep(str, 'oldstr', 'newstr')	在原来字符串 str 中,用新的字符串 newstr 替换旧的字符串 oldstr

例如：

```
>> str = 'sqrt(X) is the square root of the elements of X. Complex'    % 构建一个长字符串 str
str =
    'sqrt(X) is the square root of the elements of X. Complex'
>> findstr(str,'of')                    % 在一个较长字符串 str 中查找较短字符串'of'出现的位置
ans =
    28    44
>> strfind(str,'of')                    % 在字符串 str 中查找字符串'of'出现的位置
ans =
    28    44
>> strrep(str,'X','Y')                  % 在原来字符串 str 中,用新的字符串'Y'替换旧的字符串'X'
ans =
    'sqrt(Y) is the square root of the elements of Y. Complex'
>> strtok(str)                          % 从字符串 str 中截取第一个分隔符前面的字符串 sqrt(X)
ans =
    'sqrt(X)'
>> str = strvcat('good', 'very good', 'very very good')          % 构建字符串数组 str
str =
  3 × 14 char 数组
    'good          '
    'very good     '
    'very very good'
>> strmatch('very',str)                 % 在字符串数组 str 中,查找匹配以字符'very'为开头的字符串
                                        % 所在的行数
ans =
    2
    3
```

3. 字符串的其他操作

在 MATLAB 语言中,除了常用的字符串创建、比较、查找和替换操作外,还有许多其他字符串操作,如表 3-3 所示。

表 3-3　字符串其他操作函数

函　数　名	函数功能及说明
upper(str)	将字符串 str 中的字符转换为大写
lower(str)	将字符串 str 中的字符转换为小写
strjust(str,'right') strjust(str)	将字符串 str 右对齐
strjust(str,'left')	将字符串 str 左对齐
strjust(str,'center')	将字符串 str 中间对齐
strtrim(str)	删除字符串开头和结束的空格符
eval(str)	执行字符常量 str 运算

例如：

```
>> str = 'Matlab 2020a'
str =
    'Matlab 2020a'
```

```
>> upper(str)                                      % 将字符转换为大写
ans =
    'MATLAB 2020A'
>> lower(str)                                      % 将字符转换为小写
ans =
    'matlab 2020a'
>> str = strvcat('good','very good','very very good')   % 创建一个字符串 str 序列
str =
  3×14 char 数组
    'good          '
    'very good     '
    'very very good'
>> strjust(str)                                    % 将字符串 str 右对齐
ans =
  3×14 char 数组
    '          good'
    '     very good'
    'very very good'
>> strjust(str,'right')                            % 将字符串 str 右对齐
ans =
  3×14 char 数组
    '          good'
    '     very good'
    'very very good'
>> strjust(str,'left')                             % 将字符串 str 左对齐
ans =
  3×14 char 数组
    'good          '
    'very good     '
    'very very good'
>> strjust(str,'center')                           % 将字符串 str 中间对齐
ans =
  3×14 char 数组
    '     good     '
    '   very good  '
    'very very good'
>> str = '  matlab 2020a  '
str =
    '  matlab 2020a  '
>> strtrim(str)                                    % 删除字符串开头和结束的空格符
ans =
    'matlab 2020a'
>> str = '2 * 3 + 6'                               % 创建一个字符串常量
str =
    '2 * 3 + 6'
>> eval(str)                                       % 执行字符常量 str 运算
ans =
    12
```

3.1.3 字符串转换

在 MATLAB 语言中,字符串进行算术运算会自动转换为数值型。MATLAB 还提供了许多字符串与数值之间转换函数,如表 3-4 所示。

表 3-4 字符串与数值转换函数

函数名	格式及例子	功能与说明
abs	abs('a')=97	将字符串转换为 ASCII 码数值
double	double('a')=97	将字符串转换为 ASCII 码数值的双精度类型数据
char	char(97)=a	将数值整数部分转换为 ASCII 码等值的字符
str2num	str2num('23')=23	将字符串转换为数值
num2str	num2str(63)= '63'	将数值转换为字符串
str2double	str2double('97')=97	将字符串转换为双精度类型数据
mat2str	mat2str([32,64;97,101])= '[32 64;97 101]'	将矩阵转换为字符串
dec2hex	dec2hex(64)= '40'	将十进制整数转换为十六进制整数字符串
hex2dec	hex2dec ('40')=64	将十六进制字符串转换为十进制整数
dec2bin	dec2bin(16)= '10000'	将十进制整数转换为二进制整数字符串
bin2dec	bin2dec('10000')=16	将二进制字符串转换为十进制整数
dec2base	dec2base(16,8)= '20'	将十进制整数转换为指定进制整数字符串
base2dec	base2dec('20',8)=16	将指定进制字符串转换为十进制整数

例如,可以利用字符串与数值之间的转换,对一串字符明文进行加密处理。MATLAB 代码如下:

```
>> str = 'welcome to MATLAB 2020a'      % 创建待加密的字符串
str =
    'welcome to MATLAB 2020a'
>> str1 = str - 2;                       % 将每个字符的 ASCII 码值减去 2
>> str2 = char(str1)                     % 将移位后的每个 ASCII 码转换为字符,完成加密
str2 =
    'ucjamkc - rm - K?RJ?@ - 0.0.'
>> str3 = str2 + 2;                      % 解密与加密相反的过程
>> str4 = char(str3)
str4 =
    'welcome to MATLAB 2020a'
```

3.2 多维数组

多维数组(Multidimensional Arrays)是三维及以上的数组。三维数组是二维数组的扩展,二维数组可以看成行和列构成的面,三维数组可以看成行、列和页构成的"长方体",实际中三维数组用得比较多。

三维数组用 3 个下标表示,数组的元素存放遵循的规则是:首先存放第一页第一列,接着是该页的第二列、第三列,以此类推;第一页最后一列接第二页第一列,直到最后一页最

后一列结束。

四维数组和三维数组有些类似,使用 4 个下标表示,更高维的数组是在后面添加维度来确定页。

3.2.1　多维数组的创建

多维数组的创建一般有 4 种方法:直接赋值法、二维数组扩展法、使用 cat 函数创建法和使用特殊数组函数法。

1. 直接赋值法

例如,创建三维数组 A。

```
>> A(:,:,1) = [1 2;3 4]          % 赋值第一页
A =
    1    2
    3    4
>> A(:,:,2) = [5 6;7 8]          % 赋值第二页
A(:,:,1) =
    1    2
    3    4
A(:,:,2) =
    5    6
    7    8
>> whos A                        % 查看三维数组 A 的属性
  Name      Size            Bytes  Class      Attributes
  A         2x2x2              64  double
```

2. 二维数组扩展法

MATLAB 可以利用二维数组扩展到三维数组,例如:

```
>> B = [1 2;3 4]
B =
    1    2
    3    4
>> B(:,:,2) = [5 6;7 8]
B(:,:,1) =
    1    2
    3    4
B(:,:,2) =
    5    6
    7    8
```

如果第一页不赋值,直接赋值第二页,那么也能产生三维数组,第一页值全默认为 0,例如:

```
>> C(:,:,2) = [5 6;7 8]
C(:,:,1) =
    0    0
    0    0
C(:,:,2) =
    5    6
    7    8
```

3. 使用 cat 函数创建法

MATLAB 语言可以使用 cat 函数，把几个原先赋值好的数组按照某一维连接起来，创建一个多维数组。函数调用格式如下：

```
A = cat(n,A1,A2, … )            % 将 A1、A2 等数组连接成 n 维数组
```

例如，使用 cat 函数创建多维数组：

```
>> A1 = [1 2;3 4];              % 创建三个二维数组
>> A2 = [5 6;7 8];
>> A3 = [9 10;11 12];
>> A = cat(1,A1,A2,A3)          % 用函数 cat 按垂直方向连接 A1、A2 和 A3 成一个二维数组
A =
     1     2
     3     4
     5     6
     7     8
     9    10
    11    12
>> A = cat(2,A1,A2,A3)          % 用函数 cat 按水平方向连接 A1、A2 和 A3 成一个二维数组
A =
     1     2     5     6     9    10
     3     4     7     8    11    12
>> A = cat(3,A1,A2,A3)          % 用函数 cat 创建一个三维数组
A(:,:,1) =
     1     2
     3     4
A(:,:,2) =
     5     6
     7     8
A(:,:,3) =
     9    10
    11    12
```

4. 使用特殊数组函数法

MATLAB 语言提供了许多创建特殊多维矩阵的函数，例如，rand、randn、ones 和 zeros 等，这些函数都可以创建多维特殊矩阵。函数的功能和使用方法与二维特殊矩阵类似。

例如：

```
>> A = rand(2,2,2)             % 创建 0~1 均匀分布的三维随机矩阵
A(:,:,1) =
    0.0975    0.5469
    0.2785    0.9575
A(:,:,2) =
    0.9649    0.9706
    0.1576    0.9572
>> B = randn(2,2,2)           % 创建正态分布的三维随机矩阵
B(:,:,1) =
   -0.0631   -0.2050
    0.7147   -0.1241
```

```
B(:,:,2) =
     1.4897    1.4172
     1.4090    0.6715
>> C = ones(2,2,2)                    % 创建三维 1 矩阵
C(:,:,1) =
     1    1
     1    1
C(:,:,2) =
     1    1
     1    1
>> D = zeros(2,2,2)                   % 创建三维 0 矩阵
D(:,:,1) =
     0    0
     0    0
D(:,:,2) =
     0    0
     0    0
>> E = rand(2,2,2,2)                  % 创建 0～1 均匀分布的四维随机矩阵
E(:,:,1,1) =
     0.0357    0.9340
     0.8491    0.6787
E(:,:,2,1) =
     0.7577    0.3922
     0.7431    0.6555
E(:,:,1,2) =
     0.1712    0.0318
     0.7060    0.2769
E(:,:,2,2) =
     0.0462    0.8235
     0.0971    0.6948
```

3.2.2　多维数组的操作

MATLAB 多维数组操作主要有数组元素的提取、多维数组形状的重排和维度重新排序。

1. 多维数组元素的提取

提取多维数组元素的方法有两种：全下标方式和单下标方式。

1）全下标法

例如：

```
>> A = [1 2;3 4];
>> A(:,:,2) = [5 6;7 8]              % 创建一个三维数组
A(:,:,1) =
     1    2
     3    4
A(:,:,2) =
     5    6
     7    8
>> a = A(1,1,2)                       % 用全下标法提取第 2 页第 1 行第 1 列的元素
a =
     5
```

2）单下标法

MATLAB 单下标法提取多维数组的元素遵循的规则：先是第一页第一列，然后是第一页第二列，以此类推；直到第一页最后一列，然后是第二页第一列，直到最后一页最后一列。

例如：

```
>> A = [1 2;3 4];
>> A(:,:,2) = [5 6;7 8]          %创建一个三维数组
A(:,:,1) =
     1     2
     3     4
A(:,:,2) =
     5     6
     7     8
>> a = A(7)                      %单下标法提取第 7 个元素
a =
     6
```

2. 多维数组形状的重排

MATLAB 语言可以利用函数 reshape 改变多维数组的形状，函数的调用格式如下：

```
A = reshape(A1,[m,n,p])
```

其中 m、n 和 p 分别表示行、列和页，A1 是重排的多维数组。数组还是按照单下标方式存储顺序重排，重排前后元素数据大小没变，位置和形状会改变。

例如：

```
>> A1 = rand(3,3);               %创建三维数组
>> A1(:,:,2) = randn(3,3)
A1(:,:,1) =
     0.4456     0.7547     0.6551
     0.6463     0.2760     0.1626
     0.7094     0.6797     0.1190
A1(:,:,2) =
    -0.0068     0.3714    -1.0891
     1.5326    -0.2256     0.0326
    -0.7697     1.1174     0.5525
>> A = reshape(A1,[2,3,3])       %重排第 2 行、第 3 列和第 3 页的三维数组
A(:,:,1) =
     0.4456     0.7094     0.2760
     0.6463     0.7547     0.6797
A(:,:,2) =
     0.6551     0.1190     1.5326
     0.1626    -0.0068    -0.7697
A(:,:,3) =
     0.3714     1.1174     0.0326
    -0.2256    -1.0891     0.5525
```

3. 多维数组维度的重新排序

MATLAB 语言可以利用函数 permute 重新定义多维数组的维度顺序，按照新的行、列和页重新排序数组，permute 改变了线性存储的方式，函数的调用格式如下：

```
A = permute(A1,[m,n,p])
```

其中 m、n 和 p 分别是列、行和页,A1 是重定义的多维数组,要求定义后的维度不少于原数组的维度,而且各维度数不能相同。

例如:

```
>> A1 = rand(3,3);                    % 创建一个三维数组
>> A1(:,:,2) = randn(3,3)
A1(:,:,1) =
      0.8909      0.1386      0.8407
      0.9593      0.1493      0.2543
      0.5472      0.2575      0.8143
A1(:,:,2) =
     -0.1924     -1.4023     -0.1774
      0.8886     -1.4224     -0.1961
     -0.7648      0.4882      1.4193
>> B = permute(A1,[3,2,1])            % 重新定义三维数组,存储顺序改变
B(:,:,1) =
      0.8909      0.1386      0.8407
     -0.1924     -1.4023     -0.1774
B(:,:,2) =
      0.9593      0.1493      0.2543
      0.8886     -1.4224     -0.1961
B(:,:,3) =
      0.5472      0.2575      0.8143
     -0.7648      0.4882      1.4193
```

彩色图像被读入 MATLAB 中,RGB 三种颜色分量一般被存为三维数组。对彩色图像进行处理,实际上是对三维数组进行提取和操作,所以用 MATLAB 语言处理彩色图像比较方便。下面通过一个例子说明三维数组在彩色图像处理中的应用。

【例 3-2】　用 MATLAB 语言对一幅彩色图像分别提取红色分量、绿色分量和蓝色分量,并在同一个图形窗口不同区域显示,利用 cat 函数把三个分量连接成一个三维数组,并显示合成后的图像。

微课视频

程序代码如下:

```
clear
close all;
% ------ 读入图片 flower.jpg 存入 A 中 ------ %
A = imread('D:\work\flower.jpg');
subplot(2,2,1)
imshow(A);                    % 将三维数组 A 显示为彩色图像
title('原始图像')
[r c d] = size(A); % 计算图像大小,r 为行,c 为列,d 为页,1、2 和 3 分别代表红、绿和蓝分量
% ------ 提取红色分量并显示分解图 ------ %
red(:,:,1) = A(:,:,1);
red(:,:,2) = zeros(r,c);      % 蓝色和绿色分量用 0 矩阵填充
red(:,:,3) = zeros(r,c);
red = uint8(red);
```

```
subplot(2,2,2)
imshow(red)
title('红色分量');
% -------- 提取绿色分量并显示分解图 ------- %
green(:,:,2) = A(:,:,2);
green(:,:,1) = zeros(r,c);
green(:,:,3) = zeros(r,c);
green = uint8(green);
subplot(2,2,3)
imshow(green)
title('绿色分量');
% --------- 提取蓝色分量并显示分解图 ------- %
blue(:,:,3) = A(:,:,3);
blue(:,:,1) = zeros(r,c);
blue(:,:,2) = zeros(r,c);
blue = uint8(blue);
subplot(2,2,4)
imshow(blue)
title('蓝色分量');
% ------------ 合成彩色图像 ----------- %
ci = cat(3,red(:,:,1),green(:,:,2),blue(:,:,3));
figure;
subplot(1,2,1)
imshow(A);
title('原始图像')
subplot(1,2,2)
imshow(ci);
title('合成图像');
```

由程序代码可知,彩色图像读入 MATLAB 中,被存为三维数组,红色分量存为第一页,绿色分量存为第二页,蓝色分量存为第三页。用三维数组提取和连接方法就能实现三种颜色分量的提取以及合成彩色图像,程序结果如图 3-1 和图 3-2 所示。

原始图像

红色分量

绿色分量

蓝色分量

图 3-1　提取彩色图像各个分量

原始图像

合成图像

图 3-2　原始图像和合成图像比较

3.3　结构数组

在 MATLAB 语言中,有两种复杂的数据类型,分别是结构数组(Structure Array)和元胞数组(Cell Array),这两种类型都能在一个数组里存放不同类型的数据。

结构数组又称结构体,能将一组具有不同属性的数据放到同一个变量名下进行管理。结构体的基本组成是结构,每个结构可以有多个字段,可以存放多种不同类型的数据。

3.3.1　结构数组的创建

结构数组的创建方法有两种:直接创建和用 struct 函数创建。

(1) 直接创建。可以直接使用赋值语句,对结构数组的元素赋值不同类型的数据。具体格式:

结构数组名.成员名 = 表达式

例如,构建一个班级学生信息结构数组 dz1143,有三个元素 dz1143(1)、dz1143(2) 和 dz1143(3),每个元素有四个字段 Name、Sex、Nationality 和 Score,分别存放学生姓名、性别、国籍和成绩等信息。

程序代码如下:

```
>> dz1143(1).Name = 'Zhang san';
>> dz1143(1).Sex = 'Male';
>> dz1143(1).Nationality = 'China';
>> dz1143(1).Score = [98 95 90 99 87];
>> dz1143(2).Name = 'Li si';
>> dz1143(2).Sex = 'Male';
>> dz1143(2).Nationality = 'Japan';
>> dz1143(2).Score = [88 95 91 90 97];
>> dz1143(3).Name = 'Wang wu';
>> dz1143(3).Sex = 'Female';
>> dz1143(3).Nationality = 'USA';
>> dz1143(3).Score = [81 75 61 80 87];
>> dz1143
dz1143 =
包含以下字段的 1×3 struct 数组:
    Name
    Sex
    Nationality
    Score
```

其中,dz1143 是结构数组名,dz1143(1)、dz1143(2)和 dz1143(3)分别是结构数组的元素,Name、Sex、Nationality 和 Score 分别是字段。

（2）利用 struct 函数创建结构数组。函数具体格式如下：

```
struct('field1','值 1', 'field2','值 2', 'field3','值 3',…)
```

例如：

```
>> dz1144(1) = struct('Name','Like','Sex','Male','Nationality','China','Score',[98,95,91,89])
dz1144 =
包含以下字段的 struct:
            Name: 'Li ke'
             Sex: 'Male'
     Nationality: 'China'
           Score: [98 95 91 89]
>> dz1144(2) = struct('Name','Xubo','Sex','Male','Nationality','Canada','Score',[99,97,95,92])
dz1144 =
包含以下字段的 1×2 struct 数组:
    Name
    Sex
    Nationality
    Score
```

3.3.2　结构体内部数据的获取

（1）使用"."符号获取结构体内部数据,对于 3.3.1 节例题中的 dz1143 结构体,用下面命令获得结构体的各个字段的内部数据：

```
>> str1 = dz1143(1).Name
str1 =
    'Zhang san'
>> str2 = dz1143(1).Sex
str2 =
    'Male'
>> str3 = dz1143(1).Nationality
str3 =
    'China'
>> S = dz1143(1).Score
S =
    98    95    90    99    87
```

（2）使用函数 getfield 获取结构体内部数据,函数的格式如下：

```
str = getfield(S,{S_index},'fieldname',{field_index})
```

其中,S 是结构体名称,S_index 是结构体的元素,fieldname 是结构体的字段,field_index 是字段中数组元素的下标。

例如：

```
>> str1 = getfield(dz1143,{1},'Name')        % 获取 dz1143 结构体中第一个元素,
                                             % 字段为 Name 的内容
```

```
str1 =
    'Zhang san'
>> S1 = getfield(dz1143,{1},'Score',{2})      % 获取 dz1143 结构体中第一个
                                              % 元素,字段 Score 中第 2 门课成绩
S1 =
    95
```

（3）使用函数 fieldnames 获取结构体所有字段,函数的格式如下：

```
x = fieldnames(S)
```

例如：

```
>> x = fieldnames(dz1143)                    % 获取结构体 dz1143 所有字段信息
x =
  4×1 cell 数组
    {'Name'       }
    {'Sex'        }
    {'Nationality'}
    {'Score'      }
>> whos dz1143 x                              % 查看结构体 dz1143 和变量 x 的属性信息
  Name        Size         Bytes  Class      Attributes
  dz1143      1x3          1720   struct
   x          4x1          462    cell
```

3.3.3　结构体的操作函数

（1）可以使用函数 setfield 对结构体的数据进行修改,函数的格式如下：

```
S = setfiled(S,{S_index},'fieldname',{field_index},值)
```

例如,修改结构体 dz1143(1)中的 Sex 字段的内容：

```
>> dz1143 = setfield(dz1143,{1},'Sex','Female')      % 修改字段 Sex 内容
dz1143 =
包含以下字段的 1×3 struct 数组：
    Name
    Sex
    Nationality
    Score
```

（2）可以使用 rmfield 函数删除结构体的字段,函数格式如下：

```
S = rmfield(S,'fieldname')
```

例如,删除结构体 dz1143 中的 Nationality 字段。

```
>> dz1143 = rmfield(dz1143,'Nationality')      % 删除字段 Nationality
dz1143 =
包含以下字段的 1×3 struct 数组：
    Name
    Sex
    Score
```

3.4 元胞数组

元胞数组是常规矩阵的扩展,其基本元素是元胞,每个元胞可以存放各种不同类型的数据,如数值矩阵、字符串、元胞数组和结构数组等。

3.4.1 元胞数组的创建

创建元胞数组的方法和一般数值矩阵方法相似,用大括号将所有元胞括起来。创建元胞数组方法有两种:直接创建和使用函数创建。

(1) 直接创建元胞数组。可以一次性输入所有元胞值,也可以每次赋值一个元胞值。

```
>> A = {[1 + 2i],'MATLAB 2020A';1:6,{[1 2;3 4],'cell'}}      % 一次性输入所有元胞值
A =
  2×2 cell 数组
    {[1.0000 + 2.0000i]}    {'MATLAB 2020A'}
    {1×6 double        }    {1×2 cell      }
>> B(1,1) = {[1 + 2i]};                                        % 每次输入一个元胞值
>> B(1,2) = {'MATLAB 2020A'};
>> B(2,1) = {1:6};
>> B(2,2) = {{[1 2;3 4],'cell'}}
B =
  2×2 cell 数组
    {[1.0000 + 2.0000i]}    {'MATLAB 2020A'}
    {1×6 double        }    {1×2 cell      }
```

另外,还可以根据各元胞内容创建元胞数组,例如:

```
>> C{1,1} = [1 + 2i];
>> C{1,2} = 'MATLAB 2020A';
>> C{2,1} = 1:6;
>> C{2,2} = {[1 2;3 4],'cell'}
C =
  2×2 cell 数组
    {[1.0000 + 2.0000i]}    {'MATLAB 2020A'}
    {1×6 double        }    {1×2 cell      }
```

由上面结果可知,用三种不同的直接输入法创建的元胞数组 A、B 和 C 结果是一样的。注意()和{ }的区别,创建元胞数组无论用哪种方法,等式的左边或者右边一般都需要使用一次{ },除了元胞,因它是由元胞数组构成的,需要用两次{ }。

(2) MATLAB 语言可以使用 cell 函数创建元胞数组。函数格式如下:

```
A = cell(m,n)
```

cell 函数可以创建一个 m×n 空的元胞数组,对于每个元胞的数据还需要单独赋值。例如:

```
>> A = cell(2)
A =
```

```
  2×2 cell 数组
    {0×0 double}    {0×0 double}
    {0×0 double}    {0×0 double}
>> A{1,1} = [1 + 2i];
>> A{1,2} = 'MATLAB 2020A';
>> A{2,1} = 1:6;
>> A{2,2} = {[1 2;3 4], 'cell'}
A =
  2×2 cell 数组
    {[1.0000 + 2.0000i]}    {'MATLAB 2020A'}
    {1×6 double        }    {1×2 cell      }
```

3.4.2　元胞数组的操作

在 MATLAB 中,创建元胞数组后,可以通过下面几种方法,引用和提取元胞数组元素数据。

(1)用{ }提取元胞数组的元素数据。

例如:

```
>> A = {1 + 2i, 'MATLAB 2020A';1:6,{[1 2;3 4], 'cell'}}    % 创建 2×2 的元胞数组
A =
  2×2 cell 数组
    {[1.0000 + 2.0000i]}    {'MATLAB 2020A'}
    {1×6 double        }    {1×2 cell      }
>> a = A{2,1}                                                % 全下标提取元素
a =
    1    2    3    4    5    6
>> a = A{1,2}
a =
    'MATLAB 2020A'
>> a = A{4}                                                  % 单下标提取元素
a =
  1×2 cell 数组
    {2×2 double}    {'cell'}
```

(2)使用()只能定位元胞的位置,返回的仍然是元胞类型的数组,不能得到详细元胞元素数据,例如:

```
>> b = A(2,1)                          % 全下标定位
b =
  1×1 cell 数组
    {1×6 double}
>> b = A(4)                            % 半下标定位
b =
  1×1 cell 数组
    {1×2 cell}                         % 元胞类型
```

(3)用 deal 函数提取多个元胞元素的数据。

例如:

```
>> [c1,c2,c3] = deal(A{[1:3]})          % 提取元胞数组 A 中第一到第三个元素
                                        % 分别赋值给 c1、c2 和 c3
c1 =
    1.0000 + 2.0000i
c2 =
     1     2     3     4     5     6
c3 =
    'MATLAB 2020A'
>> [c1,c2,c3,c4] = deal(A{:,:})
c1 =
    1.0000 + 2.0000i
c2 =
     1     2     3     4     5     6
c3 =
    'MATLAB 2020A'
c4 =
  1 × 2 cell 数组
    {2 × 2 double}    {'cell'}
```

（4）用 celldisp 函数显示元胞数组中详细数据内容。

在 MATLAB 命令窗口中，输入元胞数组名称，只显示元胞数组的各元素的数据类型和尺寸，不直接显示各元素的详细内容。可以用 celldisp 函数显示元胞数组中各元素的详细数据内容。

例如：

```
>> A = {1 + 2i,'MATLAB 2020A';1:6,{[1 2;3 4],'cell'}}      % 创建 2 × 2 的元胞数组
A =
2 × 2 cell 数组
    {[1.0000 + 2.0000i]}    {'MATLAB 2020A'}
    {1 × 6 double       }    {1 × 2 cell     }
>> A                                        % 在命令窗口直接输入元胞数组名称
A =                                         % 只显示各元胞的数据类型和尺寸
2 × 2 cell 数组
    {[1.0000 + 2.0000i]}    {'MATLAB 2020A'}
    {1 × 6 double       }    {1 × 2 cell     }
>> celldisp(A)                              % 显示元胞数组各元胞的具体数据
A{1,1} =
    1.0000 + 2.0000i
A{2,1} =
     1     2     3     4     5     6
A{1,2} =
MATLAB 2020A
A{2,2}{1} =
     1     2
     3     4
A{2,2}{2} =
cell
```

（5）用 cellplot 函数以图形方式显示元胞数组的结构。

在 MATLAB 中，可以用 cellplot 函数以图形方式显示元胞数组的结构。

例如,创建一个元胞数组,并用图形方式显示。

代码如下:

```
>> A = {1 + 2i, 'MATLAB 2020A';1:6,{[1 2;3 4], 'cell'}}      % 创建 2×2 的元胞数组
A =
  2×2 cell 数组
    {[1.0000 + 2.0000i]}    {'MATLAB 2020A'}
    {1×6 double        }    {1×2 cell      }
>> cellplot(A)
```

用 cellplot 函数显示元胞数组 A,结果如图 3-3 所示。用不同的颜色和形状表示元胞数组各元素的内容。

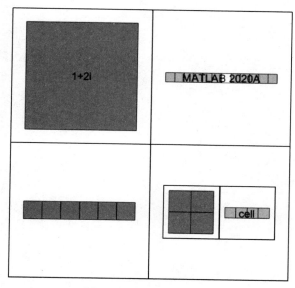

图 3-3　元胞数组显示图

习题

1. 定义两个字符串 str1 = 'MATLAB　R2018a'和 str2 = 'MATLAB　R2018A',试用字符串比较函数 strcmp、strncmp、strcmpi 和 strncmpi 比较 str1 和 str2 两个字符串。

2. 在 MATLAB 语言中,建立下面的多维数组。

```
A(:,:,1) =
    0    0    0
    0    0    0
    0    0    0
A(:,:,2) =
    1    1    1
    1    1    1
    1    1    1
A(:,:,3) =
    1    0    0
```

```
     0     1     0
     0     0     1
```

3. 在 MATLAB 语言中,建立下面的结构数组。

```
dz1161 =
        Name: 'Li ke'
  Sex: 'Male'
  Province: 'Guangdong'
  Tel: '13800000000'
>> whos dz1161
  Name          Size            Bytes  Class      Attributes
  dz1161        1x1               762  struct
```

第 4 章

MATLAB 程序结构和 M 文件

本章要点：

- 程序结构；
- M 文件；
- M 函数文件；
- 程序调试。

MATLAB R2020a 和其他高级编程语言（如 C 语言和 FORTRAN 语言）一样，要实现复杂的功能需要编写程序文件和调用各种函数。

4.1 程序结构

MATLAB 语言有三种常用的程序控制结构：顺序结构、选择结构和循环结构。MATLAB 语言中的任何复杂程序都可以由这三种基本结构组成。

4.1.1 顺序结构

顺序结构是 MATLAB 语言程序的最基本的结构，是指按照程序中的语句排列顺序依次执行，每行语句是从左往右执行，不同行语句是从上往下执行。一般数据的输入和输出、数据的计算和处理程序都是顺序结构。顺序结构的基本流程如图 4-1 所示，程序先执行语句 A，然后执行语句 B，最后执行语句 C。

1. 数据的输入

MATLAB 语言要从键盘输入数据，可以使用 input 函数，该函数的调用格式有如下两种：

1）x＝input('提示信息')

其中，提示信息表示字符串，用于提示用户输入什么样的数据，等待用户从键盘输入数据，赋值给变量 x。

例如，从键盘中输入变量 x，可以用下面的命令实现：

```
>> x = input('输入变量 x: ')
输入变量 x: 3
x =
```

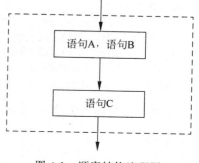

图 4-1　顺序结构流程图

执行该语句时,命令行窗口显示提示信息"输入变量 x:",然后等待用户从键盘输入 x 的值。

2) str＝input('提示信息','s')

其中,该格式用于用户输入一个字符串,赋值给字符变量 str。

例如,用户想从键盘输入自己的名字,赋值给字符变量 str,可以采用下面命令:

```
>> str = input('what ''s your name?','s')
what 's your name?XuGuobao
str =
    'XuGuobao'
```

执行该语句时,命令行窗口显示提示信息"what 's your name?",然后等待用户从键盘输入字符变量 str 的值。

2. 数据的输出

MATLAB 语言可以在命令窗口显示输出信息,可以用函数 disp 实现,该函数的调用格式如下:

```
disp('输出信息')
```

其中,输出信息可以是字符串,也可以是矩阵信息。例如:

```
>> disp('What ''s your name? ')
   disp('My name is XuGuobao')
   What 's your name?
   My name is XuGuobao
>> A = [1 2;3 4];
>> disp(A)
     1      2
     3      4
```

需要注意,用 disp 函数显示矩阵信息将不显示矩阵的变量名,输出格式更紧凑,没有空行。

微课视频

【例 4-1】 从键盘输入 a、b 和 c 的值,求解一元二次方程 $ax^2+bx+c=0$ 的根。

在文件编辑窗口编写命令文件,保存为 exam_4_1. m 脚本文件。程序代码如下:

```
a = input('a = ');
b = input('b = ');
c = input('c = ');                    % 从键盘输入 a、b 和 c 的值
delt = b * b - 4 * a * c;
x1 = ( - b + sqrt(delt))/(2 * a);
x2 = ( - b - sqrt(delt))/(2 * a);
disp(['x1 = ',num2str(x1)]);          % 显示 x1 和 x2 的值
disp(['x2 = ',num2str(x2)]);
```

在命令空间输入文件名 exam_4_1. m,就能直接运行该脚本文件。结果如下:

```
>> exam_4_1
a = 1
b = -5
```

```
c = 6
x1 = 3
x2 = 2
```

再一次运行程序后的结果是：

```
>> exam_4_1
a = 1
b = 2
c = 3
x1 = - 1 + 1.4142i
x2 = - 1 - 1.4142i
```

由上面程序结果可知，MATLAB 语言的数据输入、数据处理和数据输出命令都是按照顺序结构执行的。

4.1.2 选择结构

MATLAB 语言的选择结构是根据选定的条件成立或者不成立，分别执行不同的语句。选择结构有三种常用语句：if 语句、switch 语句和 try 语句。

1. if 语句

在 MATLAB 语言中，if 语句有三种格式。

1）单项选择结构

单项选择语句格式如下：

```
if 条件
语句组
end
```

当条件成立时，执行语句组，执行完后继续执行 end 后面的语句，或条件不成立，则直接执行 end 后面的语句。单项选择程序结构流程图如图 4-2 所示。

【例 4-2】 从键盘输入一个值 x，判断当 $x>0$ 时，计算 $\sqrt{x}$ 的值，并显示。

在文件编辑窗口编写命令文件，保存为 exam_4_2.m 脚本文件。程序代码如下：

```
x = input('x:');
if x > 0
    y = sqrt(x);
disp(['y = ',num2str(y)]);
end
```

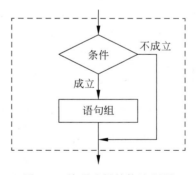

微课视频

图 4-2 单项选择结构流程图

在命令空间输入文件名 exam_4_2.m，就能直接运行该脚本文件。结果如下：

```
>> exam_4_2
x:2
y = 1.4142
```

再一次运行程序,输入 x=-2,程序结果是:

```
>> exam_4_2
x: - 2
```

由上面程序结果可知,当条件不满足时,就直接执行 end 后面的语句。

2) 双项选择结构

双项选择语句的格式如下:

```
if 条件 1
语句组 1
else
语句组 2
end
```

当条件 1 成立时,执行语句组 1,否则执行语句组 2,之后继续执行 end 后面的语句。双项选择程序结构流程图如图 4-3 所示。

微课视频

【例 4-3】 从键盘输入一个值 x,计算下面分段函数的值,并显示。

$$y = \begin{cases} 2x + 1 & x > 0 \\ -2x - 1 & x < 0 \end{cases}$$

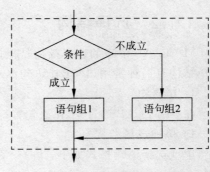

图 4-3 双项选择结构流程图

在文件编辑窗口编写命令文件,保存为 exam_4_3.m 脚本文件。程序代码如下:

```
x = input('x:');
if x > 0
    y = 2 * x + 1;
disp(['y = ',num2str(y)]);
else
    y = - 2 * x - 1
disp(['y = ',num2str(y)]);
end
```

在命令空间输入文件名 exam_4_3.m,就能直接运行该脚本文件。结果如下:

```
>> exam_4_3
x:2
y = 5
```

再一次运行程序,输入 x=-2,程序结果是:

```
>> exam_4_3
x: - 2
y = 3
```

该例题如果用单项选择结构,也是可以实现,程序代码如下:

```
x = input('x:');
if x > 0
```

```
        y = 2 * x + 1;
disp(['y = ',num2str(y)]);
end
if x < 0
        y = -2 * x - 1;
disp(['y = ',num2str(y)]);
end
```

3）多项选择结构

多项选择语句格式如下：

```
if 条件 1
语句组 1
elseif 条件 2
语句组 2
⋮
elseif 条件 m
语句组 m
else
语句组 n
end
```

当条件 1 成立时，执行语句组 1；否则当条件 2 成立时，执行语句组 2；以此类推，最后执行 end 后面的语句。需要注意，if 和 end 必须配对使用。多项选择程序结构流程图如图 4-4 所示。

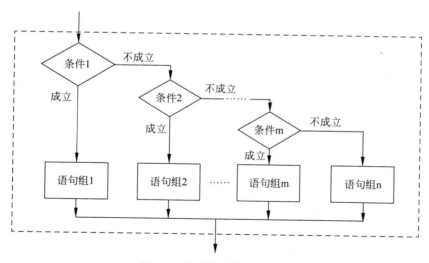

图 4-4 多项选择结构流程图

【例 4-4】 从键盘输入一个值 x，用下面分段函数实现符号函数的功能。

$$y = \begin{cases} 1 & x > 0 \\ 0 & x = 0 \\ -1 & x < 0 \end{cases}$$

在文件编辑窗口编写命令文件，保存为 exam_4_4.m 脚本文件。程序代码如下：

```
x = input('x:');
if x > 0
    y = 1;
disp(['y = ',num2str(y)]);
elseif x == 0
    y = 0;
disp(['y = ',num2str(y)]);
else
    y = -1;
disp(['y = ',num2str(y)]);
end
```

在命令空间输入文件名 exam_4_4.m，就能直接运行该脚本文件。结果如下：

```
>> exam_4_4
x:3
y = 1
>> exam_4_4
x: -3
y = -1
>> exam_4_4
x:0
y = 0
```

若用 MATLAB 的符号函数 sign 验证，可以得到同样的结果：

```
>> sign(3)
ans =
    1
>> sign(-3)
ans =
    -1
>> sign(0)
ans =
    0
```

2. switch 语句

在 MATLAB 语言中，switch 语句也是用于多项选择。根据表达式值的不同，分别执行不同语句组。该语句格式如下：

```
switch 表达式
case 表达式 1
    语句组 1
case 表达式 2
    语句组 2
  ⋮
case 表达式 m
    语句组 m
otherwise
    语句组 n
end
```

switch 语句结构流程图如图 4-5 所示。当表达式的值等于表达式 1 的值时,执行语句组 1;当表达式的值等于表达式 2 的值时,执行语句组 2;以此类推,当表达式的值等于表达式 m 的值时,执行语句组 m;当表达式的值不等于 case 所列表达式的值时,执行语句组 n。需要注意,当任意一个 case 表达式为真,执行完其后的语句组,直接执行 end 后面的语句。

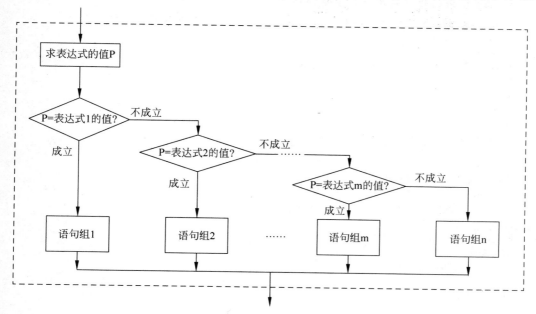

图 4-5　switch 语句结构流程图

【例 4-5】　某商场"十一"假期搞促销活动,对顾客所购商品总价打折,折扣率标准如下,从键盘输入顾客所购商品总价,计算打折后总价。

微课视频

$$rate = \begin{cases} 0\% & price < 500 \\ 5\% & 500 \leqslant price < 1000 \\ 10\% & 1000 \leqslant price < 2000 \\ 15\% & 2000 \leqslant price < 5000 \\ 20\% & 5000 \leqslant price \end{cases}$$

在文件编辑窗口编写命令文件,保存为 exam_4_5.m 脚本文件。程序代码如下:

```
price = input('price:');
num = fix(price/500);
switch num
case 0                          % 总价小于 500
rate = 0;
case 1                          % 总价大于或等于 500,小于 1000
rate = 5/100;
case {2,3}                      % 总价大于或等于 1000,小于 2000
rate = 10/100;
case num2cell(4:9)              % 总价大于或等于 2000,小于 5000
rate = 15/100;
otherwise                       % 总价大于或等于 5000
```

```
rate = 20/100;
end
discount_price = price * (1 - rate)        % 折扣后的总价
format shortg                              % 不用科学计算显示
```

num2cell 函数的功能是将数值矩阵转换为单元矩阵。

在命令空间输入文件名 exam_4_5.m，就能直接运行该脚本文件。结果如下：

```
>> exam_4_5
price:499
discount_price =
    499
>> exam_4_5
price:800
discount_price =
    760
>> exam_4_5
price:1800
discount_price =
        1620
>> exam_4_5
price:4800
discount_price =
        4080
>> exam_4_5
price:6000
discount_price =
        4800
```

3. try 语句

在 MATLAB 语言中，try 语句是一种试探性执行语句，该语句的格式为

```
try
语句组 1
catch
语句组 2
end
```

try 语句先试探执行语句组 1，如果语句组 1 在执行过程中出错，则将错误信息赋值给系统变量 lasterr，并转去执行语句组 2。

微课视频

【例 4-6】 试用 try 语句，求函数 $y = x^{-} * \sin(x)$ 的值，自变量的范围为 $0 \leqslant x \leqslant \pi$，步长为 $\pi/10$。

在文件编辑窗口编写命令文件，保存为 exam_4_6.m 脚本文件。程序代码如下：

```
x = 0:pi/10:pi;
try
    y = x * sin(x);
catch
    y = x. * sin(x);
end
y
lasterr                    % 显示出错原因
```

在命令空间输入文件名 exam_4_6.m,就能直接运行该脚本文件。结果如下:

```
>> exam_4_6
y =
         0    0.0971    0.3693    0.7625    1.1951    1.5708    1.7927    1.7791    1.4773
    0.8737    0.0000
ans =
```
'错误使用　*
　　用于矩阵乘法的维度不正确.请检查并确保第一个矩阵中的列数与第二个矩阵中的行数匹配.
要执行按元素相乘,请使用 '.*'.'

4.1.3　循环结构

循环结构是 MATLAB 语言的一种非常重要的程序结构,是按照给定的条件,重复执行指定的语句。MATLAB 语言提供两种循环结构语句: 循环次数确定的 for 循环语句和循环次数不确定的 while 循环语句。

1. for 循环语句

for 循环语句是 MATLAB 语言的一种重要程序结构,是以指定次数重复执行循环体内的语句。for 循环语句的格式为

```
for 循环变量 = 表达式 1: 表达式 2: 表达式 3
    循环体语句
end
```

其中:

(1) 表达式 1 的值为循环变量的初始值,表达式 2 的值为步长,表达式 3 的值为循环变量的终值;

(2) 当步长为 1 时,可以省略表达式 2;

(3) 当步长为负值时,初值大于终值;

(4) 循环体内不能对循环变量重新设置;

(5) for 循环允许嵌套使用;

(6) for 和 end 配套使用,且小写。

for 循环语句的流程图如图 4-6 所示。首先计算 3 个表达式的值,将表达式 1 的值赋给循环变量 k,然后判断 k 值是否介于表达式 1 和表达式 3 的值之间,如果不是,结束循环,如果是,则执行循环体语句,k 增加一个表达式 2 的步长,然后再判断 k 值是否介于表达式 1 和表达式 3 的值之间,直到条件不满足,结束循环为止。

【例 4-7】　利用 for 循环语句,求解 1~100 的数字之和。

在文件编辑窗口编写命令文件,保存为 exam_4_7.m 脚本文件。程序代码如下:

```
sum = 0;
for k = 1:100
sum = sum + k;
end
sum
```

微课视频

在命令空间输入文件名 exam_4_7.m,就能直接运行该脚本文件。结果如下:

```
>> exam_4_7
sum =
        5050
```

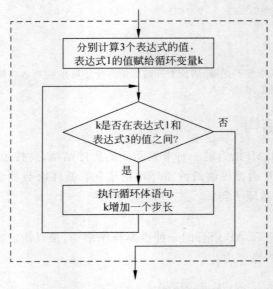

图 4-6   for 循环语句流程图

微课视频

【例 4-8】   利用 for 循环语句,验证当 n 等于 1000 和 1000000 时,y 的值。

$$y = 1 - \frac{1}{2} + \frac{1}{3} - \frac{1}{4} + \cdots + (-1)^{n+1} \frac{1}{n}$$

在文件编辑窗口编写命令文件,保存为 exam_4_8.m 脚本文件。程序代码如下:

```
n = input('n:');
tic                              % 计时开始
sum = 0;
for i = 1:n
sum = sum + ( - 1)^(i + 1)/i;
end
sum
toc                              % 计时结束
```

在命令空间输入文件名 exam_4_8.m,就能直接运行该脚本文件。结果如下:

```
>> exam_4_8
n:1000
sum =
    0.6926
历时 0.000332 秒。
>> exam_4_8
n:1000000
sum =
    0.6931
历时 0.017633 秒。
```

MATLAB 是一种基于矩阵的语言,为了提高程序执行速度,也可以用向量的点运算来代替循环操作。可以用下面的程序替代:

在文件编辑窗口编写命令文件,保存为 exam_4_8_1.m 脚本文件。

```
clear
n = input('n:');
tic
i = 1:n;                        % 生成一个向量 i
f = ( -1).^(i + 1)./i;          % 用点运算生成一个向量 f,f 的各元素对应 y 的各项
y = sum(f)                      % 利用 MATLAB 提供的求和函数 sum,求 f 的各个元素之和
toc
```

在命令空间输入文件名 exam_4_8_1.m,就能直接运行该脚本文件。结果如下:

```
>> exam_4_8_1
n:1000000
y =
    0.6931
历时 0.009895 秒。
```

由以上程序结果可知,当 n 取值 1000000,用后一种方法编写的程序比前一种方法运算速度快很多。

循环的嵌套是指在一个循环结构的循环体中又包含一个循环结构,或称为多重循环结构。设计多重循环时要注意外循环和内循环之间的关系,以及各循环体语句放置位置。总的循环次数是外循环次数与内循环次数的乘积。可以用多个 for 和 end 配套实现多重循环。

【例 4-9】　利用 for 循环的嵌套语句,求解 $x(i,j)=i^2+j^2, i\in[1:4], j\in[5:1]$。

在文件编辑窗口编写命令文件,保存为 exam_4_9.m 脚本文件。程序代码如下:

```
for i = 1:4
for j = 5: - 1:1
x(i,j) = i^2 + j^2;
end
end
x
```

在命令空间输入文件名 exam_4_9.m,就能直接运行该脚本文件。结果如下:

```
>> exam_4_9
x =
    2     5    10    17    26
    5     8    13    20    29
   10    13    18    25    34
   17    20    25    32    41
```

【例 4-10】　若一个整数等于它的各个真因子之和,则称该数为完数。利用 for 双重循环语句,求解[1,10000]之间的所有完数。

在文件编辑窗口编写命令文件,保存为 exam_4_10.m 脚本文件。程序代码如下:

```
for n = 1:10000
```

微课视频

```
sum = 0;
for i = 1:n/2
if rem(n, i) == 0                    % rem 函数是求余数,余数为 0 表示 i 为真因子
            sum = sum + i;           % 求各真因子累加求和
end
end
if n == sum                          % 判断是否完数
n
end
end
```

在命令空间输入文件名 exam_4_10.m,就能直接运行该脚本文件。结果如下:

```
>> exam_4_10
n =
      6
n =
     28
n =
    496
n =
       8128
```

2. while 循环语句

while 循环语句是 MATLAB 语言中一种重要的程序结构,是在满足条件下重复执行循环体内的语句,循环次数一般是不确定的。while 循环语句的格式如下:

```
while 条件表达式
    循环体语句
end
```

其中,当条件表达式为真,就执行循环体语句;否则,就结束循环。while 和 end 匹配使用。

while 循环结构的流程图如图 4-7 所示。当条件表达式为真,执行循环体语句,修改循环控制变量,再次判断表达式是否为真,直至条件表达式为假,跳出循环体。

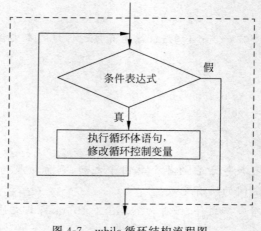

图 4-7　while 循环结构流程图

【例 4-11】　利用 while 循环语句，求解 sum＝1＋2＋…＋$n \geqslant 800$ 时，最小正整数 n
的值。

　　在文件编辑窗口编写命令文件，保存为 exam_4_11.m 脚本文件。程序代码如下：

微课视频

```
clear
sum = 0;
n = 0;
while sum < 800
    n = n + 1;sum = sum + n;
end
sum
n
```

　　在命令空间输入文件名 exam_4_11.m，就能直接运行该脚本文件。结果如下：

```
>> exam_4_11
sum =
    820
n =
    40
```

【例 4-12】　所谓水仙花数是指一个三位数，各位数字之立方和等于该数本身，例如
$153＝1^3＋5^3＋3^3$，所以 153 是一个水仙数。试用 while 循环语句编程找出 $100 \sim 999$ 的所
有水仙花数。

微课视频

　　在文件编辑窗口编写命令文件，保存为 exam_4_12.m 脚本文件。程序代码如下：

```
n = 100;
while n < = 999;
    n1 = fix(n/100);              % 求 n 的百位数字
    n2 = fix((n - fix(n/100) * 100)/10);   % 求 n 的十位数字
    n3 = n - fix(n/10) * 10;      % 求 n 的个位数字
    if (n1^3 + n2^3 + n3^3 == n)
        disp(n);
    end
    n = n + 1;
end
```

　　在命令空间输入文件名 exam_4_12.m，就能直接运行该脚本文件。结果如下：

```
>> exam_4_12
    153
    370
    371
    407
```

4.1.4　程序控制命令

　　MATLAB 语言有许多程序控制命令，主要有 pause(暂停)命令、continue(继续)命令、
break(中断)命令和 return(退出)命令等。

1．pause 命令

在 MATLAB 语言中，pause 命令可以使程序运行停止，等待用户按任意键继续，也可设定暂停时间。该命令的调用格式如下：

```
pause                                    % 程序暂停运行，按任意键继续
pause(n)                                 % 程序暂停运行 n 秒后继续运行
```

2．continue 命令

MATLAB 语言的 continue 命令一般用于 for 或 while 循环语句中，与 if 语句配套使用，达到跳出本次循环，执行下次循环的目的。

例如：

```
>> sum = 0;
for i = 1:5
    sum = sum + i;
    if i < 3
        continue             % 当 i < 3 时，不执行后面显示 sum 的值语句
    end
    sum
end
```

程序运行结果如下：

```
sum =
    6
sum =
    10
sum =
    15
```

3．break 命令

MATLAB 语言的 break 命令一般用于 for 或 while 循环语句中，与 if 语句配套使用，终止循环或跳出最内层循环。

例如：

```
>> sum = 0;
for i = 1:100
    sum = sum + i;
    if sum > 90              % 当 sum > 90 时，终止循环
        break
    end
end
i
sum
```

程序运行结果如下：

```
i =
    13
sum =
    91
```

4. return 命令

MATLAB 语言的 return 命令一般用于直接退出程序,与 if 语句配套使用。
例如:

```
>> clear
clc
n = - 2;
if n < 0
disp('n is a negative number')
return;                    % 不执行下面的程序段,直接退出程序
end
disp('n is a positive number')
```

程序运行结果如下:

```
n is a negative number
```

4.2 M 文件

MATLAB 命令有两种执行方式:命令执行方式和 M 文件执行方式。命令执行方式是在命令窗口逐条输入命令,逐条解释执行。这种方式操作简单和直观,但速度慢,命令语句保留,不便今后查看和调用。M 文件执行方式是将命令语句编成程序存储在一个文件中,扩展名为.m(称为 M 文件)。当运行程序文件后,MATLAB 依次执行该文件中的所有命令,运行结果或错误信息会在命令空间显示。这种方式编程方便,便于今后查看和调用,适用于复杂问题的编程。

4.2.1 M 文件的分类和特点

MATLAB R2020a 编写的 M 文件有两种:M 脚本文件(Script File)和 M 函数文件(Function File)。M 脚本文件一般由若干 MATLAB 命令和函数组合在一起,可以完成某些操作,实现特定功能。M 函数文件是为了完成某个任务,将文件定义成一个函数。实际上,MATLAB 提供各种函数和工具箱都是利用 MATLAB 命令开发的 M 文件。这两种文件都可以用 M 文件编辑器(Editor)来编辑,它们的扩展名均为.m。两种文件主要区别是:

(1) M 脚本文件按照命令先后顺序编写,而 M 函数文件第一行必须是以 function 开头的函数声明行;

(2) M 脚本文件没有输入参数,也无返回输出参数,而 M 函数文件可以带有输入参数和返回输出参数;

(3) M 脚本文件执行完后,变量结果返回到工作空间,而函数文件定义的变量为局部变量,当函数文件执行完,这些变量不会存在工作空间;

(4) M 脚本文件可以按照程序中命令先后顺序直接运行,而函数文件一般不能直接运行,需要定义输入参数,使用函数调用方式来调用它。

【**例 4-13**】 建立一个 M 脚本文件,已知圆的半径,求圆的周长和面积。

在文件编辑窗口编写命令文件,保存为 exam_4_13. m 脚本文件。程序代码如下:

微课视频

```
clear
r = 5;
S = pi * r * r
P = 2 * pi * r
```

在命令空间输入文件名 exam_4_13.m,就能直接运行该脚本文件。结果如下:

```
>> exam_4_13
S =
    78.5398
P =
    31.4159
```

调用脚本文件不需要输入参数,也没有返回输出参数,文件自身创建的变量 S、P 保存在变量空间中,可以用 whos 命令查看。

微课视频

【例 4-14】 建立一个 M 函数文件,已知圆的半径,求圆的周长和面积。

在文件编辑窗口编写函数文件,保存为 fexam_4_13.m 脚本文件。

```
function [ S,P ] = fexam_4_13(r)
% FEXAM_4_13   calculates the area and perimeter of a circle of radii r
% r    圆半径   S 圆面积   P 圆周长
% 2017 - 2 - 20
% XuGuobao 编写'
S = pi * r * r;
P = 2 * pi * r;
end
```

在命令空间调用该函数 fexam_4_13.m,结果如下:

```
>> clear
>> r = 5;
>> [X,Y] = fexam_4_13(r)
X =
    78.5398
Y =
    31.4159
```

调用该函数文件,既有输入参数 r,又有返回输出参数 X、Y。用 whos 命令查看工作空间中的变量,函数文件里的参数 S 和 P 未保存在工作空间中。

4.2.2 M 文件的创建和打开

1. 创建新的 M 文件

M 文件可以用 MATLAB 文件编辑器来创建。

1) 创建 M 脚本文件

创建 M 脚本文件,可以从 MATLAB 主窗口的主页下单击"新建脚本",或者选择"新建"菜单,再选择"脚本",就能打开脚本文件编辑器窗口,如图 4-8 左边的窗口所示。

2) 创建 M 函数文件

创建 M 函数文件,可以从 MATLAB 主窗口的主页下选择"新建"菜单,再选择"函数",

就能打开函数文件编辑器窗口,如图4-8右边的窗口所示。新建的M函数文件"Untitled3.m"有关键字"function"和"end",具体格式在4.3.2节详细介绍。

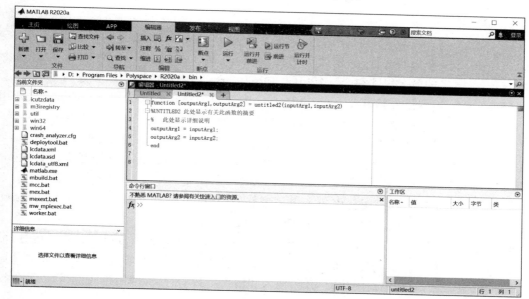

图4-8　创建M文件窗口

在文档窗口输入M文件的命令语句,输入完毕后,选择编辑窗口"保存"或者"另存为"命令保存文件。M文件一般默认存放在MATLAB的Bin目录中,如果存在别的目录,运行该M文件时,应该选择"更改文件夹"选项或者"添加到路径"选项。

另外,创建M文件,还可以在MATLAB命令窗口输入命令edit,启动MATLAB文件编辑窗口后,输入文件内容后保存。

2. 打开已创建的M文件

在MATLAB语言中,打开已有的M文件有下面两种方法:

1)菜单操作

打开已有的M函数文件,可以从MATLAB主窗口的主页下选择"打开",在打开窗口中选择文件路径,选中M文件,单击"打开"按钮。

2)命令操作

还可以在MATLAB命令窗口输入命令:edit 文件名,就能打开已有的M文件。对打开的M文件可以进行编辑和修改,然后再存盘。

4.3　M函数文件

M函数文件是一种重要的M文件,每个函数文件都定义为一个函数。MATLAB提供的各种函数基本都是由函数文件定义的。

4.3.1　M函数文件的格式

M函数文件由function声明行开头,其格式如下:

```
function [ output_args ] = Untitled4( input_args )
% UNTITLED4 此处显示有关此函数的摘要
%    此处显示详细说明
函数体语句
end
```

其中,以 function 开头的这行,为函数声明行,表示该 M 文件是一个函数文件。Untitled4
为函数名,函数名的命名规则和变量名相同。input_args 为函数的输入形参数列表,多个参
数间用",",分隔,用圆括号括起来。output_args 为函数的输出形参数列表,多个参数间用
",",分隔,当输出参数两个或两个以上时,用方括号括起来。

M 函数文件说明如下:

(1) M 函数文件中的函数声明行是必不可少的,必须以 function 语句开头,用以区分
M 脚本文件和 M 函数文件。

(2) M 函数文件名和声明行中的函数名最好相同,以免出错。如果不同时,MATLAB
将忽略函数名而确认函数文件名,调用时使用函数文件名。

(3) 注释说明要以％开头,第一注释行一般包括大写的函数文件名和函数功能信息,可
以提供 lookfor 和 help 命令查询使用。第二及以后注释行为帮助文本,提供 M 函数文件更
加详细的说明信息,通常包括函数的功能,输入和输出参数的含义,调用格式说明,以及版权
信息,便于 M 文件查询和管理。

例如,在命令窗口使用 lookfor 和 help 命令查找已经编写好的函数文件"fexam_4_13"
的注释说明信息。

```
>> lookfor fexam_4_13
fexam_4_13          - calculate the area and perimeter of a circle of radii r
>> help fexam_4_13
fexam_4_13  calculate the area and perimeter of a circle of radii r
  r 圆半径    s 圆面积    p 圆周长
  2017 - 2 - 20
  XuGuobao 编写
```

由以上结果可知,lookfor 命令只显示注释的第一行信息,而 help 命令显示所有注释
信息。

如果用 lookfor 命令查询 perimeter 关键字,可以查询到已经编写过的有关周长
perimeter 的函数文件,如下所示。

```
>> lookfor perimeter
fexam_4_13          - calculates the area and perimeter of a circle of radii r
perimeter           - Perimeter of the alpha shape
perimeter           - Get the perimeter of a polyshape
bwperim             - Find perimeter of objects in binary image.
getEllipseVertices  - returns a list of vertices that lie along the perimeter
scircle2            - Small circles from center and perimeter
```

4.3.2　M 函数文件的调用

M 函数文件编写好后,就可以在命令窗口或者 M 脚本文件中调用函数。函数调用的

一般格式如下：

> [输出实参数列表] = 函数名(输入实参数列表)

需要注意，函数调用时各实参数列表出现的顺序和个数，应与函数定义时的形参数列表的顺序和个数一致，否则会出错。函数调用时，先将输入实参数传送给相应的形参数，然后再执行函数，函数将输出形参数传送给输出实参数，从而实现参数的传递。

【例 4-15】　编写函数文件，实现极坐标(ρ,θ)与直角坐标(x,y)之间的转换。
已知转换公式为：

$$\begin{cases} x = \rho\cos(\theta) \\ y = \rho\sin(\theta) \end{cases}$$

微课视频

函数文件 ftran.m：

```
function [ x,y ] = ftran( rho,thetha )
% FTRAN 极坐标转化为直角坐标
% rho 是极坐标的半径
% thetha 是极坐标的极角
% 徐国保于 2017 年 2 月 26 日编写
x = rho * cos(thetha);
y = rho * sin(thetha);
end
```

在命令窗口可以直接调用函数文件 ftran.m：

```
>> rho = 4;
>> thetha = pi/3;
>> [xx,yy] = ftran(rho,thetha)
xx =
    2.0000
yy =
    3.4641
```

也可以编写调用函数文件 ftran.m 的 M 脚本文件 exam_4_15.m：

```
rho = 4;
thetha = pi/3;
[xx,yy] = ftran(rho,thetha)
```

运行 M 脚本文件 exam_4_15.m，结果如下：

```
>> exam_4_15
xx =
    2.0000
yy =
    3.4641
```

4.3.3　主函数和子函数

1. 主函数

在 MATLAB 中，一个 M 文件可以包含一个或者多个函数，但只能有一个主函数，主函数一般是出现在文件最上方的函数,主函数名与 M 函数文件名相同。

2. 子函数

在一个 M 函数文件中若有多个函数,则除了第一个主函数以外,其余函数都是子函数。子函数的说明如下:

(1) 子函数只能被同一文件中的函数调用,不能被其他文件调用;

(2) 各子函数的次序没有限制;

(3) 同一文件的主函数和子函数工作空间是不同的。

微课视频

【例 4-16】 分段函数如下所示,编写 M 函数文件,使用主函数 exam_4_16.m 调用三个子函数 $y1,y2,y3$ 的方式,实现分段函数相应曲线绘制的任务,其中,a、b 和 c 分别从键盘输入 1、2 和 3。

$$y = \begin{cases} ax^2 + bx + c & z = 1 \\ a\sin(x) + b & z = 2 \\ \ln\left|a + \dfrac{b}{x}\right| & z = 3 \end{cases}$$

M 函数文件 exam_4_16.m 如下:

```matlab
function  y   = exam_4_16(z)
% EXAM_4_16 分段曲线的绘制
%    z 画哪条曲线
%    y 函数的值
%    徐国保于 2017 年 2 月 27 日编写
a = input('请输入 a:')
b = input('请输入 b:')
c = input('请输入 c:')
x = - 3:0.1:3
if z == 1
    y = y1(x,a,b,c);
elseif z == 2
    y = y2(x,a,b);
elseif z == 3
    y = y3(x,a,b);
end
xlabel('x')
ylabel('y')
function y = y1(x,a,b,c)
% z = 1,画 ax^2 + bx + c 的曲线
y = a * x. * x + b * x + c;
plot(x,y)
title('a * x. * x + b * x + c')
end
function y = y2(x,a,b)
% z = 2,画 a * sin(x) + b 的曲线
y = a * sin(x) + b;
plot(x,y)
title('y = a * sin(x) + b')
end
function y = y3(x,a,b)
```

```
% z = 3,画 ln|a + b/x|的曲线
y = log(abs(a + b./x));
plot(x,y)
title('log(abs(a + b./x))')
end
end
```

在命令窗口直接调用函数文件 exam_4_16.m：

```
>> y = exam_4_16(1);
请输入 a: 1
请输入 b: 2
请输入 c: 3
```

结果如图 4-9 所示。

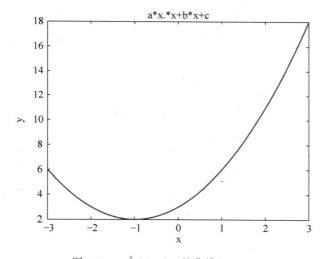

图 4-9　$ax^2 + bx + c$ 的曲线$(z=1)$

```
>> y = exam_4_16(2);
请输入 a: 1
请输入 b: 2
请输入 c: 3
```

结果如图 4-10 所示。

```
>> y = exam_4_16(3);
请输入 a: 1
请输入 b: 2
请输入 c: 3
```

结果如图 4-11 所示。

该 M 函数文件由一个主函数 exam_4_16 和三个子函数 $y1$、$y2$ 和 $y3$ 组成,它们的变量空间是相互独立的。

4.3.4　函数的参数

MATLAB 语言的函数参数包括函数的输入参数和输出参数。函数是通过输入参数接

收数据,经过函数执行后由输出参数输出结果,因此,MATLAB 的函数调用就是输入输出
参数传递的过程。

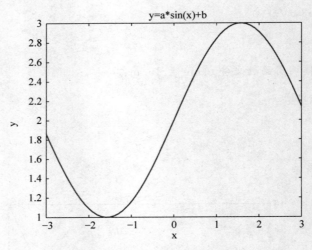

图 4-10　$a\sin(x)+b$ 的曲线($z=2$)

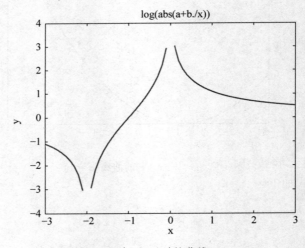

图 4-11　$\ln|a+b/x|$的曲线($z=3$)

1. 参数的传递

　　函数的参数传递是将主函数中的变量值传送给被调函数的输入参数,被调函数执行后,
将结果通过被调函数的输出参数传送给主函数的变量。被调函数的输入和输出参数都存放
在函数的工作空间中,与 MATLAB 的工作空间是独立的,当调用结束后,函数的工作空间
数据被清除,被调函数的输入和输出参数也被清除。

　　例如,在 MATLAB 命令空间调用例 4-15 已创建的函数 ftran. m:

```
>> r = 6;
>> x = pi/6;
>> [xx, yy] = ftran(r, x)
xx =
```

```
      5.1962
yy =
      3.0000
```

可知,将变量 r 和 x 的值传送给函数的输入变量 rho 和 thetha,函数运行后,将函数的输出变量 x 和 y 传送给工作空间中的 xx 和 yy 变量。

2. 参数的个数

MATLAB 函数的输入输出参数使用时,不用事先声明和定义,参数的个数是可以改变的。MATLAB 语言提供 nargin 和 nargout 函数获得实际调用时函数的输入和输出参数的个数。还可以用 varargin 和 varargout 函数获得输入和输出参数的内容。

(1) nargin 和 nargout 函数可以分别获得函数的输入和输出参数的个数,调用格式如下:

```
x = nargin('fun')
y = nargout('fun')
```

其中,fun 是函数名,x 是函数的输入参数个数,y 是函数的输出参数个数。当 nargin 和 nargout 在函数体内时,fun 可以省略。

例如,用 nargin 和 nargout 函数求例 4-15 创建的函数 ftran.m 的输入和输出参数的个数。

```
>> x = nargin('ftran')
x =
      2
>> y = nargout('ftran')
y =
      2
```

(2) MATLAB 提供了 varargin 和 varargout 函数,将函数调用时实际传递的参数构成元胞数组,通过访问元胞数组中每个元素的内容来获得输入和输出变量。varargin 和 varargout 函数的格式如下:

```
function y = fun(varargin)        % 输入参数为 varargin 的函数 fun
function varargout = fun(x)       % 输出参数为 varargout 的函数 fun
```

【例 4-17】 根据输入参数个数使用 varargin 和 varargout 函数,绘制 sin(x)不同线型的曲线。

```
function varargout = exam_4_17( varargin )
% EXAM_4_17 用 varargin 和 varargout 函数控制输入输出参数的个数画正弦曲线
%     varargin 输入参数,varargout 输出参数
% 徐国保于 2017 年 2 月 26 日编写
t = 0:0.1:2 * pi;
x = length(varargin);        % 求输入变量的个数
y = x * sin(t);
hold on
if x == 0
    plot(t,y)                % 当输入变量的个数为 0,画一条默认颜色的横坐标直线
elseif x == 1
```

```
        plot(t,y,varargin{1})        % 当输入变量的个数为 1,画 sin(t),颜色为 varargin{1}
  else                               % 当输入变量的个数为 2,画 2 * sin(t),颜色为 varargin{1},线型为
  plot(t,y,[varargin{1} varargin{2}])        % varargin{2}
  end
  varargout{1} = x              % 输出变量个数等于输入变量个数
  end
```

在 MATLAB 命令空间输入下列命令,执行该函数,显示的曲线如图 4-12 所示。

```
>> y = exam_4_17
y =
    0
>> y = exam_4_17('g')
y =
    1
>> y = exam_4_17('r','*')
y =
    2
```

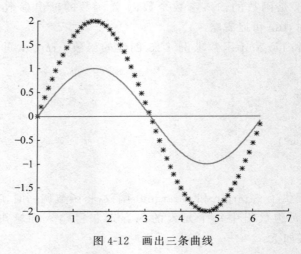

图 4-12   画出三条曲线

需要注意,varargin 和 varargout 函数获得的都是元胞数组。

4.3.5   函数的变量

MATLAB 的函数变量根据作用范围,可以分为局部变量和全局变量。

1. 局部变量

局部变量(Local Variables)的作用范围是函数的内部,函数内部的变量如果没有特别声明,都是局部变量。都有自己的函数工作空间,与 MATLAB 工作空间是独立的,局部变量仅在函数内部执行时存在,当函数执行完,变量就消失。

2. 全局变量

全局变量(Global Variables)的作用范围是全局的,可以在不同的函数和 MATLAB 工作空间中共享。使用全局变量可以减少参数的传递,有效地提高程序的执行效率。

全局变量在使用前必须用"global"命令声明,而且每个要共享的全局变量的函数和工作空间,都必须逐个使用"global"对该变量声明。格式为:

global 变量名

要清除全局变量可以用 clear 命令,命令格式如下:

```
clear global 变量名          % 清除某个全局变量
clear global               % 清除所有的全局变量
```

【例 4-18】 利用在工作空间和函数文件中定义全局变量,将直角坐标变为极坐标。

微课视频

```
function [ rho,thetha ] = exam_4_18( )
% exam_4_18 利用定义全局变量求极坐标
% rho 为极坐标的半径,thetha 为极坐标的极角
% 徐国保于 2017 年 2 月 26 日编写
global a b
rho = sqrt(a^2 + b^2);
thetha = atan(b/a);
end
```

在命令空间输入下面命令,调用函数 exam_4_18,结果如下:

```
>> global a b
>> a = 1;
>> b = 2;
>> [r,t] = exam_4_18
r =
    2.2361
t =
    1.1071
```

由于函数 exam_4_18 和工作空间都定义了 a 和 b 为全局变量,只要在命令窗口修改 a 和 b 的值,就能完成直角坐标转换为极坐标,而不需要修改函数 exam_4_18 文件。

在函数文件中,全局变量的定义语句应放在变量使用之前,一般都放在文件的前面,用大写字符命名,以防止重复定义。

4.4　程序调试

程序调试是程序设计的重要环节,MATLAB 提供了相应的程序调试功能,既可以通过文件编辑器进行调试,又可以通过命令窗口结合具体的命令进行调试。

4.4.1　命令窗口调试

MATLAB 在命令窗口运行语句或者运行 M 文件时,会在命令窗口提示错误信息。一般有两类错误:一类是语法错误,另一类是程序逻辑错误。

1. 语法错误

语法错误一般包括文法或词法的错误,例如表达式书写错误、函数的拼写错误等。MATLAB 能够自己检查出大部分的语法错误,给出相应的错误提示信息,并标出错误在程序中的行号,通过分析 MATLAB 给出的错误信息,不难排除程序代码中的语法错误。例如,在命令窗口输入下面语句:

```
>> x = 1 + 2 * (3 + 2
x = 1 + 2 * (3 + 2
                ↑
```
错误：表达式无效。调用函数或对变量进行索引时,请使用圆括号。否则,请检查不匹配的分隔符。
是不是想输入:
```
>> x = 1 + 2 * (3 + 2)
```

给出错误提示,并给出一个可能正确的表述式。

如果在 M 文件语句出现错误,会在命令窗口提示错误所在行和列信息,例如:

```
a = 1;
b = 2;
c = 3;
x1 = ( - b + sqrt(b * b - 4 * a * c))/2a
```

运行文件 untitled. m,结果如下:

```
>> Untitled
```
错误: 文件: Untitled.m 行: 4 列: 26
表达式无效。请检查缺失的乘法运算符、缺失或不对称的分隔符或者其他语法错误。要构造矩阵,请
使用方括号而不是圆括号。

提示在第 4 行、第 26 列鼠标所在位置处有错误,经检查发现在 2a 之间少了一个乘号" * "。

2. 程序逻辑错误

程序逻辑错误是指程序运行结果有错误,MATLAB 系统对逻辑错误是不能检测和发现的,不会给出任何错误提示信息。这时需要通过一些调试手段发现程序中的逻辑错误,可以通过获取中间结果的方式来获得错误可能发生的程序段。采取的方法是:

(1) 可以将程序中间一些结果输出到命令窗口,从而确定错误的区段。命令语句后的分号去掉,就能输出语句的结果。或者用注释%,放置在一些语句前,就能忽略这些语句的作用。逐步测试,就能找到逻辑错误可能出现的程序区段了。

(2) 使用 MATLAB 的调试菜单(debug)调试。通过设置断点、控制程序单步运行等操作。

4.4.2 MATLAB 菜单调试

MATLAB 的文件编辑器除了能编辑和修改 M 文件外,还能对程序菜单调试。通过调试菜单可以查看和修改函数工作空间中的变量,找到运行的错误。调试菜单提供设置断点,可以使得程序运行到某一行暂停运行,可以查看工作空间中的变量值,来判断断点之前语句逻辑是否正确。还可以通过调试菜单一行一行地运行程序,逐行检查和判断程序是否正确。

MATLAB 调试菜单界面如图 4-13 所示。调试菜单界面上有"断点"选项,该选项下有4 种命令:

(1) 全部清除,清除所有文件中的全部断点;

(2) 设置/清除,设置或清除当前行上的断点;

(3) 启用/禁止,启用或者禁止当前行上的断点;

(4) 设置条件,设置或修改条件断点。

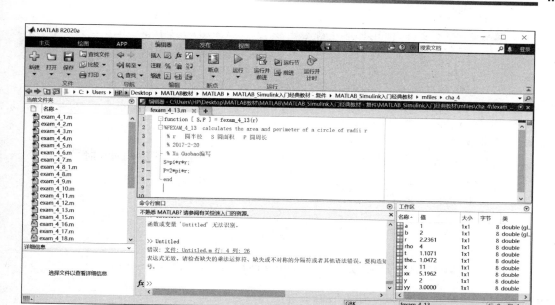

图 4-13 调试菜单界面

在程序某行设置断点后,程序运行到该行就暂停下来,并在命令窗口显示:K >>,可以在 K >>后输入变量名,就能显示变量的值,从而可以分析和检查前面程序是否正确。然后可以单击调试菜单的"继续"选项,在下个断点处有暂停,这时又可以输入变量名,检查变量的值。如此重复,直到发现程序问题为止。

4.4.3 MATLAB 调试函数

MATLAB 调试程序还可以利用调试函数,如表 4-1 所示。

表 4-1 MATLAB 常用调试函数

调试函数名	功能和作用	调试函数名	功能和作用
dbstop	用于在 M 文件中设置断点	dbstep	从断点处继续执行 M 文件
dbstatus	显示断点信息	dbstack	显示 M 文件执行时调用的堆栈等
dbtype	显示 M 文件文本(包括行号)	dbup/dbdown	实现工作空间的切换

表 4-1 中的各个调试函数的功能和作用与菜单调试用法类似,具体使用方法可以用 MATLAB 的帮助命令 help 查询。

习题

1. 编写一个 M 脚本文件,完成从键盘输入一个学生的成绩,分别用 if 结构和 switch 结构判断该成绩是什么等级,并显示等级信息任务。已知:大于或等于 90 分为"优秀";大于或等于 80 分,且小于 90 分,为"良好";大于或等于 70 分,且小于 80 分,为"中等";大于或等于 60 分,且小于 70 分,为"及格";小于 60 分,为"不及格"。

2. 编写 M 脚本文件,使用梯形法计算定积分 $\int_a^b f(x)\mathrm{d}x$,其中 $a=0,b=5\pi$,被积函数为 $f(x)=\mathrm{e}^{-x}\cos\left(x+\dfrac{\pi}{6}\right)$,取积分区间等分数为 2000。

提示:$\int_a^b f(x)\mathrm{d}x \approx \sum\limits_{i=1}^n d/2*(f(a+id)+f(a+(i+1)d))$,其中 $d=(b-a)/n$ 为增量,n 为等分数。

3. 编写一个 M 函数文件,用 for 循环结构求下列式子的值,当 $n=1000$ 时。

(1) $y=\dfrac{1}{1^2}+\dfrac{1}{2^2}+\dfrac{1}{3^2}+\cdots+\dfrac{1}{n^2}$

(2) $y=1-\dfrac{1}{3}+\dfrac{1}{5}-\dfrac{1}{7}+\cdots+(-1)^n\dfrac{1}{2n+1}$

4. 编写 M 脚本文件,分别使用 for 和 while 循环语句,编程计算 $\mathrm{sum}=\sum\limits_{i=1}^{20}(i^2+i)$,当 $\mathrm{sum}>2000$ 时,终止程序,并输出 i 的值。

5. 编写一个函数文件,用 try 结构,求两个矩阵的乘积和点积,并在命令窗口任意输入两个矩阵,调用该函数。

6. 编写 M 函数文件,通过主函数调用 3 个子函数形式,计算下列式子,并输出计算之后的结果。

$$f(x,y)=\begin{cases}1-2\sin(0.5x+3y) & x+y\geqslant 1\\ 1-\mathrm{e}^{-x}(1+y) & -1<x+y<1\\ 1-3(\mathrm{e}^{-2x}-e^{-0.7y}) & x+y\leqslant -1\end{cases}$$

7. 编写输入和输出参数都是两个的 M 函数文件,当没有输入参数,则输出为 0;当输入参数只有一个时,输出参数等于这个输入参数;当输入参数为两个时,输出参数分别等于这两个输入参数。

第 5 章

CHAPTER 5

MATLAB 数值计算

本章要点：

- 多项式运算；
- 数据插值；
- 多项式拟合；
- 数据统计；
- 数值计算。

5.1 多项式

多项式在代数中占有重要的地位，广泛用于数据插值、数据拟合和信号与系统等应用领域。MATLAB 提供了各种多项式的创建以及运算方法，应用起来简单方便。

5.1.1 多项式的创建

一个多项式按降幂排列为

$$p(x) = a_n x^n + a_{n-1} x^{n-1} + \cdots + a_1 x + a_0 \tag{5-1}$$

在 MATLAB 中多项式的各项系数用一个行向量表示，使用长度为 $n+1$ 的行向量按降幂排列，多项式中某次幂的缺项用 0 表示，则表示为

$$p = [a_n, a_{n-1}, \cdots, a_1, a_0] \tag{5-2}$$

例如，多项式 $p_1(x) = x^3 - 2x^2 + 4x + 6$，在 MATLAB 可以表示为 $p_1 = [1, -2, 4, 6]$；$p_2(x) = x^3 + 3x + 6$ 可表示为 $p_2 = [1, 0, 3, 6]$。

在 MATLAB 中，创建一个多项式，可以用 poly2str、poly2sym 函数实现，其调用格式如下：

```
f = poly2str(p,'x')    %p 为多项式的系数,x 为多项式的变量
f = poly2sym(p)        %p 为多项式的系数
```

其中，f=poly2str(p,'x')表示创建一个系数为 p，变量为 x 的字符串型多项式；f=poly2sym(p)表示创建一个系数为 p，默认变量为 x 的符号型多项式。两者在命令窗口显示形式类似，但数据类型是不一样的，一个是字符串型，另一个是符号型。

【**例 5-1**】 已知多项式系数为 $p = [1, -2, 4, 6]$，分别用 poly2str(p,'x')和 poly2sym(p)创建多项式，比较它们有什么不同。

微课视频

程序代码如下：

```
>> p = [1 - 2 4 6]
p =
     1    - 2    4    6
>> f1 = poly2str(p, 'x')
f1 =
    '  x^3 - 2 x^2 + 4 x + 6'
>> f2 = poly2sym(p)
f2 =
x^3 - 2 * x^2 + 4 * x + 6
```

显然,两种函数创建的多项式 f1 和 f2 显示形式类似,但数据类型和大小都不一样,如图 5-1 所示。

工作区						
名称 ▲	值	大小	字节	类	最小值	最大值
f1	' x^3 - 2 x^2 + 4 x + 6'	1x24	48	char		
f2	1x1 sym	1x1	112	sym		
p	[1,-2,4,6]	1x4	32	double	-2	6

图 5-1　两种多项式的比较

5.1.2　多项式的值和根

1. 多项式的值

在 MATLAB 里,求多项式的值可以用 polyval 和 polyvalm 函数。它们的输入参数都是多项式系数和自变量,二者的区别是前者为代数多项式求值,后者为矩阵多项式求值。

(1) 代数多项式求值

polyval 函数可以求解代数多项式的值,其调用格式如下：

```
y = polyval(p, x)
```

其中,p 为多项式的系数,x 为自变量。当 x 为一个数值时,求解的是多项式在该点的值；若 x 为向量或矩阵,则是对向量或矩阵每个元素求多项式的值。

微课视频

【例 5-2】　已知多项式 $f(x) = x^3 - 2x^2 + 4x + 6$,分别求 $x1 = 2$ 和 $\boldsymbol{x} = [0, 2, 4, 6, 8, 10]$ 向量的多项式的值。

在文件编辑窗口编写命令文件,保存为 exam_5_2.m 脚本文件。程序代码如下：

```
x1 = 2;
x = [0:2:10];
p = [1 - 2 4 6];
y1 = polyval(p, x1)
y = polyval(p, x)
```

在命令空间输入文件名 exam_5_2.m,就能直接运行该脚本文件。结果如下：

```
>> exam_5_2
y1 =
    14
```

```
y =
      6      14      54     174     422     846
```

（2）矩阵多项式求值

polyvalm 函数是以矩阵为自变量求解多项式的值，其调用格式如下：

```
Y = polyvalm(p,X)
```

其中，p 为多项式系数，X 为自变量，自变量要求为方阵。

因为运算规则不一样，所以 MATLAB 用 polyvalm 和 polyval 函数求解多项式的值是不一样的。例如，假设 A 为方阵，p 为多项式 $x^2 - 5x + 6$ 的系数，则 polyvalm(p,A) 表示 $A * A - 5 * A + 6 * eye(size(A))$，而 polyval(p,A) 表示 $A. * A - 5 * A + 6 * ones(size(A))$。

【例 5-3】　已知多项式为 $f(x) = x^2 - 3x + 2$，分别用 polyvalm 和 polyval 函数，求 $X = \begin{bmatrix} 1 & 2 \\ 3 & 4 \end{bmatrix}$ 的多项式值。

微课视频

在文件编辑窗口编写命令文件，保存为 exam_5_3.m 脚本文件。程序代码如下：

```
X = [1 2;3 4];
p = [1 - 3 2];
Y = polyvalm(p,X)
Y1 = polyval(p,X)
```

程序运行结果：

```
>> exam_5_3
Y =
      6      4
      6     12
Y1 =
      0      0
      2      6
```

2. 多项式的根

一个 n 次多项式有 n 个根，这些根有可能是实根，也有可能包含若干对共轭复根。MATLAB 提供了 roots 函数用于求解多项式的全部根，其调用格式为

```
r = roots(p)
```

其中，p 为多项式的系数向量，r 为多项式的根向量，r(1),r(2),…,r(n) 分别表示多项式的 n 个根。

MATLAB 还提供一个由多项式的根求多项式的系数的函数 poly，其调用格式如下：

```
p = poly(r)
```

其中，r 为多项式的根向量，p 为由根 r 构造的多项式系数向量。

【例 5-4】　已知多项式为 $f(x) = x^4 + 4x^3 - 3x + 2$。

（1）用 roots 函数求该多项式的根 r。

（2）用 poly 函数求根为 r 的多项式系数。

在文件编辑窗口编写命令文件，保存为 exam_5_4.m 脚本文件。程序代码如下：

微课视频

```
p = [1 4 0  - 3 2];
r = roots(p)
p1 = poly(r)
```

程序运行结果：

```
>> exam_5_4
r =
   - 3.7485 + 0.0000i
   - 1.2962 + 0.0000i
     0.5224 + 0.3725i
     0.5224 - 0.3725i
p1 =
   1.0000    4.0000    - 0.0000    - 3.0000    2.0000
```

显然，roots 和 poly 函数的功能正好相反。

5.1.3　多项式的四则运算

多项式之间可以进行四则运算，其结果仍为多项式。在 MATLAB 中，用多项式系数向量进行四则运算，得到的结果也显示为多项式系数向量。

1. 多项式的加减运算

MATLAB 没有提供多项式加减运算的函数。事实上多项式的加减运算，是合并同类项，可以用多项式系数向量进行加减运算。如果多项式阶次不同，则把低次多项式系数缺少的高次项用 0 补足，使得多项式系数矩阵具有相同维度，以便实现加减运算。

2. 多项式乘法运算

在 MATLAB 中，两个多项式的乘积可以用 conv 函数实现。其调用格式为

```
p = conv(p1, p2)
```

其中，p1 和 p2 是两个多项式的系数向量；p 是两个多项式乘积的系数向量。

3. 多项式除法运算

MATLAB 用 deconv 函数实现两个多项式的除法运算。其调用格式为

```
[q, r] = deconv(p1, p2)
```

其中，q 为多项式 p1 除以 p2 的商式；r 为多项式 p1 除以 p2 的余式。q 和 r 都是多项式系数向量。

deconv 是 conv 的逆函数，因此满足 p1＝conv(p2,q)＋r。

微课视频

【例 5-5】　已知两个多项式为 $f(x)=x^4+4x^3-3x+2, g(x)=x^3-2x^2+x$。

(1) 求两个多项式相加 $f(x)+g(x)$，两个多项式相减 $f(x)-g(x)$ 的结果。

(2) 求两个多项式相乘 $f(x)*g(x)$，两个多项式相除 $f(x)/g(x)$ 的结果。

在文件编辑窗口编写命令文件，保存为 exam_5_5.m 脚本文件。程序代码如下：

```
p1 = [1 4 0  - 3 2];
p2 = [0 1  - 2 1 0];
p3 = [1  - 2 1 0];
p = p1 + p2                    % f(x) + g(x)
```

```
poly2sym(p)
p = p1 - p2                        % f(x) - g(x)
poly2sym(p)
p = conv(p1,p2)                    % f(x) * g(x)
poly2sym(p)
[q,r] = deconv(p1,p3)              % f(x)/g(x)
p4 = conv(q,p3) + r                % 验证 deconv 是 conv 的逆函数
```

程序运行结果：

```
>> exam_5_5
p =
     1     5    -2    -2     2
ans =
x^4 + 5 * x^3 - 2 * x^2 - 2 * x + 2
p =
     1     3     2    -4     2
ans =
x^4 + 3 * x^3 + 2 * x^2 - 4 * x + 2
p =
     0     1     2    -7     1     8    -7     2     0
ans =
x^7 + 2 * x^6 - 7 * x^5 + x^4 + 8 * x^3 - 7 * x^2 + 2 * x
q =
     1     6
r =
     0     0    11    -9     2
p4 =
     1     4     0    -3     2
```

5.1.4　多项式的微积分运算

1. 多项式的微分

对 n 阶多项式 $p(x)=a_n x^n+a_{n-1}x^{n-1}+\cdots+a_1 x+a_0$ 求导，其导数为 $n-1$ 阶多项式 $dp(x)=na_n x^{n-1}+(n-1)a_{n-1}x^{n-2}+\cdots+a_1$。原多项式及其导数多项式的系数分别为 $p=[a_n,a_{n-1},\cdots,a_1,a_0]$，$d=[na_n,(n-1)a_{n-1},\cdots,a_1]$。

在 MATLAB 中，可以用 polyder 函数来求多项式的微分运算，polyder 函数可以对单个多项式求导，也可以对两个多项式的乘积或商求导，其调用格式如下：

```
p = polyder(p1)          % 求多项式 p1 的导数
p = polyder(p1,p2)       % 求多项式 p1 × p2 的积的导数
[p,q] = polyder(p1,p2)   % p1 ÷ p2 的导数,p 为导数的分子多项式系数,q 为导数的分母多
                         % 项式系数
```

【例 5-6】　已知两个多项式为 $f(x)=x^4+4x^3-3x+2$，$g(x)=x^3-2x^2+x$。

（1）求多项式 $f(x)$ 的导数。

（2）求两个多项式乘积 $f(x)*g(x)$ 的导数。

（3）求两个多项式相除 $g(x)/f(x)$ 的导数。

微课视频

在文件编辑窗口编写命令文件,保存为 exam_5_6.m 脚本文件。程序代码如下:

```
p1 = [1 4 0 - 3 2];
p2 = [1 - 2 1 0];
p = polyder(p1)
poly2sym(p)
p = polyder(p1,p2)
poly2sym(p)
[p,q] = polyder(p2,p1)
```

程序运行结果:

```
>> exam_5_6
p =
     4     12      0     - 3
ans =
4 * x^3 + 12 * x^2 - 3
p =
     7     12     - 35      4      24     - 14      2
ans =
7 * x^6 + 12 * x^5 - 35 * x^4 + 4 * x^3 + 24 * x^2 - 14 * x + 2
p =
    - 1      4     - 14      12     - 8      2
q =
     1      8     16     - 6     - 20      16      9     - 12      4
```

2. 多项式的积分

对于 n 阶多项式 $p(x) = a_n x^n + a_{n-1} x^{n-1} + \cdots + a_1 x + a_0$,其不定积分为 $n+1$ 阶多项式 $i(x) = \frac{1}{n+1} a_n x^{n+1} + \frac{1}{n} a_{n-1} x^n + \cdots + \frac{1}{2} a_1 x^2 + a_0 x + k$,其中 k 为常数项。原多项式和积分多项式分别可以表示为系数向量 $\boldsymbol{p} = [a_n, a_{n-1}, \cdots, a_1, a_0]$,$\boldsymbol{I} = \left[\frac{1}{n+1} a_n, \frac{1}{n} a_{n-1}, \cdots, \frac{1}{2} a_1, k\right]$。

在 MATLAB 中,提供了 polyint 函数用于多项式的积分。其调用格式为

```
I = polyint(p,k)          %求以 p 为系数的多项式的积分,k 为积分常数项
I = polyint(p)            %求以 p 为系数的多项式的积分,积分常数项为默认值 0
```

显然 polyint 是 polyder 的逆函数,因此有 p=polyder(I)。

【例 5-7】 求多项式的积分 $I = \int (x^4 + 4x^3 - 3x + 2)\mathrm{d}x$。

微课视频

在文件编辑窗口编写命令文件,保存为 exam_5_7.m 脚本文件。程序代码如下:

```
p = [1 4 0 - 3 2];
I = polyint(p)           %求多项式的积分,常数项为默认的 0
poly2sym(I)              %显示多项式积分的多项式
p = polyder(I)           %验证 polyint 是 polyder 的逆函数
syms k                   %定义常数项 k
I1 = polyint(p,k)        %求多项式的积分,常数项为 k
poly2sym(I1)
```

程序运行结果：

```
>> exam_5_7
I =
    0.2000    1.0000         0   -1.5000    2.0000         0
ans =
x^5/5 + x^4 - (3 * x^2)/2 + 2 * x
p =
    1    4    0   -3    2
I1 =
[ 1/5, 1, 0, -3/2, 2, k]
ans =
x^5/5 + x^4 - (3 * x^2)/2 + 2 * x + k
```

5.1.5　多项式的部分分式展开

由分子多项式 $B(s)$ 和分母多项式 $A(s)$ 构成的分式表达式进行多项式的部分分式展开，表达式如下：

$$\frac{B(s)}{A(s)} = \frac{r_1}{s-p_1} + \frac{r_2}{s-p_2} + \cdots + \frac{r_n}{s-p_n} + k(s) \tag{5-3}$$

MATLAB 可以用 residue 函数实现多项式的部分分式展开，residue 函数的调用格式如下：

```
[r,p,k] = residue(B,A)
```

其中，B 为分子多项式系数行向量；A 为分母多项式系数行向量；$[p_1; p_2; \cdots; p_n]$ 为极点列向量；$[r_1; r_2; \cdots; r_n]$ 为零点列向量；k 为余式多项式行向量。

residue 函数还可以将部分分式展开式转换为两个多项式的分式表达式，其调用格式为：

```
[B,A] = residue(r,p,k)
```

【例 5-8】　已知分式表达式为 $f(s) = \dfrac{B(s)}{A(s)} = \dfrac{3s^3 + 1}{s^2 - 5s + 6}$。

(1) 求 $f(s)$ 的部分分式展开式。

微课视频

(2) 将部分分式展开式转换为分式表达式。

在文件编辑窗口编写命令文件，保存为 exam_5_8.m 脚本文件。程序代码如下：

```
a = [1 - 5 6];
b = [3 0 0 1];
[r,p,k] = residue(b,a)          % 部分分式展开
[b1,a1] = residue(r,p,k)        % 将部分分式展开转换为分式表达式
```

程序运行结果：

```
>> exam_5_8
r =
    82.0000
   -25.0000
```

```
p =
    3.0000
    2.0000
k =
    3    15
b1 =
    3    0    0    1
a1 =
    1    -5    6
```

5.2   数据插值

在工程测量与科学实验中，得到的数据通常都是离散的。如果要得到这些离散数据点以外的其他数据值，就需要根据这些已知数据进行插值。假设已测量得到 n 个点数据，(x_1,y_1)、$(x_2 y_2)$、$\cdots$、$(x_n y_n)$，且这些测量值满足某一个未知的函数关系 $y=f(x)$。数据插值的任务就是根据这 n 个测量数据，构造一个函数 $y=p(x)$，使得 $y_i=p(x_i)(i=1,2,\cdots,n)$ 成立，称 $p(x)$ 为 $f(x)$ 关于点 $x_1,x_2,\cdots,x_n$ 的插值函数。求插值函数 $p(x)$ 的方法为插值法。插值函数 $p(x)$ 一般可以用线性函数、多项式或样条函数实现。

根据插值函数的自变量个数，数据插值可以分为一维插值、二维插值和多维插值等；根据不同的插值函数，又可以分为线性插值、多项式插值和样条函数插值等。MATLAB 提供了一维插值 interp1、二维插值 interp2、三维插值 interp3 和 N 维插值 interpn 函数，以及三次样条插值 spline 函数等。

5.2.1   一维插值

所谓一维插值是指被插值函数的自变量是一个单变量的函数。一维插值采用的方法一般有一维多项式插值、一维快速插值和三次样条插值。

1. 一维多项式插值

MATLAB 中提供了 interp1 函数进行一维多项式插值。interp1 函数使用了多项式函数，通过已知数据点，计算目标插值点的数据。interp1 函数调用格式如下：

y_i = interp1(Y,x_i)

其中，Y 是在默认自变量 x 选为 1：n 的值。

y_i = interp1(X,Y,x_i)

其中 X 和 Y 是长度一样的已知向量数据，x_i 可以是一个标量，也可以是向量。

y_i = interp1(X,Y,x_i,'method')

其中，method 是插值方法，其取值有下面几种：

（1）linear 线性插值：这是默认插值方法，它将与插值点靠近的两个数据点直线连接，在直线上选取对应插值点的数据。这种插值方法兼顾速度和误差，插值函数具有连续性，但平滑性不好。

（2）nearest 最邻近点插值：根据插值点和最接近的已知数据点进行插值，这种插值方法速度快，占用内存小，但一般误差最大，插值结果最不平滑。

（3）next 下一点插值：根据插值点和下一点的已知数据点插值，这种插值方法的优缺点与最邻近点插值一样。

（4）previous 前一点插值：根据插值点和前一点的已知数据点插值，这种插值方法的优缺点与最邻近点插值一样。

（5）spline 三次样条插值：采用三次样条函数获得插值点数据，要求在各点处具有光滑条件。这种插值方法连续性好，插值结果最光滑，缺点为运行时间长。

（6）cubic 三次多项式插值：根据已知数据求出一个 3 次多项式进行插值。这种插值方法连续性好，光滑性较好，缺点是占用内存多，速度较慢。

需要注意，x_i 的取值如果超出已知数据 X 的范围，就会返回 NaN 错误信息。

MATLAB 还提供 interp1q 函数用于一维插值。它与 interp1 函数的主要区别是，当已知数据不是等间距分布时，interp1q 插值速度比 interp1 快。需要注意，interp1q 执行的插值数据 x 必须是单调递增的。

【例 5-9】 某气象台对当地气温进行测量，实测数据见表 5-1 所示，用不同插值方法计算 $t=12$ 时的气温。

微课视频

表 5-1 某地不同时间的气温

测量时间 t（小时）	6	8	10	14	16	18	20
温度 T（度）	16	17.5	19.3	22	21.2	19.5	18

在文件编辑窗口编写命令文件，保存为 exam_5_9.m 脚本文件。程序代码如下：

```
t = [6 8  10  14  16  18  20];         % 测量时间 t
T = [16 17.5 19.3 22  21.2 19.5 18];   % 测量的温度 T
t1 = 12;                               % 插值点时间 t1
T1 = interp1(t,T,t1,'nearest')         % 最接近点插值
T2 = interp1(t,T,t1,'linear')          % 线性插值
T3 = interp1(t,T,t1,'next')            % 下一点插值
T4 = interp1(t,T,t1,'previous')        % 前一点插值
T5 = interp1(t,T,t1,'pchip')           % 三次多项式插值
T6 = interp1(t,T,t1,'spline')          % 三次样条插值
```

程序运行结果：

```
>> exam_5_9
T1 =
    22
T2 =
   20.6500
T3 =
    22
T4 =
   19.3000
T5 =
```

```
        21.0419
T6 =
        21.1193
```

微课视频

【例 5-10】 假设测量的数据来自函数 $f(x) = e^{-0.5x} \sin x$，试根据生成的数据，用不同方法进行插值，比较插值结果。

在文件编辑窗口编写命令文件，保存为 exam_5_10.m 脚本文件。程序代码如下：

```
clear
x = (0:0.4:2 * pi)';
y = exp( - 0.5 * x). * sin(x);              % 生成测试数据
x1 = (0:0.1:2 * pi)';                       % 插值点
y0 = exp( - 0.5 * x1). * sin(x1);           % 插值点真实值
y1 = interp1(x,y,x1,'nearest');             % 最接近点插值
disp('interp1 函数插值时间');tic
y2 = interp1(x,y,x1); toc;                  % interp1 插值时间
y3 = interp1(x,y,x1,'spline') ;             % 三次样条插值
disp('interp1q 函数插值时间');tic
yq = interp1q(x,y,x1);toc;                  % interp1q 插值时间
plot(x1,y1,'-- ',x1,y2,'- ',x1,y3,'- .',x,y,' * ',x1,y0,':')
legend('nearest 插值数据','linear 插值数据','spline 插值数据',...
'样本数据点','插值点真实数据')
max(abs(y0 - y3))
```

程序运行结果如下，插值效果如图 5-2 所示。

```
>> exam_5_10
interp1 函数插值时间
历时 0.001270 秒。
interp1q 函数插值时间
历时 0.001472 秒。
ans =
    6.5673e - 04
```

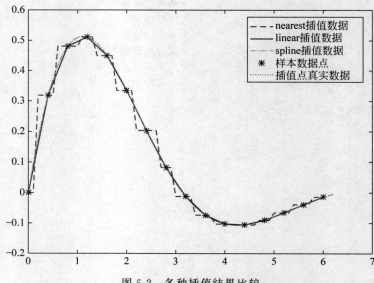

图 5-2 各种插值结果比较

由上面结果可知,最接近点拟合误差大,直线拟合得到的曲线不平滑;三次样条插值的效果最好,曲线平滑,误差很小,基本逼近真实值。

2. 一维快速傅里叶插值

在 MATLAB 中,一维快速傅里叶插值可以用 interpft 函数实现。该函数利用傅里叶变换将输入数据变换到频率域,然后用更多点进行傅里叶逆变换,实现对数据的插值。函数调用格式为

```
y = interpft(x,n)      % 表示对 x 进行傅里叶变换,然后采用 n 点傅里叶逆变换,得到插值后的数据
y = interpft(x,n,dim)  % 表示在 dim 维上进行傅里叶插值
```

【例 5-11】 假设测量的数据来自函数 $f(x)=\sin x$,试根据生成的数据,用一维快速傅里叶插值,并比较插值结果。

在文件编辑窗口编写命令文件,保存为 exam_5_11.m 脚本文件。程序代码如下:

```
clear
x = 0:0.4:2 * pi;
y = sin(x);                    % 原始数据
N = length(y);
M = N * 4;
x1 = 0:0.1:2 * pi;
y1 = interpft(y,M - 1);        % 傅里叶插值
y2 = sin(x1);                  % 插值点真实数据
plot(x,y,'O',x1,y1,' * ',x1,y2,' - ')
legend('原始数据','傅里叶插值数据','插值点真实数据')
max(abs(y1 - y2))
```

程序运行结果如下,插值效果如图 5-3 所示。

```
>> exam_5_11
ans =
    0.0980
```

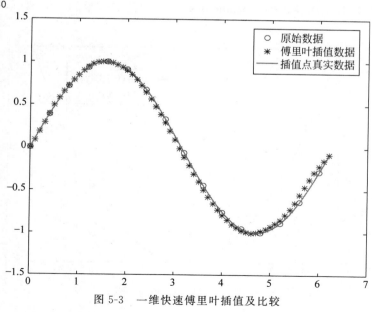

图 5-3　一维快速傅里叶插值及比较

由以上结果可知,一维快速傅里叶插值实现插值的速度比较快,曲线平滑,误差很小,基本逼近真实值。

3. 三次样条插值

三次样条插值是利用多段多项式逼近插值,降低了插值多项式的阶数,使得曲线更为光滑。在 MATLAB 中,interp1 插值函数的 method 选为 spline 样条插值选项,就可以实现三次样条插值。另外,MATLAB 专门提供三次样条插值函数 spline,其格式如下:

```
yi = spline(x,y,xi)    % 利用初始值 x,y,对插值点数据 xi 进行三次样条插值.采用这种调
                       % 用方式,相当于 yi = interp1(x,y,xi,'spline')
```

【例 5-12】 已知数据 x=[−5 −4 −3 −2 −1 0 1 2 3 4 5],y=[25 16 9 4 1 0 1 4 9 16 25],对 xi=−5:0.5:5,用 spline 进行三次样条插值,并比较用 interp1 实现三次样条插值。

在文件编辑窗口编写命令文件,保存为 exam_5_12.m 脚本文件。程序代码如下:

```
x = − 5:5;
y = x. * x;
xi = − 5:0.5:5;
y0 = xi. * xi;
y1 = spline(x,y,xi);
y2 = interp1(x,y,xi,'spline');
plot(x,y,'O',xi,y0,xi,y1,' + ',xi,y2,' * ')
legend('原始数据','插值点真实数据','spline 插值','interp1 样条插值')
max(abs(y1 − y2))
```

程序运行结果如下,插值效果如图 5-4 所示。

```
>> exam_5_12
ans =
     0
```

由程序结果可知,三次样条插值 spline 函数实现插值的效果和 interp1(x,y,xi,'spline')一样。

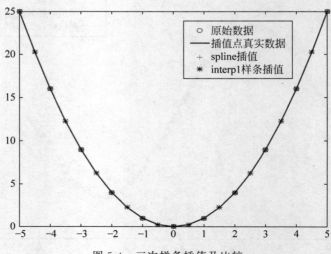

图 5-4   三次样条插值及比较

5.2.2　二维插值

二维插值是指已知一个二元函数的若干个采样数据点 x,y 和 z(x,y),求插值点(x1,y1)处的 z1 的值。在 MATLAB 中,提供 interp2 函数用于实现二维插值,其调用格式为

```
Z1 = interp2(X,Y,Z,X1,Y1,'method')
```

其中,X 和 Y 是两个参数的采样点,一般是向量,Z 是参数采样点对应的函数值。X1 和 Y1 是插值点,可以是标量也可以是向量。Z1 是根据选定的插值方法(method)得到的插值结果。插值方法 method 和一维插值函数相同,linear 为线性插值(默认算法),nearest 为最近点插值,spline 为三次样条插值,cubic 为三次多项式插值。需要注意,X1 和 Y1 不能超出 X 和 Y 的取值范围,否则会得到 NaN 错误信息。

微课视频

【例 5-13】　某实验对电脑主板的温度分布做测试。用 x 表示主板的宽度(cm),y 表示主板的深度(cm),用 T 表示测得的各点温度(℃),测量结果如表 5-2 所示。

(1) 分别用最近点二维插值和线性二维插值法求(12.6,7.2)点的温度。

(2) 用三次多项式插值求主板宽度每 1cm,深度每 1cm 处各点的温度,并用图形显示插值前后主板的温度分布图。

表 5-2　主板各点温度测量值

y	x					
	0	5	10	15	20	25
0	30	32	34	33	32	31
5	33	37	41	38	35	33
10	35	38	44	43	37	34
15	32	34	36	35	33	32

在文件编辑窗口编写命令文件,保存为 exam_5_13.m 脚本文件。程序代码如下:

```
clear
x = [0:5:25];
y = [0:5:15]';
T = [30   32   34   33   32   31;
33   37   41   38   35   33;
35   38   44   43   37   34;
32   34   36   35   33   32];
x1 = 12.6;y1 = 7.2;                          %插值点(12.6,7,2)
T1 = interp2(x,y,T,x1,y1,'nearest')          %最近点二维插值
T2 = interp2(x,y,T,x1,y1,'linear')           %线性二维插值
xi = [0:1:25];
yi = [0:1:15]';
Ti = interp2(x,y,T,xi,yi,'cubic');           %三次多项式二维插值
subplot(1,2,1)
mesh(x,y,T)
xlabel('板宽度(cm)');ylabel('板深度(cm)');zlabel('温度(摄氏度)')
title('插值前主板温度分布图')
subplot(1,2,2)
```

```
mesh(xi,yi,Ti)
xlabel('板宽度(cm)');ylabel('板深度(cm)');zlabel('温度(摄氏度)')
title('插值后主板温度分布图')
```

运行程序,结果如下,图 5-5 是插值前后主板温度分布图。可知,用插值技术处理数据,可以使得温度分布图更加光滑。

```
>> exam_5_13
T1 =
    38
T2 =
    41.2176
```

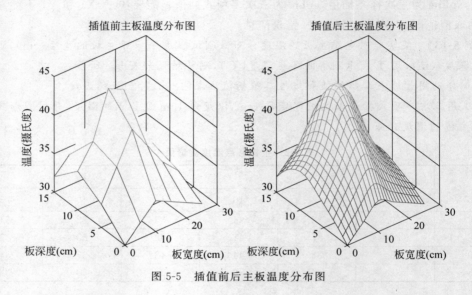

图 5-5　插值前后主板温度分布图

5.2.3　多维插值

1. 三维插值

在 MATLAB 中,还提供了三维插值的函数 interp3,其调用格式为:

```
U1 = interp3(X,Y,Z,U,X1,Y1,Z1,'method')
```

其中,X、Y、Z 是三个参数的采样点,一般是向量,U 是参数采样点对应的函数值。X1、Y1、Z1 是插值点,可以是标量也可以是向量。U1 是根据选定的插值方法(method)得到的插值结果。插值方法 method 和一维插值函数相同,linear 为线性插值(默认算法),nearest 为最近点插值,spline 为三次样条插值,cubic 为三次多项式插值。需要注意,X1、Y1 和 Z1 不能超出 X、Y 和 Z 的取值范围,否则会得到 NaN 错误信息。

2. n 维插值

在 MATLAB 中,还可以实现更高维的插值,interpn 函数用于实现 n 维插值。其调用格式为:

```
U1 = interpn(X₁,X₂,…,Xₙ,U,Y₁,Y₂,…,Yₙ,'method')
```

其中，$X_1, X_2, \cdots, X_n$ 是 n 个参数的采用点，一般是向量，U 是参数采样点对应的函数值。$Y_1, Y_2, \cdots, Y_n$ 是插值点，可以是标量也可以是向量。U1 是根据选定的插值方法（method）得到的插值结果。插值方法 method 和一维插值函数相同，linear 为线性插值（默认算法），nearest 为最近点插值，spline 为三次样条插值，cubic 为三次多项式插值。需要注意，Y_1，$Y_2, \cdots, Y_n$ 不能超出 $X_1, X_2, \cdots, X_n$ 的取值范围，否则会得到 NaN 错误信息。

5.3　数据拟合

与数据插值类似，数据拟合的目的也是用一个较为简单的函数 $g(x)$ 去逼近一个未知的函数 $f(x)$。利用已知的测量数据 $(x_i, y_i)(i=1,2,\cdots,n)$，构造函数 $y=g(x)$，使得误差 $\delta_i = g(x_i) - f(x_i)(i=1,2,\cdots,n)$ 在某种意义上达到最小。

一般用得比较多的是多项式拟合，所谓多项式拟合是利用已知的测量数据 (x_i, y_i) $(i=1,2,\cdots,n)$，构造一个 $m(m<n)$ 次多项式 $p(x)$：

$$p(x) = a_m x^m + a_{m-1} x^{m-1} + \cdots + a_1 x + a_0 \tag{5-4}$$

使得拟合多项式在各采用点处的偏差的平方和 $\sum_{i=1}^{n} (p(x_i) - y_i)^2$ 最小。

在 MATLAB 中，用 polyfit 函数可以实现最小二乘意义的多项式拟合。polyfit 拟合函数求的是多项式的系数向量。该函数的调用格式为：

```
p = polyfit(x, y, n)
[p, S] = polyfit(x, y, n)
```

其中，p 为最小二乘意义上的 n 阶多项式系数向量，长度为 n+1，x，y 为数据点向量，要求为等长向量，S 为采样点的误差结构体，包括 R，df 和 normr 分量，分别表示对 x 进行 QR 分解为三角元素、自由度和残差。

微课视频

【例 5-14】　在 MATLAB 中，用 polyfit 函数实现一个 4 阶和 5 阶多项式在区间 $[0, 3\pi]$ 内逼近函数 $f(x) = e^{-0.5x} \sin x$，利用绘图的方法，比较拟合的 4 阶多项式、5 阶多项式和 $f(x)$ 的区别。

在文件编辑窗口编写命令文件，保存为 exam_5_14.m 脚本文件。程序代码如下：

```
clear
x = linspace(0, 3 * pi, 30);          % 在给定区间,均匀选取 30 个采样点
y = exp(- 0.5 * x) .* sin(x);
[p1, s1] = polyfit(x, y, 4)           % 4 阶多项式拟合
g1 = poly2str(p1, 'x')                % 显示拟合的 4 阶多项式
[p2, s2] = polyfit(x, y, 5)           % 5 阶多项式拟合
g2 = poly2str(p2, 'x')                % 显示拟合的 5 阶多项式
y1 = polyval(p1, x);                  % 用 4 阶多项式求采样的值
y2 = polyval(p2, x);                  % 用 5 阶多项式求采样的值
plot(x, y, ' - * ', x, y1, ':0', x, y2, ': + ')   % 4 阶多项式,5 阶多项式和 f(x)绘图比较
legend('f(x)', '4 阶多项式', '5 阶多项式')
```

程序运行结果如下，图 5-6 是 4 阶多项式和 5 阶多项式拟合 f(x) 函数的比较结果。

```
>> exam_5_14
p1 =
   - 0.0024    0.0462    - 0.2782    0.4760    0.1505
s1 =
   包含以下字段的 struct:
        R: [5×5 double]
       df: 25
    normr: 0.4086
g1 =
    ' - 0.002378 x^4 + 0.04625 x^3 - 0.27815 x^2 + 0.476 x + 0.15048'
p2 =
   0.0007    - 0.0191    0.1856    - 0.7593    1.0826    0.0046
s2 =
   包含以下字段的 struct:
        R: [6×6 double]
       df: 24
    normr: 0.0909
g2 =
    '  0.00071166 x^5 - 0.019146 x^4 + 0.18564 x^3 - 0.75929 x^2 + 1.0826 x
       + 0.0045771'
```

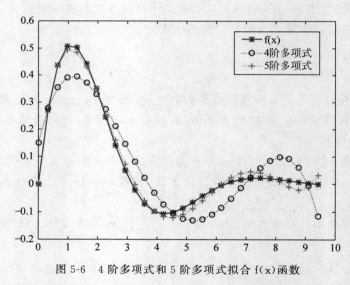

图 5-6   4 阶多项式和 5 阶多项式拟合 f(x)函数

由上述例题结果可知,用高阶多项式拟合 $f(x)$ 函数的效果更好,误差小,更加逼近实际函数 $f(x)$。

5.4　数据统计

在科学研究和生产实际中经常需要对数据进行统计，MATLAB 语言提供了很多数据统计方面的函数。

5.4.1　矩阵元素的最大值和最小值

1. 求向量的最大元素和最小元素

1) 求向量的最大元素

在 MATLAB 中,可以用函数 max(X)求一个向量 **X** 的最大元素,其调用格式为

```
y = max(X)          % 返回向量 X 的最大元素给 y,如果 X 中包括复数元素,则按模取最大元素
[y,k] = max(X)      % 返回向量 X 的最大元素给 y,最大元素所在的位置序号给 k,如果 X 中包括复数
                    % 元素,则按模取最大元素
```

例如,求向量 **X**$=[34,23,-23,6,76,56,14,35]$的最大值。

```
>> X = [34,23, - 23,6,76,56,14,35];
>> y = max(X)
y =
      76
>> [y,k] = max(X)
y =
      76
k =
      5
```

2) 求向量的最小元素

在 MATLAB 中,可以用函数 min(X)求一个向量 **X** 的最小元素,其调用格式及用法与 max(X)函数一样。

例如,求向量 **X**$=[34,10,-23,6,76,0,14,35]$的最小值。

```
>> X = [34,10, - 23,6,76,0,14,35];
>> y = min(X)
y =
     - 23
>> [y,k] = min(X)
y =
     - 23
k =
      3
```

2. 求矩阵的最大元素和最小元素

1) 求矩阵的最大元素

在 MATLAB 中,可以用函数 max 求一个矩阵 **A** 的最大元素,其调用格式为:

```
Y = max(A)           % 返回矩阵 A 的每列上最大元素给 Y,Y 是一个行向量
[Y, K] = max(A)      % 返回矩阵 A 的每列上最大元素给 Y,K 向量记录每列最大元素所在的行号
                     % 如果 X 中包括复数元素,则按模取最大元素
[Y, K] = max(A, [], dim)
```

其中 dim 为 1 时,该函数和 max(A)完全相同。当 dim 为 2 时,该函数返回一个每行上最大元素的列向量。

2）求矩阵的最小元素

在 MATLAB 中，可以用函数 min 求一个矩阵 A 的最小元素，其调用格式及用法和 max 函数一样。

微课视频

【例 5-15】 在 MATLAB 中，用 max 和 min 函数，求矩阵 A 的每行和每列的最大和最小元素，并求整个 A 的最大和最小元素。

$$A = \begin{bmatrix} 12 & 1 & -6 & 24 \\ -4 & 23 & 12 & 0 \\ 2 & -3 & 18 & 6 \\ 45 & 3 & 16 & -7 \end{bmatrix}$$

程序代码如下：

```
>> A = [12 1 - 6 24; - 4 23 12 0;2 - 3 18 6;45 3 16 - 7];
>> Y1 = max(A,[],2)          %求每行最大元素
Y1 =
    24
    23
    18
    45
>> [Y2,K] = min(A,[],2)      %求每行最小元素,及每行最小值的列数
Y2 =
    - 6
    - 4
    - 3
    - 7
K =
    3
    1
    2
    4
>> Y3 = max(A)               %求每列的最大元素
Y3 =
    45    23    18    24
>> [Y4,K1] = min(A)          %求每列的最小元素,及最小元素所在的行数
Y4 =
    - 4    - 3    - 6    - 7
K1 =
    2    3    1    4
>> ymax = max(max(A))        %求矩阵 A 的最大元素
ymax =
    45
>> ymin = min(min(A))        %求矩阵 A 的最小元素
ymin =
    - 7
```

3. 两个维度一样的向量或矩阵对应元素比较

max 和 min 函数还能对两个维度一样的向量或矩阵对应元素求较大值和较小值，其调用格式为：

```
Y = max(A, B)
```

其中,A 和 B 是同维度的向量或矩阵,Y 的每个元素为 A 和 B 对应元素的较大者,与 A 和 B
同维。

min 函数的用法和 max 一样。

例如,求 **A** 和 **B** 矩阵对应元素的较大元素 Y1 和较小元素 Y2。

程序代码如下:

```
>> A = [1 5 6;7 3 1;3 7 4]
A =
     1      5      6
     7      3      1
     3      7      4
>> B = [2 9 4;9 1 3; - 1 0 3]
B =
     2      9      4
     9      1      3
    -1      0      3
>> Y1 = max(A,B)
Y1 =
     2      9      6
     9      3      3
     3      7      4
>> Y2 = min(A,B)
Y2 =
     1      5      4
     7      1      1
    -1      0      3
```

5.4.2　矩阵元素的平均值和中值

数据序列的平均值指的是算术平均,中值是指数据序列中其值位于中间的元素,如果数
据序列个数为偶数,中值等于中间两项的平均值。

在 MATLAB 中,求矩阵或向量元素的平均值用 mean 函数,求中值用 median 函数。
它们的调用方法如下:

```
(1) y = mean(X)          % 返回向量 X 的算术平均值
(2) Y = mean(A)          % 返回一个矩阵 A 每列的算术平均值的行向量
(3) y = median(X)        % 返回向量 X 的中值
(4) Y = median(A)        % 返回一个矩阵 A 每列的中值的行向量
(5) Y = mean(A,dim)      % 当 dim 为 1 时,等同于 mean(A); 当 dim 为 2 时,返回一个矩阵 A
                         % 每行的算术平均值的列向量
(6) Y = median(A,dim)    % 当 dim 为 1 时,等同于 median(A); 当 dim 为 2 时,返回一个
                         % 矩阵 A 每行的中值的列向量
```

例如,求向量 **X** 和矩阵 **A** 的平均值和中值。
程序代码如下:

```
>> X = [1,12,23,7,9, - 5,30];
```

```
>> y1 = mean(X)
y1 =
      11
>> y2 = median(X)
y2 =
      9
>> A = [0 9 2;7 3 3; -1 0 3]
A =
      0      9      2
      7      3      3
     -1      0      3
>> Y1 = mean(A)
Y1 =
   2.0000    4.0000    2.6667
>> Y2 = median(A)
Y2 =
      0      3      3
>> Y3 = mean(A,2)
Y3 =
   3.6667
   4.3333
   0.6667
>> Y4 = median(A,2)
Y4 =
      2
      3
      0
```

5.4.3   矩阵元素的排序

在 MATLAB 中，可以用函数 sort 实现数据序列的排序。对于向量 X 的排序，可以用函数 sort(X)，函数返回一个对向量 X 的元素按升序排列的向量。

sort 函数还可以对矩阵 A 的各行或各列的元素重新排序，其调用格式为

```
[Y,I] = sort(A, dim, mode)
```

其中，当 dim 为 1 时，矩阵元素按列排序；当 dim 为 2 时，矩阵元素按行排序。dim 默认为 1。当 mode 为 'ascend'，则按升序排序；当 mode 为 'descend'，则按降序排序。mode 默认取 'ascend'。Y 为排序后的矩阵，而 I 记录 Y 中元素在 A 中的位置。

例如，对一个向量 X 和一个矩阵 A 做各种排序。

程序代码如下：

```
>> X = [1,12,23,7,9, -5,30];
>> Y = sort(X)
Y =
     -5      1      7      9     12     23     30
>> A = [0 9 2;7 3 1; -1 0 3]
A =
      0      9      2
```

```
        7        3        1
       -1        0        3
>> Y1 = sort(A)
Y1 =
       -1        0        1
        0        3        2
        7        9        3
>> Y2 = sort(A,1,'descend')
Y2 =
        7        9        3
        0        3        2
       -1        0        1
>> Y3 = sort(A,2,'ascend')
Y3 =
        0        2        9
        1        3        7
       -1        0        3
>> [Y4,I] = sort(A,2,'descend')
Y4 =
        9        2        0
        7        3        1
        3        0       -1
I =
        2        3        1
        1        2        3
        3        2        1
```

5.4.4　矩阵元素求和与求积

在 MATLAB 中,向量和矩阵求和与求积的基本函数是 sum 和 prod,它们的使用方法类似,调用格式为:

```
(1) y = sum(X)          % 返回向量 X 各元素的和
(2) y = prod(X)         % 返回向量 X 各元素的乘积
(3) Y = sum(A)          % 返回一个矩阵 A 各列元素的和的行向量
(4) Y = prod(A)         % 返回一个矩阵 A 各列元素的乘积的行向量
(5) Y = sum(A,dim)      % 当 dim 为 1 时,该函数等同于 sum(A);当 dim 为 2 时,返回一个
                        % 矩阵 A 各行元素的和的列向量
(6) Y = prod(A,dim)     % 当 dim 为 1 时,该函数等同于 prod(A);当 dim 为 2 时,返回一个
                        % 矩阵 A 各行元素的乘积的列向量
```

例如,求一个向量 X 和一个矩阵 A 的各元素的和与乘积。
程序代码如下:

```
>> X = [1,3,9,-2,7];
>> y = sum(X)           % 求向量 X 的各元素的和
y =
    18
>> y = prod(X)          % 求向量 X 的各元素的乘积
y =
```

```
        - 378
>> A = [1 9 2;7 3 1; -1 1 3]
A =
        1        9        2
        7        3        1
       -1        1        3
>> Y1 = sum(A)              %求矩阵 A 的各列元素的和
Y1 =
        7       13        6
>> Y2 = sum(A,2)            %求矩阵 A 的各行元素的和
Y2 =
       12
       11
        3
>> Y3 = prod(A)            %求矩阵 A 的各列元素的乘积
Y3 =
       -7       27        6
>> Y4 = prod(A,2)          %求矩阵 A 的各行元素的乘积
Y4 =
       18
       21
       -3
>> y5 = sum(Y1)            %求矩阵 A 所有元素的和
y5 =
       26
>> y6 = prod(Y3)          %求矩阵 A 所有元素的乘积
y6 =
     - 1134
```

5.4.5 矩阵元素的累加和与累乘积

在 MATLAB 中,向量和矩阵的累加和与累乘积的基本函数是 cumsum 和 cumprod,它们的使用方法类似,调用格式为

```
(1) y = cumsum(X)          %返回向量 X 累加和向量
(2) y = cumprod(X)         %返回向量 X 累乘积向量
(3) Y = cumsum(A)          %返回一个矩阵 A 各列元素的累加和的矩阵
(4) Y = cumprod(A)         %返回一个矩阵 A 各列元素的累乘积的矩阵
(5) Y = cumsum(A,dim)      %当 dim 为 1 时,该函数等同于 cumsum(A);当 dim 为 2 时,
                           %返回一个矩阵 A 各行元素的累加和矩阵
(6) Y = cumprod(A,dim)     %当 dim 为 1 时,该函数等同于 cumprod(A);当 dim 为 2 时,
                           %返回一个矩阵 A 各行元素的累乘积矩阵
```

例如,求一个向量 X 和一个矩阵 A 的各元素的累加和与累乘积。
程序代码如下:

```
>> X = [1,3,9, -2,7];
>> Y = cumsum(X)
Y =
        1        4       13       11       18
```

```
>> Y = cumprod(X)
Y =
     1      3     27    - 54    - 378
>> A = [1 9 2;7 3 1;- 1 1 3]
A =
     1      9      2
     7      3      1
    - 1      1      3
>> Y1 = cumsum(A)
Y1 =
     1      9      2
     8     12      3
     7     13      6
>> Y2 = cumsum(A,2)
Y2 =
     1     10     12
     7     10     11
    - 1      0      3
>> Y3 = cumprod(A)
Y3 =
     1      9      2
     7     27      2
    - 7     27      6
>> Y4 = cumprod(A,2)
Y4 =
     1      9     18
     7     21     21
    - 1     - 1     - 3
```

5.4.6　标准方差和相关系数

1. 标准方差

对于具有 N 个元素的向量数据 $x_1, x_2, \cdots, x_N$，有如下两种标准方差的公式：

$$D_1 = \sqrt{\frac{1}{N-1} \sum_{i=1}^{N} (x_i - \bar{x})^2} \tag{5-5}$$

或

$$D_2 = \sqrt{\frac{1}{N} \sum_{i=1}^{N} (x_i - \bar{x})^2} \tag{5-6}$$

其中，

$$\bar{x} = \frac{1}{N} \sum_{i=1}^{N} x_i \tag{5-7}$$

在 MATLAB 中，可以用函数 std 计算向量和矩阵的标准方差。对于向量 $\boldsymbol{X}$，std($\boldsymbol{X}$)返回一个标准方差；对于矩阵 $\boldsymbol{A}$，std($\boldsymbol{A}$)返回一个矩阵 $\boldsymbol{A}$ 各列或者各行的标准方差向量。std 函数的调用格式为：

```
(1) d = std(X)              % 求向量 X 的标准方差
(2) D = std(A,flag,dim)
```

其中,当 dim 为 1 时,求矩阵 A 的各列元素的标准方差;当 dim 为 2 时,则求矩阵 A 的各行元素的标准方差。当 flag 为 0 时,按公式 D_1 计算标准方差;当 flag 为 1 时,按 D_2 计算标准方差。默认 flag=0,dim=1。

例如,求一个向量 X 和一个矩阵 A 的标准方差。

程序代码如下:

```
>> X = [1,3,9, - 2,7];
>> d = std(X)                    % 求向量 X 的标准方差
d =
    4.4497
>> A = [1 9 2;7 3 1; - 1 1 3]
A =
     1     9     2
     7     3     1
    -1     1     3
>> D1 = std(A,0,1)               % 按 D1 标准方差公式,求矩阵 A 的列元素标准方差
D1 =
    4.1633    4.1633    1.0000
>> D2 = std(A,0,2)               % 按 D1 标准方差公式,求矩阵 A 的行元素标准方差
D2 =
    4.3589
    3.0551
    2.0000
>> D3 = std(A,1,1)               % 按 D2 标准方差公式,求矩阵 A 的列元素标准方差
D3 =
    3.3993    3.3993    0.8165
>> D4 = std(A,1,2)               % 按 D2 标准方差公式,求矩阵 A 的行元素标准方差
D4 =
    3.5590
    2.4944
    1.6330
```

2. 相关系数

对于两组数据序列 $x_i, y_i (i=1,2,\cdots,N)$,可以用下列式子定义两组数据的相关系数:

$$\rho = \frac{\sum_{i=1}^{N}(x_i - \bar{x})(y_i - \bar{y})}{\sqrt{\sum_{i=1}^{N}(x_i - \bar{x})^2 \sum_{i=1}^{N}(y_i - \bar{y})^2}} \tag{5-8}$$

其中,

$$\bar{x} = \frac{1}{N}\sum_{i=1}^{N}x_i, \quad \bar{y} = \frac{1}{N}\sum_{i=1}^{N}y_i \tag{5-9}$$

在 MATLAB 中,可以用 corrcoef 函数计算数据的相关系数。corrcoef 函数的调用格式为:

```
(1) R = corrcoef(X,Y)           % 返回相关系数,其中 X 和 Y 是长度相等的向量
(2) R = corrcoef(A)             % 返回矩阵 A 的每列之间计算相关系数形成的相关系数矩阵
```

例如,求两个向量 X 和 Y 的相关系数,并求正态分布随机矩阵 A 的均值、标准方差和相关系数。

程序代码如下:

```
>> X = [1,3,9, - 2,7];
>> Y = [2,3,7,0,6];
>> r = corrcoef(X,Y)              %求 X 和 Y 向量的相关系数
r =
      1.0000      0.9985
      0.9985      1.0000
>> A = randn(1000,3);             %产生一个均值为 0,方差为 1 的正态分布随机矩阵
>> y = mean(A)                    %计算矩阵 A 的列均值
y =
      0.0253      0.0042      0.0427
>> D = std(A)                     %计算矩阵 A 的列标准方差
D =
      0.9902      0.9919      1.0014
>> R = corrcoef(A)                %计算 A 矩阵列的相关系数
R =
      1.0000      0.0023    - 0.0028
      0.0023      1.0000      0.0454
    - 0.0028      0.0454      1.0000
```

由上述结果可知,每列的均值接近 0,每列的标准方差接近 1,验证了 A 为标准正态分布随机矩阵。

5.5　数值计算

数值计算是指利用计算机求解数学问题(比如,函数的零点、极值、积分和微分以及微分方程)近似解的方法。常用的数值分析有求函数的最小值、求过零点、数值微分、数值积分和解微分方程等。

5.5.1　函数极值

数学上利用计算函数的导数来确定函数的最大和最小值点,然而,很多函数很难找到导数为零的点。为此,可以通过数值分析来确定函数的极值点。MATLAB 只有求极小值的函数,没有专门求极大值的函数,因为 $f(x)$ 的极大值问题等价于 $-f(x)$ 的极小值问题。MATLAB 求函数的极小值使用 fminbnd 和 fminsearch 函数。

1. 一元函数的极值

fminbnd 函数可以获得一元函数在给定区间内的最小值,函数调用格式如下:

(1) x = fminbnd(fun,x1,x2)

其中,fun 是函数的句柄或匿名函数;x1 和 x2 是寻找函数最小值的区间范围为 x1 < x < x2;x 为在给定区间内,极值所在的横坐标。

(2) [x,y] = fminbnd(fun,x1,x2)

其中,y 为求得的函数极值点处的函数值。

微课视频

【例 5-16】 已知 $y = e^{-0.2x}\sin(x)$,在 $0 \leqslant x \leqslant 5\pi$ 区间内,使用 fminbnd 函数获取 y 函数的极小值。

在文件编辑窗口编写命令文件,保存为 exam_5_16.m 脚本文件。程序代码如下:

```
clear
x1 = 0;x2 = 5 * pi;
fun = @(x)(exp( - 0.2 * x) * sin(x));          % 创建函数句柄
[x,y1] = fminbnd(fun,x1,x2)                     % 计算句柄函数的极小值
x = 0:0.1:5 * pi;
y = exp( - 0.2 * x). * sin(x);
plot(x,y)
grid on
```

程序运行结果如下,图 5-7 是函数在区间[0,5π]的函数曲线图。

```
>> exam_5_16
x =
     4.5150
y1 =
    - 0.3975
```

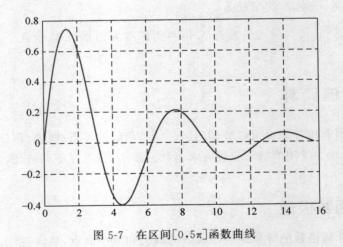

图 5-7   在区间[0,5π]函数曲线

由图 5-7 可知,函数在 $x = 4.5$ 附近出现极小值点,极小值约为 -0.4,验证了用极小值 fminbnd 函数求的极小值点和极小值是正确的。

2. 多元函数的极值

fminsearch 函数可以获得多元函数的最小值,使用该函数时需要指定开始的初始值,获得初始值附近的局部最小值。该函数调用格式如下:

```
(1) x = fminsearch(fun, x0)
(2) [x,y] = fminsearch(fun, x0)
```

其中,fun 是多元函数的句柄或匿名函数;x0 是给定的初始值;x 是最小值的取值点;y 是返回的最小值,可以省略。

【例 5-17】 使用 fminsearch 函数获取 $f(x,y)$ 二元函数在初始值 (0, 0) 附近的极小值,已知 $f(x,y)=100(y-x^2)^2+(1-x)^2$。

在文件编辑窗口编写命令文件,保存为 exam_5_17.m 脚本文件。程序代码如下:

微课视频

```
clear
fun = @(x)(100 * (x(2) - x(1)^2)^2 + (1 - x(1))^2);      % 创建句柄函数
x0 = [0,0];
[x,y1] = fminsearch(fun,x0)                             % 计算局部函数的极小值
```

程序运行结果如下:

```
>> exam_5_17
x =
    1.0000    1.0000
y1 =
    3.6862e - 10
```

由结果可知,由函数 fminsearch 计算出局部最小值点是 [1, 1],最小值为 $y1=3.6862e-10$,和理论上是一致的。

5.5.2　函数零点

一元函数 $f(x)$ 过零点的求解相当于求解 $f(x)=0$ 方程的根,MATLAB 可以用 fzero 函数实现,使用该函数时需要指定一个初始值,在初始值附近查找函数值变号时的过零点,也可以根据指定区间来求过零点。该函数的调用格式为:

```
(1) x = fzero(fun, x0)
(2) [x,y] = fzero(fun, x0)
```

其中,x 为过零点的位置,如果找不到,则返回 NaN;y 是指函数在零点处函数的值;fun 是函数句柄或匿名函数;x0 是一个初始值或初始值区间。

需要指出,fzero 函数只能返回一个局部零点,不能找出所有的零点,因此需要设定零点的范围。

【例 5-18】 使用 fzero 函数求 $f(x)=x^2-5x+4$ 分别在初始值 $x0=0,x0=5$ 附近的过零点,并求出过零点函数的值。

在文件编辑窗口编写命令文件,保存为 exam_5_18m 脚本文件。程序代码如下:

微课视频

```
clear
fun = @(x)(x^2 - 5 * x + 4);              % 创建句柄函数
x0 = 0;
[x,y1] = fzero(fun,x0)                    % 求初始值 x0 为 0 附近,函数的过零点
x0 = 5;
[x,y1] = fzero(fun,x0)                    % 求初始值 x0 为 5 附近,函数的过零点
x0 = [0,3];
[x,y1] = fzero(fun,x0)                    % 求初始值 x0 区间内,函数的过零点
```

程序运行结果如下:

```
>> exam_5_18
x =
```

```
        1
y1 =
        0
x =
     4.0000
y1 =
    - 3.5527e - 15
x =
        1
y1 =
        0
```

由结果可知,用 fzero 函数可以求在初始值 x0 附近的函数过零点。不同的零点,需要设置不同的初始值 x0。

5.5.3　数值差分

任意函数 $f(x)$ 在 x 点的前向差分定义为

$$\Delta f(x) = f(x + h) - f(x) \tag{5-10}$$

称 $\Delta f(x)$ 为函数 $f(x)$ 在 x 点处以 $h(h > 0)$ 为步长的向前差分。

在 MATLAB 中,没有直接求数值导数的函数,只有计算前向差分的函数 diff,其调用格式为:

(1) D = diff(X)　　　　% 计算向量 X 的向前差分,即 D = X(i + 1) - X(i), i = 1, 2, …n - 1
(2) D = diff(X, n)　　　% 计算向量 X 的 n 阶向前差分。即 diff(X, n) = diff(diff(X, n - 1))
(3) D = diff(A, n, dim)　% 计算矩阵 A 的 n 阶差分。当 dim = 1(默认),按行计算矩阵 A 的差分;
　　　　　　　　　　　　% 当 dim = 2,按列计算矩阵的差分

例如,已知矩阵 $A = \begin{bmatrix} 1 & 6 & 3 \\ 6 & 2 & 4 \\ 5 & 8 & 1 \end{bmatrix}$,分别求矩阵 A 行和列的一阶和二阶前向差分。

```
>> A = [1 6 3;6 2 4;5 8 1]
A =
     1     6     3
     6     2     4
     5     8     1
>> D = diff(A,1,1)
D =
     5    -4     1
    -1     6    -3
>> D = diff(A,1,2)
D =
     5    -3
    -4     2
     3    -7
>> D = diff(A,2,1)
D =
    -6    10    -4
>> D = diff(A,2,2)
```

```
D =
   - 8
     6
   - 10
```

5.5.4　数值积分

数值积分是研究定积分的数值求解的方法。MATLAB 提供了很多种求数值积分的函数，主要包括一重积分和二重积分两类函数。

1.　一重数值积分

MATLAB 提供了 quad 函数和 quadl 函数求一重定积分。调用格式为：

(1) q = quad(fun, a, b, tol, trace)

它是一种采用自适应的 Simpson 方法的一重数值积分，其中 fun 为被积函数，是函数句柄；a 和 b 为定积分的下限和上限；tol 为绝对误差容限值，默认是 10^{-6}；trace 控制是否展现积分过程，当 trace 取非 0 时，则展现积分过程，默认取 0。

(2) q = quadl(fun, a, b, tol, trace)

它是一种采用自适应的 Lobatto 方法的一重数值积分，参数定义和 quad 一样。

【例 5-19】　分别使用 quad 函数和 quadl 函数求 $q = \int_0^{3\pi} e^{-0.2x} \sin(x) dx$ 的数值积分。

微课视频

在文件编辑窗口编写命令文件，保存为 exam_5_19. m 脚本文件。程序代码如下：

```
clear
fun = @(x)(exp( - 0.2 * x). * sin(x));      % 定义一个函数句柄
a = 0;b = 3 * pi;
q1 = quad(fun,a,b)                          % 自适应 Simpson 方法的数值积分
q2 = quadl(fun,a,b)                         % 自适应 Lobatto 方法的数值积分
q3 = quad(fun,a,b,1e - 3,1)                 % 定义积分精度和显示积分过程
```

程序运行结果如下：

```
>> exam_5_19
q1 =
    1.1075
q2 =
    1.1075
     9     0.0000000000      2.55958120e + 00      1.3793949196
    11     0.0000000000      1.27979060e + 00      0.6053358622
    13     1.2797905993      1.27979060e + 00      0.7742537042
    15     2.5595811986      4.30561556e + 00    - 0.6459997048
    17     2.5595811986      2.15280778e + 00    - 0.3430614927
    19     4.7123889804      2.15280778e + 00    - 0.3052258622
    21     6.8651967622      2.55958120e + 00      0.3762543321
q3 =
    1.1076
```

其中，迭代过程最后一列的和为数值积分 q3 的值。

2. 多重数值积分

MATLAB 提供了 dblquad 函数和 triplequad 函数求二重积分和三重积分。调用格式如下：

(1) q2 = dblquad(fun, xmin, xmax, ymin, ymax, tol)

(2) q3 = triplequad(fun, xmin, xmax, ymin, ymax, zmin, zmax, tol)

函数的参数定义和一重积分一样。

例如，求二重数值积分 $q = \int_0^{3\pi} \int_0^{2\pi} \sin(x)y + x\sin(y)\mathrm{d}x\mathrm{d}y$。

代码如下：

```
>> q = dblquad('sin(x) * y + x * sin(y)',0,2 * pi,0,3 * pi)
q =
   39.4784
```

5.5.5 常微分方程求解

MATLAB 为解常微分方程提供了多种数值求解方法，包括 ode45、ode23、ode113、ode15s、ode23s、ode23t 和 ode23tb 等函数，用得最多的是 4/5 阶龙格-库塔法 ode45 函数。该函数格式如下：

```
[t, y] = ode45(fun, ts, y0, options)
```

其中，fun 是待解微分方程的函数句柄；ts 是自变量范围，可以是范围[t0, tf]，也可以是向量[t0,…,tf]；y0 是初始值，y0 和 y 是具有相同长度的列向量；options 是设定微分方程解法器的参数，可以省略，也可以由 odeset 函数获得。

需要注意，用 ode45 求解时，需要将高阶微分方程 $y^{(n)} = f(t,y,y',\cdots,y^{(n-1)})$，改写为一阶微分方程组，通常解法是，假设 $y_1 = y$，从而 $y_1 = y, y_2 = y', \cdots, y_n = y^{(n-1)}$，于是高阶微分方程可以转换为下述常微分方程组求解：

$$\begin{cases} y'_1 = y_2 \\ y'_2 = y_3 \\ \vdots \\ y'_n = f(t,y,y',\cdots,y^{(n-1)}) \end{cases} \tag{5-11}$$

微课视频

【例 5-20】 已知二阶微分方程 $\dfrac{\mathrm{d}^2 y}{\mathrm{d}t^2} - 3y' + 2y = 1, y(0) = 1, \dfrac{\mathrm{d}y(0)}{\mathrm{d}t} = 0, t \in [0,1]$，试用 ode45 函数解微分方程，作出 $y \sim t$ 的关系曲线图。

(1) 首先把二阶微分方程改写为一阶微分方程组。

令 $y_1 = y, y_2 = y'_1$，则

$$\begin{bmatrix} \dfrac{\mathrm{d}y_1}{\mathrm{d}t} \\ \dfrac{\mathrm{d}y_2}{\mathrm{d}t} \end{bmatrix} = \begin{bmatrix} y_2 \\ 3y_2 - 2y_1 + 1 \end{bmatrix}, \quad \begin{bmatrix} y_1(0) \\ y_2(0) \end{bmatrix} = \begin{bmatrix} 1 \\ 0 \end{bmatrix} \tag{5-12}$$

(2) 在文件编辑窗口编写命令文件，保存为 exam_5_20.m 脚本文件。程序代码如下：

```
clear
t0 = [0,1];                              % 求解的时间区域
y0 = [1;0];                              % 初值条件
[t,y] = ode45(@f05_20,t0,y0);           % 采用 ode45 函数解微分方程
plot(t,y(:,1))
xlabel('t'),ylabel('y')
title('y(t) - t')
grid on
    定义 f05_20 函数文件
function y = f05_20(t,y)
% f05_20 定义微分方程的函数文件
y = [y(2);3 * y(2) - 2 * y(1) + 1];
end
```

程序运行结果如图 5-8 所示。

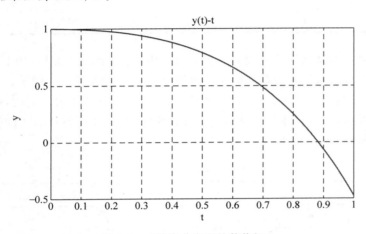

图 5-8　二阶微分方程的数值解

习题

1. 已知多项式 $p_1(x) = x^4 - 3x^3 + 5x + 1$, $p_2(x) = x^3 + 2x^2 - 6$, 求:

(1) $p(x) = p_1(x) + p_2(x)$;

(2) $p(x) = p_1(x) - p_2(x)$;

(3) $p(x) = p_1(x) \times p_2(x)$;

(4) $p(x) = p_1(x) / p_2(x)$。

2. 已知多项式为 $p(x) = x^4 - 2x^2 + 4x - 6$, 分别求 $x = 3$ 和 $\boldsymbol{x} = [0,2,4,6,8]$ 向量的多项式的值。

3. 已知多项式为 $p(x) = x^4 - 2x^2 + 4x - 6$, 试求:

(1) 用 roots 函数求该多项式的根 r;

(2) 用 poly 函数求根为 r 的多项式系数。

4. 已知两个多项式为 $p_1(x) = x^4 - 3x^3 + x + 2$, $p_2(x) = x^3 - 2x^2 + 4$

(1) 求多项式 $p_1(x)$ 的导数;

（2）求两个多项式乘积 $p_1(x) * p_2(x)$ 的导数；

（3）求两个多项式相除 $p_2(x)/p_1(x)$ 的导数。

5. 已知分式表达式为 $f(s) = \dfrac{B(s)}{A(s)} = \dfrac{s+1}{s^2 - 7s + 12}$。

（1）求 $f(s)$ 的部分分式展开式；

（2）将部分分式展开式转换为分式表达式。

6. 某电路元件，测试两端的电压 U 与流过的电流 I 的关系，实测数据见表 5-3 所示。用不同的插值方法（最接近点法、线性法、三次样条法和三次多项式法）计算 $I = 9\mathrm{A}$ 处的电压 U。

表 5-3　实测数据

流过的电流 I/A	0	2	4	6	8	10	12
两端的电压 U/V	0	2	5	8.2	12	16	21

7. 某实验对一幅灰度图像灰度分布做测试。用 i 表示图像的宽度（PPI），j 表示图像的深度（PPI），用 I 表示测得的各点图像颜色的灰度，测量结果如表 5-4 所示。

（1）分别用最近点二维插值、三次样条插值、线性二维插值法求（13，12）点的灰度值；

（2）用三次多项式插值求图像宽度每 1PPI，深度每 1PPI 处各点的灰度值，并用图形显示插值前后图像的灰度分布图。

表 5-4　图像各点颜色灰度测量值

j	i					
	0	5	10	15	20	25
0	130	132	134	133	132	131
5	133	137	141	138	135	133
10	135	138	144	143	137	134
15	132	134	136	135	133	132

8. 用 polyfit 函数实现一个 3 阶和 5 阶多项式在区间 $[0,2]$ 内逼近函数 $f(x) = \mathrm{e}^{-0.5x} + \sin x$，利用绘图的方法，比较拟合的 5 阶多项式、7 阶多项式和 $f(x)$ 的区别。

9. 已知矩阵 $A = \begin{bmatrix} 10 & 4 & 7 \\ 9 & 6 & 2 \\ 3 & 9 & 4 \end{bmatrix}$，试求：

（1）用 max 和 min 函数，求每行和每列的最大和最小元素，并求整个 A 的最大和最小元素；

（2）求矩阵 A 的每行和每列的平均值和中值；

（3）对矩阵 A 做各种排序；

（4）对矩阵 A 的各列和各行求和与求乘积；

（5）求矩阵 A 的行和列的标准方差；

（6）求矩阵 A 列元素的相关系数。

10. 已知 $y = e^{-0.5x} \sin(2*x)$,在 $0 \leqslant x \leqslant \pi$ 区间内,使用 fminbnd 函数获取 y 函数的极小值。

11. 使用 fzero 函数求 $f(x) = x^2 - 8x + 12$ 分别在初始值 $x = 0, x = 7$ 附近的过零点,并求出过零点函数的值。

12. 已知矩阵 $\boldsymbol{A} = \begin{bmatrix} 10 & 4 & 7 \\ 9 & 6 & 2 \\ 3 & 9 & 4 \end{bmatrix}$,分别求矩阵 $\boldsymbol{A}$ 行和列的一阶和二阶前向差分。

13. 分别使用 quad 函数和 quadl 函数求 $q = \int_0^{2\pi} \dfrac{\sin(x)}{x + \cos^2 x} \mathrm{d}x$ 的数值积分。

14. 求二重数值积分 $q = \int_0^{2\pi} \int_0^{2\pi} x\cos(y) + y\sin(x) \mathrm{d}x\,\mathrm{d}y$。

15. 已知二阶微分方程 $\dfrac{\mathrm{d}^2 y}{\mathrm{d}t^2} - 2y' + y = 0, y(0) = 1, \dfrac{\mathrm{d}y(0)}{\mathrm{d}t} = 0, t \in [0, 2]$,试用 ode45 函数解微分方程,作出 $y \sim t$ 的关系曲线图。

16. 洛伦兹(Lorenz)模型的状态方程表示为:

$$\begin{cases} \dfrac{\mathrm{d}x_1(t)}{\mathrm{d}t} = -\beta x_1(t) + x_2(t)x_3(t) \\[2mm] \dfrac{\mathrm{d}x_2(t)}{\mathrm{d}t} = -\delta x_2(t) + \delta x_3(t) \\[2mm] \dfrac{\mathrm{d}x_3(t)}{\mathrm{d}t} = -x_2(t)x_1(t) + \rho x_2(t) - x_3(t) \end{cases}, \quad \begin{cases} x_1(0) = 0 \\ x_2(0) = 0 \\ x_3(0) = 10^{-10} \end{cases}$$

取 $\delta = 10, \rho = 28, \beta = 8/3$,解该微分方程,并绘制出 $x_1(t) \sim t$ 时间曲线和 $x_1(t) \sim x_2(t)$ 相空间曲线。

第 6 章

MATLAB 符号运算

本章要点：

- MATLAB 符号运算的特点；
- MATLAB 符号对象的创建和使用；
- MATLAB 符号多项式函数运算；
- MATLAB 符号微积分运算；
- MATLAB 符号方程求解。

6.1 MATLAB 符号运算的特点

　　MATLAB 语言的符号运算是指基于数学公理和数学定理，采用推理和逻辑演绎的方式对符号表达式进行运算从而获得符号形式的解析结果。在 MATLAB 中，符号常量、符号函数、符号方程和符号表达式等的计算成为符号运算的内容，一方面这些符号运算都严格遵循数学中的各种计算法则、基本的计算公式来进行，另一方面符号运算时可以根据计算精度的实际要求来调整运算符号（数值）的有效长度，从而使符号运算所得的结果具有完全准确的特点，这种完全准确的结果可以解决纯数值计算中误差不断累积的问题。

　　在实际的科研计算和工程计算过程中，取得符号形式的解析结论是有重大意义的。它能完整清晰地给出对结论有影响的诸变量是哪一些，并详尽描述了各变量相互间的定性及定量的关系。相比较数值计算所得的结论，符号解析式结论易于分析和总结，其逻辑清晰，结构完整，作为阶段性的结论又能轻易地移植到比它高一级的知识结构中。同时符号形式的解析结论也是知识成果的传统保存形式之一。但在许多的计算工作中，取得符号形式的解析结论还是有一定的困难的，而不得不采用数值计算的方式来对自然现象和科学实验进行研究和诠释。

　　在进行符号计算时，MATLAB 会调用内置的符号计算工具箱进行运算，然后返回到指令窗口中。从 MATLAB R2008b 开始，符号计算工具箱采用 MuPAD（Multi Processing Algebra Data Tool）软件，其不但具有符号计算的功能，还具有完善的绘图功能。可以输入多个 2-D 函数、极坐标函数或 3-D 函数，选择绘图参数，就可以轻松地完成图形的绘制，此外图形的动画制作也非常方便。MATLAB 的符号计算工具箱功能远不止于推导公式，结合系统的建模和仿真 Simulink 功能模块，在算法开发、数据可视化、数据分析以及数值计算等方面具有广泛的应用空间。

6.2　MATLAB 符号对象的创建和使用

　　MATLAB 符号运算工具箱处理的符号对象主要是符号常量、符号变量、符号表达式以及符号矩阵。符号常量是不含变量的符号表达式。符号变量即由字母(除了 i 与 j)与数字构成,且由字母打头的字符串。任何包含符号对象的表达式或方程,即为符号表达式。任何包含符号对象的矩阵,即为符号矩阵。换言之,任何包含符号对象的表达式、方程或矩阵也一定是符号对象。要实现符号运算,首先需要将处理对象定义为符号变量或符号表达式。

1. 符号对象的创建

　　符号对象的创建可以使用 sym 和 syms 函数来实现。在声明一个符号变量时,二者没有区别,可以互用,但 syms 函数可以同时声明多个变量且还可以直接声明符号函数。

　　1) sym 函数调用格式

```
P = sym(p,flag)              % 由数值 p 创建一个符号常量 P
```

　　当 p 是数值时,sym 函数可以将其转变为一个符号常量 P;为了说明所创建的符号常量 P 所需的计算精度,参数 flag 可以是'f'、'e'、'r'或'd'四种格式;'f'表示符号常量 P 是浮点数,'e'表示给出估计误差,'r'表示有理数,'d'表示采用基数为十的浮点数,其有效长度由 VPA 函数指定;缺省不写则默认为'r' 格式。

　　在 MATLAB 窗口直接输入下列的命令行,示范 sym 函数的使用:

```
>> a1 = sym(sin(pi/3),'d')
% 采用基数为十的浮点数表示,有效长度由 VPA 函数指定,这里是 32 位有效长度
a1 = 0.86602540378443859658830206171842
```

继续输入:

```
>> a2 = sym(sin(pi/3),'f')        % 采用有理分式的浮点数表示
a2 = 3900231685776981/4503599627370496
```

继续输入:

```
>> a3 = sym(sin(pi/3),'e')        % 采用有理数表示,并给出误差估计的有理分式
a3 = 3^(1/2)/2 - (47 * eps)/208
```

继续输入:

```
>> a4 = sym(sin(pi/3),'r')        % 采用有理数表示,不给出误差
a4 = 3^(1/2)/2
```

继续输入:

```
>> a5 = sym(sin(pi/3))            % 缺省则默认采用有理数表示
a5 = 3^(1/2)/2
```

【例 6-1】　举例说明数值常量与符号常量的区别。

在 MATLAB 窗口直接输入下列的命令行:

```
>> a = sin(pi/3) ;                % 创建了一个数值常量 a
```

微课视频

```
>> a1 = sym(sin(pi/3),'d') ;          % 创建了一个符号常量 a1
>> vpa(a - a1)                         % 采用两者之差来说明区别
ans = 0.000000000000000050175421109034516183471368839563
   % ans 显示了 a 与 a1 的差值，并以 32 位有效长度的数字加以表示
```

2）声明符号变量（集）、创建符号表达式以及符号矩阵

先使用 sym 和 syms 函数来声明符号变量或符号变量集，再使用已定义符号变量去构造需表达的符号表达式以及符号矩阵。

通过输入以下的命令行进行举例：

```
>> syms a b c x                        % 声明一个符号变量集
>> f1 = a * x^2 + b * x + c            % 创建符号表达式
f1 = a * x^2 + b * x + c
```

继续输入：

```
>> syms a b c x
>> A = [a * x^2 b * c;a * sqrt(x) b + c]   % 创建符号矩阵
A =
[       a * x^2,    b * c]
[ a * x^(1/2), b + c]
```

2. 自由符号变量

在符号表达式 $f1 = ax^2 + bx + c$ 中，式子等号右边共有 4 个符号，其中 x 被习惯认为是自变量，其他被认为是已知的符号常量。在 MATLAB 中 x 被称为自由符号变量，其他已知的符号常量被认为是符号参数，解题时是围绕自由符号变量进行的。得到的结果通常是"用符号参数构成的表达式表述自由符号变量"，解题时，自由符号变量也可以人为指定，也可以由软件默认地自动认定。

1）自由符号变量的确定

符号表达式中的多个符号变量，系统按以下原则来选择自由符号变量：

首选自由符号变量是 x，倘若表达式中不存在 x，则与 x 的 ASCII 值之差的绝对值小的字母优先；差绝对值相同时，ASCII 码值大的字母优先。例如：

识别自由符号变量时，字母的优先顺序为：x, y, w, z, v 等。

规定大写字母比所有的小写字母都靠后，例如：

在符号表达式 $ax^2 + bx^2$ 中，自由符号变量的顺序为 x、b、a、X。

此外字母 pi、i 和 j 等不能作为自由符号变量。

2）列出符号表达式中的符号变量

```
symvar(S)               % 列出表达式 S 中所有的符号变量(排列的顺序是按字母表的顺序)
symvar(S ,n)            % 列出离'x'最近(按字母表的顺序)的 n 个符号变量(包括默认的自变量)
```

通过输入以下的命令行进行举例：

```
>> syms a b c x
>> f1 = a * x^2 + b * x + c
>> symvar(f1)           % 列出表达 f1 中的所有的符号变量
ans =
```

[a, b, c, x]

继续输入：

```
>> symvar(f1,3)          % 按优先次序列出表达式中 3 个自由符号变量
ans =
[ b, c, x]
```

上述 symvar 函数还可列出整个符号矩阵中的自由符号变量：

```
>> A = [a * x^2 b * c;a * sqrt(x) b + c];
>> symvar(A)             % 列出矩阵 A 中的所有的符号变量
ans =
[ a, b, c, x]
```

继续输入：

```
>> symvar(A,3)           % 按优先次序列出矩阵 A 中 3 个自由符号变量
ans =
[ b, c, x]
```

3. 基本的符号运算

MATLAB 中基本的符号运算范围及所采用的运算符号与数值运算没有大的差异,涉及的运算函数也几乎与数值计算中的情况完全一样,简介如下。

1）算术运算

加、减、乘、左除、右除、乘方：＋、－、＊、\、/、^。

点乘、点左除、点右除、点乘方：.＊、.\、./、.^。

共轭转置、转置：′、.′。

2）关系运算

相等运算符号：＝＝。

不等运算符号：～＝。

符号关系运算仅有以上两种。

3）三角函数、双曲函数和相应的反函数

三角函数：sin、cos 和 tan 等。

双曲函数：sinh、cosh 和 tanh 等。

4）三角函数、双曲函数的反函数

反三角函数：asin、acos 和 atan 等。

反双曲函数：asinh、acosh 和 atanh 等。

5）复数函数

求复数的共轭：conj。

求复数的实部：real。

求复数的虚部：imag。

求复数的模：abs。

求复数的相角：angle。

6）矩阵函数

求矩阵对角元素：diag。

求矩阵的上三角矩阵：triu。

求矩阵的下三角矩阵：tril。

求矩阵的逆：inv。

求矩阵的行列式：det。

求矩阵的秩：rank。

求矩阵的特征多项式：poly。

求矩阵的指数函数：expm。

求矩阵的特征值和特征向量：eig。

求矩阵的奇异值分解：svd。

通过输入以下的命令行进行举例说明：

```
>> syms a b c
>> B = [a b;c 0];
>> C = inv(B)           % 求矩阵 B 的逆
C =
[    0,       1/c]
[ 1/b, - a/(b * c)]
```

微课视频

【例 6-2】 举例说明数值量与符号对象的混合运算。

通过输入以下的命令行继续举例：

```
>> D = [1 2;3 4]        % 定义一个数值矩阵 D
D =
    1     2
    3     4
```

继续输入：

```
>> C + D                % 数值矩阵 D 与符号矩阵 C 直接相加
ans =
[       1,     1/c + 2]
[ 1/b + 3, 4 - a/(b * c)]
```

继续输入：

```
>> C * D                % 数值矩阵 D 与符号矩阵 C 直接相乘
ans =
[                3/c,              4/c]
[ 1/b - (3 * a)/(b * c), 2/b - (4 * a)/(b * c)]
```

4. 符号对象的识别与精度转换

在 MATLAB 中，函数指令繁杂多样，数据对象种类亦有多种。有的函数指令适用于多种数据对象，但也有一些函数指令仅适用某一种数据对象。在数值计算与符号计算混合使用的情况下，常常遇到由于指令和数据对象不匹配而出错的情况。因而在 MATLAB 中提供了数据对象识别与转换的函数指令。

1）识别数据对象属性

```
class(var)                        % 给出变量 var 的数据类型
isa(var, 'Obj')                   % 若变量是 Obj 代表的类别,给出 1 表示真
whos                              % 给出所有 MATLAB 内存变量的属性
```

通过输入以下的命令行进行举例说明：

```
>> class(D)                       % 识别矩阵 D 的数据类型
ans =
    'double'
```

继续输入：

```
>> class(C)                       % 识别矩阵 C 的数据类型
ans =
    'sym'
```

继续输入：

```
>> class(C + D)                   % 识别矩阵 C + D 之后的数据类型
ans =
    'sym'
```

继续输入：

```
>> isa(C + D,'sym')               % 询问 C + D 之后的数据类型是否为符号型
ans =
  logical
    1                             % 结果为 1 表明 C + D 之后的数据类型是符号型
```

【例 6-3】　举例说明如何观察内存变量类型及其他属性。

通过输入以下的命令行进行举例说明：

微课视频

```
>> clear                         % 清除工作区中的内存变量
>> a = 1;b = 2;c = 3;d = 4;
>> Mn = [a,b;c,d];
>> Mc = '[a,b;c,d]';
>> Ms = sym(Mn);
>> whos Mn Mc Ms                 % 显示出变量 Mn Mc Ms 的大小、空间及类型属性
```

Name	Size	Bytes	Class	Attributes
Mc	1x9	18	char	
Mn	2x2	32	double	
Ms	2x2	8	sym	

2）符号对象数值计算的精度转换

符号对象的数值计算需要考虑运行速度和内存空间的占用。符号对象的数值计算可以采用系统默认的数值精度,亦可以根据计算需求设置任意的有效精度。要了解当前系统默认的数值精度和设置目前所需求的有效精度,可采用如下的函数指令：

```
>> digits        % 显示系统数值计算精度,以十进制浮点的有效数字位数表示
Digits = 32
```

或输入：

```
>> digits(16)          % 设定系统数值计算精度,有效数字位数被设定为 16 位
>> digits
Digits = 16
```

对于某个符号对象,可以根据计算需求取得 digits 所指定的系统数值计算精度,也可以个别的设定某个具体的符号对象的数值计算精度。请参见如下的函数指令：

```
>> fs = vpa(sin(2) + sqrt(2))      % 将式 sin(2) + sqrt(2)转换为符号常量 fs,精度为 16 位
fs = 2.323510989198777
```

或输入：

```
>> gs = vpa(sin(2) + sqrt(2),8)    % 将式 sin(2) + sqrt(2)转换为符号常量 gs,精度设为 8 位
gs = 2.323511
```

前面介绍了由数值表达式转换为符号常量的函数指令,但有时需要将符号对象转换为双精度数值对象,MATLAB 采用如下的函数指令来转换：

```
num = double(s)                    % 将符号对象 s 转换为双精度数值对象 num
>> n = double(gs)                  % 将上面的符号对象 gs 转换为双精度数值对象 n
2.3235
```

由这个例子可以看出双精度数值对象运算速度最快,占用内存最少,但转换后得到的结果并不精确。双精度数值对象往往不能满足科学研究和工程计算的需要,则可以使用 sym 函数指令将其转换为有理数类型。

微课视频

【例 6-4】 举例说明一数值表达式在双精度数值、有理数和任意精度数值等不同数值类型下的具体数字。

通过输入以下命令行进行举例说明：

```
>> clear
>> reset(symengine)                % 重置 MATLAB 内部的 MuPAD 符号运算引擎
>> sa = sym(sin(3) + sqrt(3),'d')  % 将数值式 sin(3) + sqrt(3)转换为符号常量 sa
sa = 1.8731708156287443234333522923407   % 符号常量 sa 精度为十进制 32 位
```

继续输入：

```
>> a = sin(3) + sqrt(3)            % 将数值式 sin(3) + sqrt(3)赋值给双精度变量 a
a = 1.8732
>> format long
>> a = sin(3) + sqrt(3)            % 将 sin(3) + sqrt(3)赋值给长格式双精度变量 a
a = 1.873170815628744
```

继续输入：

```
>> digits(48)
>> a = sin(3) + sqrt(3)
a = 1.873170815628744              % 采用 48 位系统精度后,长格式变量 a 值不变
```

继续输入：

```
>> sa48 = vpa(sin(3) + sqrt(3))          % 将式 sin(3) + sqrt(3)转换为 sa48,精度设为 48 位
sa48 =
1.8731708156287443234333522923407144845320129395
```

6.3　符号多项式函数运算

6.3.1　多项式函数的符号表达形式及相互转换

多项式依运算的要求不同,有时需要整理并给出合并同类项后的表达形式,而有时又需要分解因式或将多项式展开,不一而足,均为常见的多项式运算操作。针对多项式运算操作 MATLAB 提供了多种形式的多项式表达方法。

1. 多项式展开和整理

1）多项式的展开

采用以下的函数指令可以将多项式展开为乘积项和的形式。

```
g = expand( f )                          % 将多项式展开成乘积项和的形式
```

通过输入以下的命令行进行举例说明:

```
>> syms x y a b c
>> f1 = (x - a) * (x - b) * (x - c) ;
>> f2 = sin(x + y) ;
>> f3 = a * sin(x + b) + c * sin(x + a) ;
>> g1 = expand(f1)                       % 将多项式 f1 展开
g1 =
x^3 - b*x^2 - c*x^2 - a*x^2 - a*b*c + a*b*x + a*c*x + b*c*x
```

继续输入:

```
>> g2 = expand(f2)                       % 将多项式 f2 展开
g2 =
cos(x) * sin(y) + cos(y) * sin(x)
```

继续输入:

```
>> g3 = expand(f3)                       % 将多项式 f3 展开
g3 =
a * cos(b) * sin(x) + a * sin(b) * cos(x) + c * cos(a) * sin(x) + c * sin(a) * cos(x)
```

2）多项式的整理

多项式的书写习惯是按照升幂或降幂的规则来完成,否则需要加以整理。上面的 g1 式子并不符合人们的书写习惯,可以使用下列函数指令加以整理。

```
h = collect(g)                           % 按照默认的变量整理表达式 g,g 可以是符号矩阵
h = collect(g,v)                         % 按照指定的变量或表达式 v 整理表达式 g
```

通过输入以下的命令行进行举例说明:

```
>> h1 = collect(g1)                      % 按照变量 x 整理表达式 g1
h1 =
```

```
x^3 + ( - a - b - c) * x^2 + (a*b + a*c + b*c) * x - a*b*c
```

继续输入：

```
>> h2 = collect(g2,cos(x))            % 按照指定的表达式 cos(x)整理表达式 g2
h2 =
sin(y) * cos(x) + cos(y) * sin(x)
```

继续输入：

```
>> h3 = collect(g2,cos(y))            % 按照指定的表达式 cos(y)整理表达式 g2
h3 =
sin(x) * cos(y) + cos(x) * sin(y)
```

继续输入：

```
>>  h4 = collect(g3,cos(x))           % 按照指定的表达式 cos(x)整理表达式 g3
h4 =
(a * sin(b) + c * sin(a)) * cos(x) + a * cos(b) * sin(x) + c * cos(a) * sin(x)
```

表达式 h1、h2、h3 和 h4 还可以进一步整理，加以美化，使其更加符合人们的书写习惯，有助于人们对表达式的解读，但美化之后的式子已非 MATLAB 所认可的符号表达式。

继续输入以下的命令行进行举例说明：

```
>> pretty(h1)                         % 对符号表达式加以美化，注意式中指数的位置
3                      2
x  + ( - a - b - c) x  + (ab + ac + bc) x - a b c
```

继续输入：

```
>> pretty(h2)
sin(x) cos(y) + cos(x) sin(y)
```

继续输入：

```
>> pretty(h4)
(a sin(b) + c sin(a)) cos(x) + a cos(b) sin(x) + c cos(a) sin(x)
```

2. 多项式因式分解与转换成嵌套形式

1）多项式的因式分解

把一个多项式在一定范围内转换为几个整式的积的形式，这种变形叫作因式分解，也称为分解因式。MATLAB 所提供的因式分解函数指令格式为：

```
p = factor(f)                         % 将符号对象 f 进行因式分解
```

输入以下的命令行进行举例说明：

```
>> syms x y a b c                     % 声明一个符号变量集
>> f1 = x^2 - 3 * x + 2;              % 定义符号表达式 f1
>> h1 = factor(f1)                    % 将 f1 进行因式分解
h1 =
[ x - 1, x - 2]
```

继续输入：

```
>> f2 = x^2 - 7 * x + 7;
>> h2 = factor(f2)
h2 =
x^2 - 7 * x + 7                    % f2 无法进行进一步的因式分解
```

继续输入：

```
>> f3 = (x + y)^2 - 10 * (x + y) + 25;
>> h3 = factor(f3)
h3 =
[ x + y - 5, x + y - 5]           % f3 对(x + y)所做的因式分解
```

继续输入：

```
>> f4 = a * x^2 + b * x + c;
>> h4 = factor(f4)
h4 =
a * x^2 + b * x + c               % 不支持对全符号的表达式 f4 进行因式分解
>> factor(120)                    % 对 120 进行质因数分解
ans =
     2     2     2     3     5
```

对于类似于全符号表达式 f4 的因式分解，可以采用另一种的思路加以求解。构造一个 f4＝0 方程式，再用 MATLAB 所提供的函数指令 solve 求出其根，再写出其乘积的形式。此外，函数指令 factor(f)还可以对一个数，例如 120，进行质因数分解。

2) 多项式转换成嵌套形式

在编制多项式计算程序时，若知道多项式的嵌套形式，那么便可以采用一种迭代的算法来完成多项式的计算。MATLAB 所提供的多项式转换成嵌套形式函数指令格式为：

```
g = horner(f)                     % 将多项式 f 转换成嵌套形式 g
```

输入以下的命令行进行举例说明：

```
>> syms x y z a b c
>> f1 = 2 * x^6 - 5 * x^5 + 3 * x^4 + x^3 - 7 * x^2 + 7 * x - 20;
>> g1 = horner(f1)                % 将一维多项式 f1 转换成嵌套形式 g1
g1 =
x * (x * (x * (x * (x * (2 * x - 5) + 3) + 1) - 7) + 7) - 20
```

继续输入：

```
>> f2 = 3 * x^5 + 4 * x^4 * y + 2 * x^3 * y^2 - x * y^4 - y^5 + 9;
>> g2 = horner(f2)                % 将二维多项式 f2 转换成嵌套形式 g2
g2 =
x * (x^2 * (2 * y^2 + x * (3 * x + 4 * y)) - y^4) - y^5 + 9
```

继续输入：

```
>> f3 = (2 + 2j) * z^3 + (1 + j) * z^2 + (2 + j) * z + (2 + j);
>> g3 = horner(f3)                % 将复数多项式 f3 转换成嵌套形式 g3
```

```
g3 =
z * (z * (z * (2 + 2i) + 1 + 1i) + 2 + 1i) + 2 + 1i
```

3. 多项式的因式代入替换与多项式的数值代入替换

在符号运算中,有符号因式(或称子表达式)会多次出现在不同的地方,为了使总表达式简洁易读,MATLAB 提供了如下指令用以多项式的符号因式代入替换。此外,符号形式的多项式已经得到,需要代入具体的数值进行计算,MATLAB 亦提供了相应的指令。

1) 多项式的符号因式代入替换

MATLAB 所提供的多项式因式代入替换的函数指令格式为:

```
DW = subexpr(D,'W')                    % 从 D 中自动提取公因子 w,并重写 D 为 DW
```

输入以下的命令行进行举例说明:

```
>> syms a b c d
>> A = [a b;c d];
[V,D] = eig(A)                         % 为了说明因式代入替换,求 A 的特征值及向量
V =
[ (a/2 + d/2 - (a^2 - 2*a*d + d^2 + 4*b*c)^(1/2)/2)/c - d/c,
(a/2 + d/2 + (a^2 - 2*a*d + d^2 + 4*b*c)^(1/2)/2)/c - d/c]
[                                                         1,
                                                           1]
D =
[ a/2 + d/2 - (a^2 - 2*a*d + d^2 + 4*b*c)^(1/2)/2,
                                                 0]
[                                               0,
a/2 + d/2 + (a^2 - 2*a*d + d^2 + 4*b*c)^(1/2)/2]
```

继续输入:

```
>> DW = subexpr(D,'W')                 % 从 D 中自动提取公因子 W,并重写 D 为 DW
W =
(a^2 - 2*a*d + d^2 + 4*b*c)^(1/2)
DW =
[ a/2 - W/2 + d/2,              0]
[              0, W/2 + a/2 + d/2]
```

继续输入:

```
>> VW = subexpr(V,'W')                 % 从 V 中自动提取公因子 W,并重写 V 为 VW
W =
(a^2 - 2*a*d + d^2 + 4*b*c)^(1/2)
VW =
[ (a/2 - W/2 + d/2)/c - d/c, (W/2 + a/2 + d/2)/c - d/c]
[                        1,                        1]
```

2) 多项式的数值代入替换

MATLAB 所提供的数值代入替换的函数指令格式如下,需要说明的是,subs 函数指令不但可以将数值代入多项式中,也可以将符号代入多项式中。在工程计算中,subs 函数指令还可用来化简结果。

```
SR = subs(S, new)            % 用 new 代入替换 S 中的自由变量后得 SR
SR = subs(S, old, new)       % 用 new 代入替换 S 中的 old 后得 SR
```

输入以下的命令行进行举例说明：

```
>> syms a b x y
>> f1 = a + b * cos(x)
f1 =
a + b * cos(x)
>> fr1 = subs(f1, cos(x), log(y))    % 用 log(y) 代入替换 f1 中的 cos(x) 后得 fr1
fr1 =
a + b * log(y)
```

继续输入：

```
>> fr2 = subs(f1, {a, b, x}, {2, 3, pi/5})    % 用 {2, 3, pi/5} 代入替换 f1 中的 {a, b, x} 后得 fr2
fr2 =
(3 * 5^(1/2))/4  +  11/4
```

继续输入：

```
>> fr3 = subs((3 * 5^(1/2))/4 + 11/4)    % 用 subs 将 fr2 计算化简为一个数值表达式 fr3
fr3 =
4984416289487807/1125899906842624
```

继续输入：

```
>> fr3 = 4984416289487807/1125899906842624
fr3 =
    4.4271                   % 依工程计算要求, fr3 最终化简为一个双精度数
```

【例 6-5】 试计算正弦函数 $f = a\sin(\omega t + \varphi)$ 在 12s 处的值，其中 a、ω、φ 为已知量。
输入以下的命令行进行计算：

微课视频

```
>> syms t a w fai
>> f = a * sin(w * t + fai);
f =
a * sin(fai + t * w)
>> f12 = subs(subs(f, {a, w, fai}, {10, 100 * pi, pi/4}), t, 12)
f12 =
5 * 2^(1/2)                  % 用 subs 分两步将 f12 计算出来
```

继续输入：

```
>> 5 * 2^(1/2)
ans = 7.0711                 % 依工程计算要求, f12 最终须简化为一个数
```

6.3.2　符号多项式的向量表示形式及其计算

1. 以向量形式输入多项式

对于诸如 $f = a_n x^n + a_{n-1} x^{n-1} + \cdots + a_0$ 形式的一元多项式（已整理为降幂的标准形式），MATLAB 提供了系数行向量 $[a_n\ a_{n-1}\ \cdots\ a_0]$ 的表达方式，其等同于输入了多项式 f，相

比于符号的表达形式,则多项式向量的输入更为简洁。

输入以下的命令行进行举例说明:

```
>> syms x a b c
>> m = a * x^2 + b * x + c;              % 以符号方式输入一个一元多项式 m
>> n = [a b c]
n =
[ a, b, c]                               % 输入系数向量用来代表一个一元多项式 n
```

继续输入:

```
>> roots(m)                              % 求一元方程式 m = 0 的符号解(根)
ans =
Empty sym: 0 - by - 1                    % 提示符号为空,不支持以符号方式输入 m
```

继续输入:

```
>> roots(n)                              % 求一元方程式 n = 0 的符号解(根)
ans =
 - (b + (b^2 - 4 * a * c)^(1/2))/(2 * a)
 - (b - (b^2 - 4 * a * c)^(1/2))/(2 * a)  % 求解完成
```

继续输入:

```
>> p = [1 2 3 4]                         % 求一元方程项式 p = 0 的数值解(根)
>> roots(p)
ans =
 - 1.6506 + 0.0000i
 - 0.1747 + 1.5469i
 - 0.1747 - 1.5469i
```

2. 将系数向量形式写成字符串形式的多项式

接着上面继续输入:

```
>> f = poly2str(p, 'x')                  % 依照系数向量 p 写出 x 为变元的多项式
f =
   ' x^3 + 2 x^2 + 3 x + 4'
```

但要注意的是,式 f 此时不是 MATLAB 所认可的符号表达式,而是一个字符串。

6.3.3 反函数和复合函数求解

1. 反函数的求解

在工程中的许多应用场景下,人们需要知道一个已知函数的反函数。对于单值函数的反函数,其函数值及函数图形都易于理解和掌握,多值函数的反函数则需要先定义一个主值范围,而后再对主值外的函数值加以讨论。

1) 单自变量函数求反函数的指令

格式如下:

```
g = finverse(f)                          % 对原函数 f 的默认变量求反函数 g
```

输入以下的命令行进行举例说明：

```
>> syms x
>> f1 = 2 * x^2 + 3 * x++1
>> g1 = finverse(f1)
g1 =
(8 * x + 1)^(1/2)/4 - 3/4
```

输入以下的命令行进行举例说明：

```
>> syms a b x
>> f = a/x^2 + b * cos(x);
>> g = finverse(f)
警告: Unable to find functional inverse.
> In symengine
  In sym/privBinaryOp (line 1030)
  In sym/finverse (line 40)
g =
Empty sym: 0 - by - 1
```

函数 g 并没有给出一个确定形式的符号解，仅做了一个提示，对于这种情况要么寻求其他的办法求符号解，要么就考虑数值方法求解。

2）多自变量函数求反函数的指令

格式如下：

```
g = finverse(f,v)                    % 对原函数 f 的指定变量 v 求反函数 g
```

输入以下的命令行进行举例说明：

```
>> syms t x a b
>> f1 = b * exp( - t + a * x);
>> g1 = finverse(f1,t)               % 对原函数 f1 的指定变量 t 求反函数 g1
g1 =
a * x - log(t/b)
```

继续输入：

```
>> g2 = finverse(f1)                 % 对原函数 f1 的默认变量 x 求反函数 g2
g2 =
(t + log(x/b))/a
```

2. 求复合函数

复合函数的概念在各种应用环境下都被广泛使用。MATLAB 软件中也提供了求复合函数的指令，因函数复合的法则及其变量代入位置的不同，存在如下各种格式：

1）f(g(y))形式的复合函数

```
k1 = compose(f,g)                    % 复合法则是 g(y)代入 f(x)中 x 所在的位置
k2 = compose(f,g,t)                  % g(y)代入 f(x)中 x 所在的位置,变量 t 再代替 y
```

输入以下的命令行进行举例说明：

```
>> syms x y z t u
```

```
>> f = x * exp( - t) ;
>> g = sin(y) ;
>> k1 = compose(f,g)
k1 =
exp( - t) * sin(y)
```

继续输入：

```
>> k2 = compose(f,g,t)
k2 =
exp( - t) * sin(t)
```

2）h(g(z))形式的复合函数

```
k3 = compose(h,g,x,z)          % 生成 h(g(z))形式的复合函数,g(z)代入 x 所在的位置
k4 = compose(h,g,t,z)          % 生成 h(g(z))形式的复合函数,g(z)代入 t 所在的位置
```

输入以下的命令行进行举例说明：

```
>> h = x^ - t;
>> p = exp( - y/u);
>> k3 = compose(h,g,x,z)
k3 =
1/sin(z)^t
```

继续输入：

```
>> k4 = compose(h,g,t,z)
k4 =
1/x^ sin(z)
```

3）h(p(z))形式的复合函数

```
k5 = compose(h,p,x,y,z)        % p(z)代入 x 位置,z 代入 y 所在的位置
k6 = compose(h,p,t,u,z)        % p(z)代入 t 位置,z 代入 u 所在的位置
```

输入以下的命令行进行举例说明：

```
>> k5 = compose(h,p,x,y,z)
k5 =
1/exp( - z/u)^t
```

继续输入：

```
>> k6 = compose(h,p,t,u,z)
k6 =
1/x^ exp( - y/z)
```

6.4 符号微积分运算

6.4.1 函数的极限和级数运算

MATLAB 具备强大的符号函数微积分运算能力,提供了求函数极限的命令,使用起来十分方便。计算函数在某个点处的极限数值是探讨函数连续性的一种主要的方法,而函数

连续是许多算法的基础。此外,还可以通过导数的极限定义式来求导数,当然在 MATLAB 中可直接用求导数的指令来求取函数的导数。

1. 求函数极限

1) 求函数极限的指令格式

```
limit(f,x,a)              % 相当于数学符号 limf(x)
                                              x→a
limit(f,a)               % 求函数 f 的极限,只是变元为系统默认
limit(f)                 % 求函数 f 的极限,变元为系统默认,a 取 0
limit(f,x,a,'right')     % 求函数 f 的右极限(x 右趋于 a)
limit(f,x,a,'left')      % 求函数 f 的左极限(x 左趋于 a)
```

输入以下的命令行进行举例说明:

```
>> syms x a
>> limit(sin(x)/x)       % 已知 f(x) = sinx/x,求 limf(x)
                                                          x→0
ans =
1
```

继续输入:

```
>> limit((1 + x)^(1/x))    % 已知 f(x) = (1 + x)^(1/x),求 limf(x)
                                                            x→0
ans =
exp(1)
```

继续输入:

```
>> limit(1/x,x,0,'left')   % 已知 f(x) = 1/x,求 lim f(x),左趋于 0⁻
                                                      x→0⁻
ans =
 - Inf
```

继续输入:

```
>>  limit(1/x,x,0,'right')   % 已知 f(x) = 1/x,求 lim f(x),右趋于 0⁺
                                                        x→0⁺
ans =
Inf
```

2) 求复变函数的极限

复变函数 $f(z)$ 的自变量 z 点在复平面上可以采用任意方式趋近于 z_0 点,必须是所有的趋近方式下得到的极限计算值均相同,复变函数 $f(z)$ 的极限才存在。求复变函数 $f(z)$ 的极限通常有两种方法:一种是参量方法;另一种是分别求实部二元函数 $u(x,y)$ 和虚部二元函数 $v(x,y)$ 的极限。下面以参量方法举例。

【例 6-6】 求复变函数 $f(z)=z^2$,z 趋于点 $2+4i$ 时的极限值,已知 z 局限于复平面上一条直线 $y=x+2$ 上运动。

微课视频

欲求 $\lim\limits_{z \to z_0} f(z)$,依题意不妨设 $x=t$,则 $y=t+2$,代入复变函数中可得 $f(t)$,z 趋于点 $2+4i$ 时为 t 趋近于 2,输入以下的命令行对极限值求解:

```
>> syms x y z t
>> x = t;
```

```
>> y = t + 2;
>> z = x + i * y
>> f = z^2
>> limit(f,t,2)
```

程序运行结果：

```
>> exam_6_6
z =
t * (1 + 1i) + 2i
f =
(t * (1 + 1i) + 2i)^2
ans =
 - 12 + 16i
```

因而得 $\lim\limits_{z \to z_0} f(z) = -12 + 16i$

2. 基本的级数运算

1）级数求和

```
symsum(s,x,a,b)                              %计算表达式 s 当 x 从 a 到 b 的级数和
symsum(s,x,[a b]) 或 symsum(s,x,[a;b])       %功能同上
symsum(s,a,b)                                %计算 s 以默认变量从 a 到 b 的级数和
symsum(s)                                    %计算 s 以默认变量 n 从 0 到 n-1 的级数和
```

输入以下的命令行进行举例说明：

```
>> syms n k x
>> symsum(n)
ans =
n^2/2 - n/2
```

继续输入：

```
>> symsum(n,0,k - 1)
ans =
    (k * (k - 1))/2
```

继续输入：

```
>> an = 5^( - n/2);
>> symsum(an,0,k)
ans =
5^(1/2)/4 - (1/5)^(k + 1) * 5^(k/2 + 1/2) * (5^(1/2)/4 + 5/4) + 5/4
```

2）一维函数的泰勒级数展开

```
taylor(f,x,a)               %将函数 f 在 x = a 处展开成 5 阶(默认)泰勒级数
taylor(f,x)                 %将函数 f 在 x = 0 处展开成 5 阶泰勒级数
taylor(f)                   %将函数 f 在默认变量为 0 处展开成 5 阶泰勒级数
```

此外，以上指令格式中还可以添加参数，指定'ExpansionPoint'（扩展点），'Order'（阶数），'OrderMode'（阶的模式）等计算要求，其格式如下：

```
taylor(f,x,a, 'PARAM1',val1,'PARAM2',val2,...)
```

输入以下的命令行进行举例说明：

```
>> syms x y z
>> f = exp( - x);
>> h1 = taylor(f)
h1 =
 - x^5/120 + x^4/24 - x^3/6 + x^2/2 - x + 1
```

继续输入：

```
>> h2 = taylor(f,'order',7)
h2 =
x^6/720 - x^5/120 + x^4/24 - x^3/6 + x^2/2 - x + 1
```

继续输入：

```
>> h3 = taylor(f,'ExpansionPoint',1,'order',3)
h3 =
exp( - 1) - exp( - 1) * (x - 1) + (exp( - 1) * (x - 1)^2)/2
```

MATLAB还可以求二维函数的泰勒级数展开。

6.4.2　符号微分运算

1. 求函数导数的命令

1) 单变量函数求导

```
diff(f,x,n)                          % 计算 f 对变量 x 的 n 阶导数
diff(f,x)                            % 计算 f 对变量 x 的一阶导数
diff(f,n)                            % 计算 f 对默认变量的 n 阶导数
diff(f)                              % 计算 f 对默认变量的一阶导数
```

输入以下的命令行进行举例说明：

```
>> syms x a
>> f = a * x^5;
>> g1 = diff(f)
g1 =
5 * a * x^4
```

继续输入：

```
>> g2 = diff(f,2)
g2 =
20 * a * x^3
```

2) 多元函数求偏导

```
diff(f,x,y)                          % 计算 f 对变量 x 的偏导数,再求对变量 y 的偏导
diff(f,x,y,z)                        % 对 x 求偏导数,再对 y 求偏导,然后再对 z 求偏导
```

输入以下的命令行进行举例说明：

```
>> syms x y z a b c
>> f = sin(a * x^2 + b * y^2 + c * z^2);
>> h1 = diff(f,x)
h1 =
2 * a * x * cos(a * x^2 + b * y^2 + c * z^2)
```

继续输入：

```
>> h2 = diff(f,x,y)
h2 =
- 4 * a * b * x * y * sin(a * x^2 + b * y^2 + c * z^2)
```

继续输入：

```
>> h3 = diff(f,x,y,z)
h3 =
- 8 * a * b * c * x * y * z * cos(a * x^2 + b * y^2 + c * z^2)
```

2. 隐函数求导数

1）求隐函数的一阶导数

由多元复合函数的求导法则可以推导出隐函数 $F(x,y)$ 的一阶导数求解公式为

$$\frac{\mathrm{d}y}{\mathrm{d}x} = -\frac{F_x}{F_y} \tag{6-1}$$

由式（6-1）可知，由隐函数 $F(x,y)$ 所确定的 y 与 x 之间的函数法则，无须做显性化处理就可以求导，但需要隐函数 $F(x,y)$ 对 x、y 的偏导数成立。

输入以下的命令行进行举例说明：

```
>> syms x y a b
>> F1 = x^2 + y^2 - 1;
>> DF1_dx = - diff(F1,x)/diff(F1,y)
DF1_dx =
- x/y
```

继续输入：

```
>> F2 = (x/a)^2 + (y/b)^2 - 1;
>> DF2_dx = - diff(F2,x)/diff(F2,y)
DF2_dx =
- (b^2 * x)/(a^2 * y)
```

2）Jacobian（雅可比）矩阵计算

雅可比矩阵是多元函数（通常为隐函数形式）的一阶偏导数以一定方式排列而成的矩阵。这里提出雅可比矩阵的概念是因其元素均为一阶偏导数，则恰当的元素之比便可应用于隐函数求导数。其格式如下：

```
jacobian(F,v)                    % 格式中 F,v 均为行向量,所得元素(i,j) = ∂Fᵢ/∂vⱼ
```

输入以下的命令行进行举例说明：

```
>> jacobian(F1,[x,y])
ans =
    [ 2 * x, 2 * y]                        % 一步求出 F1_x = 2x, F1_y = 2y
```

继续输入：

```
>> jacobian([F1,F2],[x,y])
ans =
[       2 * x,       2 * y]
[ (2 * x)/a^2, (2 * y)/b^2]                % 一步求出 F1_x, F1_y, F2_x, F2_y
```

3. 离散数据差分计算

diff 函数是用于求连续函数的导数，也可以用于求离散函数的差分。无论是求微分（导数）还是求差分，计算原理类似。差分计算格式如下：

```
diff(X,n,d)                % 当 d = 1 时，对 X 算 n 阶行差分；当 d = 2 时，则算列差分
diff(X,n)                  % 对 X 算 n 阶行差分
diff(X)                    % 对 X 算一阶差分
```

输入以下的命令行进行举例说明：

```
>> V = [1 2 3 5 8 13 21 34 55];
>> diff(V)                            % 前后相邻元素之差
ans =
     1     1     2     3     5     8     13     21
```

继续输入：

```
>> A = [1 2 3 5;8 13 21 34;55 89 144 233]
A =
     1      2      3      5
     8     13     21     34
    55     89    144    233
```

继续输入：

```
>> G1 = diff(A)                   % 前后两行元素之差
G1 =
     7     11     18     29
    47     76    123    199
```

继续输入：

```
>> G2 = diff(A,2)                 % 行元素的二阶差分
G2 =
    40     65    105    170
```

继续输入：

```
>> G3 = diff(A,1,2)               % 前后两列元素之差
G3 =
     1     1     2
     5     8    13
    34    55    89
```

继续输入：

```
>> G4 = diff(A,2,2)                %列元素的二阶差分
G4 =
     0     1
     3     5
    21    34
```

6.4.3 符号积分运算

1. 求函数积分的命令

```
int(S,v,a,b)                %求函数 S 对指定变量 v 在[a,b]区间上的定积分
int(S,a,b)                  %求函数 S 对默认变量在[a,b]区间上的定积分
int(S,v)                    %求函数 S 对指定变量 v 的不定积分
int(S)                      %求函数 S 对默认变量的不定积分
```

求符号函数积分的指令格式如上所示是简洁的，但在积分的应用计算中还有许多的问题需要去加以考虑，诸如双重积分、复变函数积分以及积分上限函数计算等。积分形式的函数是数学应用中最常见的函数形式之一，学生或工程师为了取得结果通常要做大量的积分运算。有了 MATLAB 所提供的符号积分运算功能，极大地降低积分运算的难度，使得数学这一工具能够得到更便利的应用。

1) 不定积分和定积分运算举例

微课视频

【例 6-7】 求函数 $f = \dfrac{1}{\sqrt{x^2+1}}$ 的原函数。

输入以下的命令行进行解题：

```
>> syms x
>> f = (x^2 + 1)^( - 1/2);
>> g = int(f)                %求 f 的不定积分便可以求出 f 的原函数
g =
asinh(x)
```

因而函数 f 的原函数是函数 g，g＝asinh(x)＋C。

微课视频

【例 6-8】 求定积分 $\displaystyle\int_0^\infty \dfrac{1}{\sqrt{2\pi}}e^{-x^2/2}\mathrm{d}x$ 的值。

输入以下的命令行进行解题：

```
>> syms x
>> f = (1/sqrt(2 * pi)) * exp( - x^2/2);
>> int(f,0,inf)
ans =
    (7186705221432913 * 2^(1/2) * pi^(1/2))/36028797018963968
```

以上得到的是一个计算式而非一个数，需要再做一次计算从而得到一个确切的数，继续输入：

```
>> (7186705221432913 * 2^(1/2) * pi^(1/2))/36028797018963968
ans =
    0.5000
```

2）双重积分和三重积分运算举例

【**例 6-9**】 求由方程 $x^2 + y^2 = 1$ 确定的圆面积。

输入以下的命令行进行解题：

```
>> syms x y
>> S = int(int(1,y, - sqrt(1 - x^2),sqrt(1 - x^2)),x, - 1,1)
S =
pi
```

微课视频

所求面积公式为 $S = \int_{-1}^{1} \left[\int_{-\sqrt{1-x^2}}^{\sqrt{1-x^2}} \mathrm{d}y \right] \mathrm{d}x$，需要说明的是，算法是由人设计的，即本题中的计算公式先由人推导出，其后交由 MATLAB 进行计算。当然，本题中求面积的算法不是唯一的。

2. 符号积分变换

对于电子类专业的学生和工程技术人员而言，傅里叶变换、拉普拉斯变换和 Z 变换是必须学习和掌握的专业基础知识。

1）傅里叶变换及其逆变换

```
F = fourier(f)            % 对默认的变量做傅里叶变换,F 的自变量默认为 w
F = fourier(f,v)          % 对默认的变量做傅里叶变换,F 的自变量指定为 v
F = fourier(f,u,v)        % 对指定的变量 u 做傅里叶变换,F 的自变量为 v
```

以上为傅里叶变换的命令格式，下面为傅里叶逆变换的命令格式：

```
f = ifourier(F)           % 对默认变量 w 做傅里叶逆变换,f 的自变量为 x
f = ifourier(F,v)         % 对指定的变量 v 做傅里叶逆变换,f 的自变量为 x
f = ifourier(F,v,u)       % 对指定的变量 v 做傅里叶逆变换,f 的自变量为 u
```

输入以下的命令行进行举例说明：

```
>> syms x t u v w a b
>> f1 = sin(a * x);
```

继续输入：

```
>> Fw1 = fourier(f1)
Fw1 =
pi * (dirac(a + w) - dirac(a - w)) * 1i
```

继续输入：

```
>> f3 = ifourier(Fw1)
f3 =
(exp( - a * x * 1i) * 1i)/2 - (exp(a * x * 1i) * 1i)/2
>> f3 = simplify(f3)
f3 =
sin(a * x)                % f3 与 f1 相比,形式上是一样的
```

继续输入：

```
>> f2 = sin(b * t);
```

```
>> Fw2 = fourier(f2)
Fw2 =
pi * (dirac(b + w) - dirac(b - w)) * 1i
```

继续输入：

```
>> f4 = ifourier(Fw2)
f4 =
    (exp( - b * x * 1i) * 1i)/2 - (exp(b * x * 1i) * 1i)/2
>> f4 = simplify(f4)
f4 =
sin(b * x)                          % f4 与 f2 相比，形式上是一样的，但自变量不一样
```

比较函数 $f1$ 和函数 $f2$，其自变量是不同的，分别为 x 和 t。经傅里叶变换命令 fourier(f) 均可以计算得出频谱函数 $Fw1$ 和 $Fw2$，并以 w 为自变量。频谱函数 $Fw1$ 和 $Fw2$ 经傅里叶逆变换命令 ifourier(F) 后又得函数 $f3$ 和 $f4$，理论上函数 $f3$ 和 $f4$ 应等于函数 $f1$ 和 $f2$。但函数 $f3$ 和 $f4$ 的自变量均为 x，从而函数 $f2$ 与函数 $f4$ 的自变量就不一样了。

要解决函数 $f2$ 与函数 $f4$ 的自变量不一样的问题，只需采用 f＝ifourier(F,w,t) 格式的命令便可以了。见下列程序行：

```
>> f5 = ifourier(Fw2,w,t)
f5 =
 (exp( - b * t * 1i) * 1i)/2 - (exp(b * t * 1i) * 1i)/2
>> f5 = simplify(f5)
f5 =
sin(b * t)
```

比较函数 $f2$ 和函数 $f5$，其自变量是相同的。这个问题的答案有益于理清二维函数傅里叶变换的计算思路。

2）拉普拉斯变换及其逆变换

```
L = laplace(F)              % 对默认变量做拉普拉斯变换，L 的自变量默认为 s
L = laplace(F,z)            % 对默认变量做拉普拉斯变换，L 的自变量指定为 z
L = laplace(F,w,u)          % 对指定变量 w 做拉普拉斯变换，L 的自变量指定为 u
```

输入以下的命令行进行举例说明：

```
>> syms a s t w x F(t)
>> f = a * sin(w * x);
>> L1 = laplace(f)          % 对变量 x 进行函数 f 的拉普拉斯变换
L1 =
(a * w)/(s^2 + w^2)         % L1 的自变量取默认的 s
```

继续输入：

```
>> L2 = laplace(f,t)        % 对变量 x 进行函数 f 的拉普拉斯变换
L2 =
(a * w)/(t^2 + w^2)         % L2 的自变量指定为 t
```

继续输入：

```
>> L3 = laplace(f,w,t)          % 对指定变量 w 进行函数 f 的拉普拉斯变换
L3 =
(a * x)/(t^2 + x^2)             % L3 的自变量指定为 t
```

继续输入:

```
>> L4 = laplace(diff(F(t)))     % 对函数 f(默认变量)的导数进行拉普拉斯变换
L4 =
s * laplace(F(t), t, s) - F(0)
```

以上为拉普拉斯变换的命令格式及应用,下面为拉普拉斯逆变换的命令格式及应用:

```
F = ilaplace(L)          % 对 L(默认变量 s)做逆变换,F 自变量默认为 t
F = ilaplace(L,y)        % 对 L(默认变量 s)做逆变换,F 自变量指定为 y
F = ilaplace(L,y,x)      % 对 L(指定变量 x)做逆变换,F 自变量默认为 y
```

输入以下的命令行进行举例说明:

```
>> f1 = ilaplace(L1)     % 对 L1(默认变量 s)做逆变换,f1 自变量默认为 t
f1 =
a * sin(t * w)
```

继续输入:

```
>>  f2 = ilaplace(L2)    % 对 L2(默认变量 w)做逆变换,f2 自变量默认为 t
f2 =
a * cos(t^2)
```

继续输入:

```
>> f3 = ilaplace(L2,x,t)          % 对 L2(指定变量 x)做逆变换,f3 自变量默认为 t
f3 =
(a * w * dirac(t))/(t^2 + w^2)    % 因 L2 中无变量 x,则取 x = 1 来进行计算
```

继续输入:

```
>> f4 = ilaplace(L2,t,x)          % 对 L2(指定变量 t)做逆变换,f3 自变量默认为 x
f4 =
a * sin(w * x)
```

比较函数 f 与函数 $f2$、$f3$、$f4$,唯有 $f4 = f$。说明只有正确地应用拉普拉斯逆变换的命令格式,才能得到想要的逆变换结果(这里是函数 $f4$)。

3) Z 变换与 Z 逆变换

```
F = ztrans(f)          % 对 f(默认变量 n)做 Z 变换,F 的自变量默认为 z
F = ztrans(f,w)        % 对 f(默认变量 n)做 Z 变换,F 的自变量指定为 w
F = ztrans(f,k,w)      % 对 f(指定变量 k)做 Z 变换,F 的自变量指定为 w
```

输入以下的命令行进行举例说明:

```
>> syms n k w z a b
>> f = a * sin(k * n) + b * cos(k * n)
f =
b * cos(k * n) + a * sin(k * n)
```

继续输入：

```
>> F1 = ztrans(f)              % 对变量 n(默认的)进行离散函数 f 的 Z 变换
F1 =                           % F1 的自变量取默认的 z
(a*z*sin(k))/(z^2 - 2*cos(k)*z + 1) + (b*z*(z - cos(k)))/(z^2 - 2*cos(k)*z + 1)
```

继续输入：

```
>> F2 = ztrans(f,w)            % 对变量 n(默认的)进行离散函数 f 的 Z 变换
F2 =                           % F2 的自变量取指定的 w
(a*w*sin(k))/(w^2 - 2*cos(k)*w + 1) + (b*w*(w - cos(k)))/(w^2 - 2*cos(k)*w + 1)
```

继续输入：

```
>>  F3 = ztrans(f,k,w)         % 对变量 k(指定的)进行离散函数 f 的 Z 变换
F3 =                           % F3 的自变量取指定的 w
(a*w*sin(n))/(w^2 - 2*cos(n)*w + 1) + (b*w*(w - cos(n)))/(w^2 - 2*cos(n)*w + 1)
```

由 Z 变换的性质易知,离散函数 $f(n)$ 移位之后的 Z 变换形式将发生变化,输入以下的命令行进行举例说明：

```
>> syms f(n)
>> ztrans(f(n))
ans =
ztrans(f(n), n, z)
```

继续输入：

```
>> ztrans(f(n+1))
ans =
z*ztrans(f(n), n, z) - z*f(0)
```

继续输入：

```
>> ztrans(f(n-1))
ans =
f(-1) + ztrans(f(n), n, z)/z
```

以上为 Z 变换的命令格式及应用,下面为 Z 逆变换的命令格式及应用：

```
f = iztrans(F)                 % 对 F(默认变量 z)做逆变换,f 自变量默认为 n
f = iztrans(F,k)               % 对 F(默认变量 z)做逆变换,f 自变量默认为 k
f = iztrans(F,w,k)             % 对 F(指定变量 w)做逆变换,f 自变量默认为 k
```

输入以下的命令行进行举例说明：

```
>> f2 = iztrans(F2)
f2 =
a*sin(k*n) + (cos(k*n)*(b*cos(k) + a*sin(k)))/cos(k) - (a*cos(k*n)*sin(k))/cos(k)
```

继续输入：

```
>> f2 = simplify(f2)           % 对 F2 做 z 逆变换后再对结果进行简化
f2 =
```

```
b * cos(k * n) + a * sin(k * n)
% f2 = f,说明 f 做 Z 变换后再进行逆变换后又回到原来的函数形式 f
>>   f3 = iztrans(F3)
f3 =
a * sin(n^2) + (cos(n^2) * (b * cos(n) + a * sin(n)))/cos(n) - (a * cos(n^2) * sin(n))/cos(n)
```

继续输入：

```
>> simplify(f3)
ans =
a * sin(n^2) + b * cos(n^2)
```

继续输入：

```
>>   f4 = iztrans(F3,w,k)
f4 =
a * sin(k * n) + (cos(k * n) * (b * cos(n) + a * sin(n)))/cos(n) - (a * cos(k * n) * sin(n))/cos(n)
```

继续输入：

```
>> simplify(f4)
ans =
b * cos(k * n) + a * sin(k * n)
```

$f3$ 与 $f4$ 的结果不同,说明在做 Z 逆变换时需要仔细选择正确的命令格式。

6.5 符号方程求解

6.5.1 符号代数方程求解

数学上方程大致可分为线性方程和非线性方程,也可以分为代数方程、常系数微分方程和偏微分方程等。首先要指出的是,利用 MATLAB 对符号方程求解,有些符号解答(解析的答案)可能求不出来,则 MATLAB 可以转而去寻求方程的数值解。有的时候只给出方程的部分解,需要去做进一步的分析和检查。MATLAB 解方程的函数指令的使用较为复杂烦琐,为了能让读者易于掌握,本节对函数指令采用逐条介绍的方式。

1. solve 函数介绍和应用

MATLAB 所提供的 solve 函数指令主要是用来求解代数方程(多项式方程)的符号解析解,也能解一些其他简单方程的数值解,不过对于解其他方程的能力比较弱,所求出的解往往是不精确或不完整的(可能得到的只是部分解,而不是全部解)。

1) 单变量符号方程求解

可采用的函数指令格式如下:

```
S = solve(eqn1)            % 求解方程 eqn1 关于默认变量的符号解 S,所谓默认变量可由
                           % symvar(eqn1)找寻
S = solve(eqn1,var1)       % 求解方程 eqn1 关于指定变量 var1 的符号解 S
```

输入以下的命令行进行举例说明:

```
>> syms a b x y
```

```
>> eqn1 = a * sin(x) == b
eqn1 =
a * sin(x) == b
```

继续输入：

```
>> S = solve(eqn1)              % 求解方程 eqn1 关于指定变量 x 的符号解 S
S =                            % 注意只给出了两个解
      asin(b/a)
pi - asin(b/a)
```

很明显，答案中只给出了两个解，这是需要进一步分析的。此时可以在函数指令中加入参数：'ReturnConditions'，参数默认值为 false，若取为 true 时则额外提供两个参数。

使用格式及应用举例说明如下：

```
>> [S, params, conditions] = solve(eqn1, 'ReturnConditions', true)
S =
      asin(b/a) + 2 * pi * k
pi - asin(b/a) + 2 * pi * k
params =
k
conditions =
a ~ = 0 & in(k, 'integer')
a ~ = 0 & in(k, 'integer')
```

很明显，答案中给出了全部的解，其中含一个参数 k(params＝k)。又进一步给出了两个解分别成立的条件：a ～＝ 0 & in(k，'integer')及 a～＝0 & in(k，'integer')，解读为 a 不为 0 且 k 取整数。

如果方程无解，那么 solve 函数指令的运行又会是怎样的结果呢？请看下面的举例：

```
>> solve(2 * x + 1, 3 * x + 1, x)
ans =
Empty sym: 0 - by - 1           % 直接显示无解
```

2）多变量符号方程组求解

可采用的函数指令格式如下：

```
[Svar1, Svar2, ..., SvarN] = solve(eqn1, eqn2, ..., eqnM, var1, var2, ..., varN)
```

为了避免求解方程时对符号解产生混乱，应指明方程组中需要求解的变量 var1，var2，...，varN，其所列的次序就是 solve 函数返回解的顺序，M 不一定等于 N。

输入以下的命令行进行举例说明：

```
>> syms a b x y
>> eqn2 = x - y == a;
>> eqn3 = 2 * x + y == b;
>> [Sx, Sy] = solve(eqn2, eqn3, x, y)
Sx =
a/3 + b/3
Sy =
b/3 - (2 * a)/3
```

上面的例子中 M＝N,下面假如 M＜N,试看一下其运行的结果：

```
>> [Sx,Sy] = solve(eqn2,x,y)
Sx =
a
Sy =
0
```

根据 eqn2 方程,用 solve 函数解方程后给出一组解。此时可以在函数指令中加入参数：'ReturnConditions',以取得通解和解的条件。

solve 函数指令中加入其他的参数：

'IgnoreProperties': 其默认取值为 false,当为 true 时,求解过程会忽略变量定义时的一些假设,比如假设变量为正(syms x positive)。

输入以下的命令行进行举例说明：

```
>> syms t x positive          % 声明 x 为正数变量
>> [St,Sy] = solve(t^2 - 1,x^3 - 1,t,x)     % 指令中无'IgnoreProperties',仅能得到一组正数解
St =
1
Sy =
1
```

继续输入：

```
>> [St,Sy] = solve(t^2 - 1,x^3 - 1,t,x,'ignoreproperties',true)
St =                           % 加上 'IgnoreProperties'参数,列出了全部解
- 1
 1
- 1
 1
- 1
 1
Sy =
                    1
                    1
- (3^(1/2) * 1i)/2 - 1/2
- (3^(1/2) * 1i)/2 - 1/2
  (3^(1/2) * 1i)/2 - 1/2
  (3^(1/2) * 1i)/2 - 1/2
```

solve 函数指令中除 'ReturnConditions' 'IgnoreProperties' 参数之外,还有 IgnoreAnalyticConstraints'参数、'MaxDegree'参数、'PrincipalValue'参数、'Real'参数等可以选择,其中'Real'参数为 true 时,只给出实数解,调整'MaxDegree'参数可以给出大于 3 个解的显式解,'IgnoreAnalyticConstraints'参数为 true 时可以忽略掉一些分析的限制,'PrincipalValue'参数为 true 时只给出主值。

2. fsolve 函数介绍和应用

fsolve 函数可以用于求解非线性方程组(采用最小二乘法)。它的一般调用方式为：

```
X = fsolve(fun,X0,option)
```

返回的解为 X,fun 是定义非线性方程组的函数文件名,X0 是求根过程的初值,option 为最优化工具箱的选项设定。

函数指令 fsolve 最优化工具箱提供了 20 多个选项,用户可以在 MATLAB 中使用 optimset 命令将它们显示出来。可以调用 optimset() 函数来改变其中某个选项。例如, Display 选项决定函数调用时中间结果的显示方式,其中 'off' 为不显示,'iter' 表示每步都显示,'final' 只显示最终结果。optimset('Display','off') 将设定 Display 选项为 'off'。

微课视频

【例 6-10】 求解下列非线性方程组的解

$$\begin{cases} 2x - 0.8\sin x - 0.4\cos y = 0 \\ 3y - 0.8\cos x + 0.3\sin y = 0 \end{cases}$$

先于工作目录下编辑一个函数 m 文件,命名为 exam_6_10.m。

```
function [ n ] = exam_6_10( m )
x = m(1);
y = m(2);
n(1) = 2 * x - 0.8 * sin(x) - 0.5 * cos(y);
n(2) = 3 * y - 0.8 * cos(x) + 0.3 * sin(y);
end
```

然后在命令行窗口中运行下列指令:

```
>> x = fsolve('exam_6_10',[0.8,0.7],optimset('Display','off'))
x =
    0.3993    0.2235
```

这里将解 x 代入原方程中,对解的精度进行检验:

```
>> e = exam_6_10(x)
e =
    1.0e - 07 *
    0.6505    0.7505
```

解具有较高精度,达到了 10^{-7} 的误差级别。

6.5.2　符号常微分方程求解

微分方程描述了自变量、未知函数和未知函数的微分之间的相互关系,与线性方程及非线性方程相比,其应用非常广泛,对微分方程的研究不断地推动着科学知识和工程技术的发展。而计算机的出现和发展又为提升微分方程的理论研究能力及工程应用的水平提供了强有力的工具。常微分方程是指在微分方程中,自变量的个数仅有一个。

1. 单个符号常微分方程求解

MATLAB 提供的 dsolve 函数指令使用格式如下:

```
S = dsolve(eqn, 'cond', 'v')
```

上列函数指令对微分方程 eqn 在条件 cond 下对指定的自变量 v 进行求解。其中自变量 v 省略不写,自变量默认为 t,或在符号声明中指出自变量;cond 是初始条件,也可省略。

而所得解中将出现任意常数符 C,构成微分方程的通解;eqn 为微分方程的符号表达式,方程中 D 被定义为微分,则 D2、D3 被定义为二阶、三阶微分,y 的一阶导数 dy/dx 或 dy/dt 则可定义为 Dy。

下面举例加以说明。

【例 6-11】 求解下列常微分方程,已知初始条件：$y(0)=1,y'(\pi/a)=0$

$$\frac{d^2 y}{dt^2}=-a^2 y(t)$$

微课视频

程序代码如下:

```
>> syms y(t) a                % 定义函数 y 及自变量 t
>> Dy = diff(y)               % 定义 Dy 为 t 的一阶导数
Dy(t) =
diff(y(t), t)
>> D2y = diff(y, 2)           % 定义 D2y 为 t 的二阶导数
D2y(t) =
diff(y(t), t, t)
```

继续输入:

```
>> yt = dsolve(D2y == - a^2 * y, y(0) == 1, Dy(pi/a) == 0)
yt =
exp( - a * t * 1i)/2 + exp(a * t * 1i)/2
```

请注意微分方程及初始条件的格式,均为符号表达式而非字符串形式。符号表达式中的等号应采用关系运算符"=="。

【例 6-12】 求解常微分方程,已知初始条件：$w(0)=0$

$$\frac{d^3 w}{dx^3}=-aw(x)$$

微课视频

程序代码如下:

```
>> syms w(x)  a               % 定义函数 w 及自变量 x
>> Dw = diff(w)               % 定义 Dw 为 x 的一阶导数
Dw(x) =
diff(w(x), x)
```

继续输入:

```
>> D2w = diff(w, 2)           % 定义 D2w 为 x 的二阶导数
D2w(x) =
diff(w(x), x, x)
```

继续输入:

```
>> wx = dsolve(diff(D2w) == - a * w, w(0) == 0)
wx =
C1 * exp( - x * ((-a)^(1/3)/2 - (3^(1/2) * (-a)^(1/3) * 1i/2))) + C2 * exp( - x * ((-a)^(1/3)/
2 + (3^(1/2) * (-a)^(1/3) * 1i/2))) - exp((-a)^(1/3) * x) * (C1 + C2)
```

解 wx 中出现了两个常数 C1、C2,这是因为对于三阶的常微分方程只提供了一个初始

条件,要给出特解还欠缺两个初始条件。

2. 符号常微分方程组的求解

符号常微分方程组的求解仍然使用 dsolve 函数指令,其使用格式如下:

[Sv1,Sv2,...] = dsolve(eqn1, eqn2,..., 'cond1', 'cond2',...,'v1', 'v2',...)

上列使用格式中,[Sv1,Sv2,...]为返回的解,eqn1,eqn2,...为常微分方程组,最大可包含 12 个常微分方程,均以符号表达式形式填入。'v1', 'v2',...为指定的自变量,也可以在符号声明中指出自变量及其函数。'cond1', 'cond2',...是初始条件,即可以是符号表达式形式,也可以是字符串形式。

下面举例说明。

微课视频

【例 6-13】　求解下列常微分方程组,已知初始条件:$f(0)=1, g(0)=2$

$$\begin{cases} f'(t) = f(t) + g(t) \\ g'(t) = g(t) - f(t) \end{cases}$$

程序代码如下:

```
>> syms f(t) g(t)
>> Df = diff(f)
Df(t) =
diff(f(t), t)
```

继续输入:

```
>> Dg = diff(g)
Dg(t) =
diff(g(t), t)
```

继续输入:

```
>>  [sf,sg] = dsolve(Df == f + g, Dg == g - f, f(0) == 1, g(0) == 2)
sf =
exp(t) * cos(t) + 2 * exp(t) * sin(t)
sg =
2 * exp(t) * cos(t) - exp(t) * sin(t)          %注意两个返回解的先后次序
```

上面举例是采用标量形式来求解,下面再用向量和矩阵形式来求解:

```
>>  syms f(t) g(t)
>> v = [f;g];
>> A = [1 1; -1 1];
>> [Sf,Sg] = dsolve(diff(v) == A * v, v(0) == [1;2])
Sf =
exp(t) * cos(t) + 2 * exp(t) * sin(t)
Sg =
2 * exp(t) * cos(t) - exp(t) * sin(t)
```

6.5.3　一维偏微分方程求解

使用 MATLAB 求解偏微分方程或者方程组,常见有三种方法。第一种方法是使用

MATLAB 中的 PDE Toolbox，PDE Toolbox 既可以使用图形界面，也可以使用命令行进行求解。PDE Toolbox 主要针对求解二维问题（时间 t 不作为计算维度），欲求解三维问题则要设法降维求解，欲求解一维问题则要设法升维求解。第二种方法就是使用 MATLAB 中的 m 语言进行编程计算，相比 Fortran 和 C 等语言，MATLAB 中编程计算有许多库函数可以使用，对于大型矩阵的运算也要方便得多，当然使用 m 语言编程计算也有其劣势。第三种就是使用 pdepe 函数，MATLAB 中 pdepe 函数主要用于求解一维抛物线形和椭圆形偏微分方程（组）。

1. 一维偏微分方程的求解

pdepe 函数的使用格式如下：

S = pdepe(m,@pdefun,@icfun,@bcfun,xmesh,tspan)

使用格式中 pdefun 是指一维偏微分方程如下的标准形式，若不同，则应改写为：

$$c\left(x,t,\frac{\partial u}{\partial x}\right)\frac{\partial u}{\partial t}=x^{-m}\frac{\partial}{\partial x}\left[x^{m}f\left(x,t,u,\frac{\partial u}{\partial x}\right)\right]+s\left(x,t,\frac{\partial u}{\partial x}\right) \tag{6-2}$$

式中，x 一般表示位置，t 一般表示时间，格式中的给定值 m，由方程的类型确定。在 pdepe 函数格式中，bcfun 是其边界条件的标准形式，若不同于标准形式，则应改写为：

$$p(x,t,u)+q(x,t,u)\times f\left(x,t,u,\frac{\partial u}{\partial x}\right)=0 \tag{6-3}$$

考虑左右边界条件，应该写出下列两条公式：

$$\begin{cases} p(x_L,t,u)+q(x_L,t,u)\times f\left(x_L,t,u,\frac{\partial u}{\partial x}\right)=0 \\ p(x_R,t,u)+q(x_R,t,u)\times f\left(x_R,t,u,\frac{\partial u}{\partial x}\right)=0 \end{cases} \tag{6-4}$$

假定给定左边界条件 $u(x_L,t)=0$，则代入式（6-4）中第 1 条公式，得 $p(x_L,t,u)=u(x_L,t)$，$q(x_L,t,u)=0$；给定右边界条件 $\frac{\partial u}{\partial x}(x_R,t)=N$，则代入式（6-4）中第 2 条公式，得 $p(x_R,t,u)=-N$，$q(x_L,t,u)=1$。

pdepe 函数格式中 icfun 是其初始条件的标准形式，若不同于标准形式，应改写为：

$$u(x,t_0)=u_0$$

输出 S 为一个三维数组，$S(x(i),t(j),k)$ 表示 u_k 解。依照函数指令的使用格式解题时，应先在函数编辑器中编辑好 pdefun、pdebc 及 icfun 三个函数以便调用。

下面举例说明。

微课视频

【**例 6-14**】　求解下列偏微分方程：

$$\begin{cases} \pi^2\dfrac{\partial u}{\partial t}=\dfrac{\partial}{\partial x}\left(\dfrac{\partial u}{\partial x}\right) \\ u(0,t)=0 \\ \dfrac{\partial u}{\partial x}(1,t)=-\pi\mathrm{e}^{-t} \\ u(x,0)=\sin(\pi x) \end{cases}$$

对比已给出的偏微分方程与一维偏微分方程的标准形式，得出：

$$c\left(x,t,\frac{\partial u}{\partial x}\right)=\pi^2, \quad m=0, \quad f\left(x,t,u,\frac{\partial u}{\partial x}\right)=\frac{\partial u}{\partial x}, \quad s\left(x,t,\frac{\partial u}{\partial x}\right)=0 \tag{6-5}$$

调用 pdepe 运算之前,先编制以下三个函数以便于在 pdepe 函数指令的使用中调用。按照上述已得到的偏微分方程先编制 pdefun 函数(命名为 pdex1pde. m):

```
function [c,f,s] = pdex1pde( x,t,u,DuDx )
c = pi^2;
f = DuDx;
s = 0;
end
```

接着对比所给的边界条件与边界条件的标准形式,编制边界 bcfun 函数(命名为 pdex1bc. m),结果如下:

```
function [pl,ql,pr,qr] = pdex1bc(xl,ul,xr,ur,t)
pl = ul;
ql = 0;
pr = pi * exp( - t);
qr = 1;
end
```

最后还要对比所给的初始条件与初始条件的标准形式,编制初始 icfun 函数(命名为 pdex1ic. m),结果如下:

```
function u0 = pdex1ic(x)
u0 = sin(pi * x);
end
```

现在,可以开始编制程序 pdex1. m 调用 pdepe 函数运行,同时将所得数据可视化。

```
m = 0;
x = linspace(0,1,20);
t = linspace(0,2,10);
sol = pdepe(m,@pdex1pde,@pdex1ic,@pdex1bc,x,t);
u = sol(:,:,1);                              % 将解数组赋值给变量 u
surf(x,t,u)
title('Numerical solution computed with 20 mesh points.')
xlabel('Distance x')
ylabel('Time t')
figure
plot(x,u(end,:))
title('Solution at t = 2')
xlabel('Distance x')
ylabel('u(x,2)')
```

运行程序 pdex1 之后,数值解可以绘制成如图 6-1 所示的形式。

由图 6-1 可以直接地观察到,$t=0$ 时的初始条件在 x 轴上是满足的,$x=0$ 时的边界条件也是满足的,被求的函数 u 值随时间的变化情况一目了然。

2. 一维偏微分方程组的求解

为了更进一步了解函数 dsolve 的使用格式,编制偏微分方程组、边界条件和初值条件等函数文件,熟练地解算一维偏微分方程组应用题。下面举例说明。

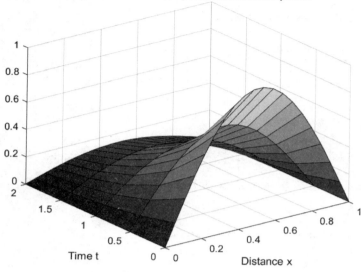

图 6-1　计算结果可视化

【例 6-15】 求解下列偏微分方程组:

$$\begin{cases} \dfrac{\partial u_1}{\partial t} = 0.025\,\dfrac{\partial^2 u_1}{\partial x^2} - F(u_1 - u_2) \\[3mm] \dfrac{\partial u_2}{\partial t} = 0.18\,\dfrac{\partial^2 u_2}{\partial x^2} + F(u_1 - u_2) \end{cases}$$

微课视频

其中,$F = e^{5.75x} - e^{-11.56x}$,满足初值条件 $u_1(x,0) = 1$,$u_2(x,0) = 0$,
满足如下的边界条件:

左边界条件 $\begin{cases} \dfrac{\partial u_1}{\partial x}(0,t) = 0 \\[3mm] u_2(0,t) = 0 \end{cases}$,右边界条件 $\begin{cases} u_1(1,t) = 1 \\[3mm] \dfrac{\partial u_2}{\partial x}(1,t) = 0 \end{cases}$

将已给出的偏微分方程组整理变形得出:

$$\begin{bmatrix} 1 \\ 1 \end{bmatrix} .* \frac{\partial}{\partial t}\begin{bmatrix} u_1 \\ u_2 \end{bmatrix} = \frac{\partial}{\partial x}\begin{bmatrix} 0.025\,\dfrac{\partial u_1}{\partial x} \\[3mm] 0.18\,\dfrac{\partial u_2}{\partial x} \end{bmatrix} + \begin{bmatrix} -F(u_1 - u_2) \\[2mm] F(u_1 - u_2) \end{bmatrix} \tag{6-6}$$

对比已给出的偏微分方程与一维偏微分方程的标准形式,容易得出:

$$c\left(x, t, \frac{\partial u}{\partial x}\right) = \begin{bmatrix} 1 \\ 1 \end{bmatrix}, \quad m = 0, \quad f\left(x, t, u, \frac{\partial u}{\partial x}\right) = \begin{bmatrix} 0.025\,\dfrac{\partial u_1}{\partial x} \\[3mm] 0.18\,\dfrac{\partial u_2}{\partial x} \end{bmatrix},$$

$$s\left(x, t, \frac{\partial u}{\partial x}\right) = \begin{bmatrix} -F(u_1 - u_2) \\[2mm] F(u_1 - u_2) \end{bmatrix}$$

调用 pdepe 运算之前,先编制以下三个函数以便于在 pdepe 函数指令的使用中加以调用。按照上述已得到的偏微分方程先编制 pdefun 函数(命名为 pdex2fun. m):

```
function [c,f,s] = pdex2fun( x,t,u,du )
c = [1;1];
f = [0.025 * du(1);0.18 * du(2)];
temp = u(1) - u(2);
s = [ -1;1]. * (exp(5.75 * temp) - exp( -11.56 * temp));
end
```

将已给出的边界条件整理变形得出:

左边界条件 $\begin{bmatrix} 0 \\ u_2 \end{bmatrix} + \begin{bmatrix} 1 \\ 0 \end{bmatrix} . * f = \begin{bmatrix} 0 \\ 0 \end{bmatrix}$,右边界条件 $\begin{bmatrix} u_1 - 1 \\ 0 \end{bmatrix} + \begin{bmatrix} 0 \\ 1 \end{bmatrix} . * f = \begin{bmatrix} 0 \\ 0 \end{bmatrix}$

接着对比所给的边界条件与边界条件的标准形式,编制边界 bcfun 函数(命名为 pdex2bc. m),结果如下:

```
function [pl,ql,pr,qr] = pdex2bc (xl,ul,xr,ur,t )
pl = [0;ul(2)];
ql = [1;0];
pr = [ur(1) - 1;0];
qr = [0;1];
end
```

接着对比所给的初始条件与初始条件的标准形式,编制初始条件 icfun 函数(命名为 pdex2ic. m),结果如下:

```
function u0 = pdex2ic(x)
u0 = [1;0];
end
```

现在,可以开始编制程序 pdex2. m 调用 pdepe 函数运行,同时将所得数据可视化。

```
clc
x = 0:0.05:1;
t = 0:0.05:2;
m = 0;
sol = pdepe(m, @pdex2fun, @pdex2ic, @pdex2bc, x, t);
figure( 'numbertitle', 'off', 'name', 'PDE Demo by Matlabsky')
subplot(211)
surf(x, t, sol(:, :, 1))
title('The Solution of u1')
xlabel('x')
ylabel('t')
zlabel('u1')
subplot(212)
surf(x, t, sol(:, :, 2))
title('The Solution of u2')
xlabel('x')
ylabel('t')
zlabel('u2')
```

运行程序 pdex2 之后,数值解可以绘制成如图 6-2 所示的形式。

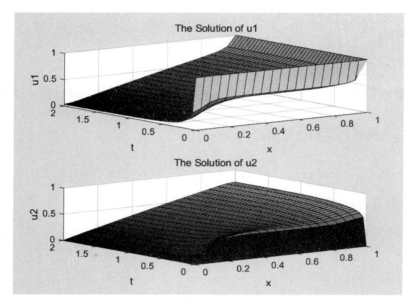

图 6-2　计算结果可视化

由图 6-2 可以直接地观察到,$t=0$ 时的初始条件在 x 轴上是满足的,$x=0$ 时的边界条件也是满足的,被求的函数 $u1$ 值、函数 $u2$ 值随时间的变化情况一目了然。

偏微分方程的解不仅受方程形式约束,也受到边界条件和初始条件的约束,即偏微分方程、边界条件和初始条件共同决定一个确定的解,其符号解析形式的解往往形式复杂,多数以隐函数形式提供,不利于对其解进行定量分析。因而提供数值形式的解并加以可视化也不失其应用的意义。

习题

1. 定义以下符号矩阵 A,试求其逆矩阵 B 并验证其逆矩阵 B 的运算结果是否正确。

$$A = \begin{pmatrix} a & h \\ d & k \end{pmatrix}$$

2. 创建以下的符号表达式 $f(t)$,并求其导数 $f'(t)$,当 $t=1\text{s}$ 时,$f'(t)$ 及 $f(t)$ 的值各是多少?

$$f(t) = \sqrt{2} \cdot 220 \cdot \cos\left(100\pi \cdot t + \frac{\pi}{6}\right)$$

3. 求以下两个多项式 p_1、p_2 的乘积多项式 $p_{1 \cdot 2}$ 对时间 t 的导数,当 $t=5$ 秒时,$p_{1 \cdot 2}$ 多项式的值是多少? 再求出多项式 p_1 除以多项式 p_2 之后的多项式 $p_{1/2}$ 对时间 t 的导数。

$$p_1 = t^3 + 5t^2 + 3t + 1, \quad p_2 = 4t^2 + 2t + 6$$

4. 将函数 $f(t) = \sin(\pi \cdot t)$ 在 $t=1.2\text{s}$ 处的泰勒级数展开式写出来,并验证其是否正确。

5. 已知隐函数关系式 $y = \ln(t+y)$,求 $y'(t)$,请给出 $t=3\text{s}$ 时 $y'(t)$ 的值。

6. 积分上限函数 $f(x)$ 如下所示，求导数 $f'(x)$。

$$f(x) = \int_0^{\frac{x}{2}} (5t^2 + 3) \mathrm{d}t$$

7. 求定积分 $s = \int_{-\infty}^5 \frac{2}{\sqrt{\pi}} \mathrm{e}^{-\frac{t^2}{2}} \mathrm{d}t$ 的值。

8. 求分段函数 $f(t) = \sin(\pi t) u(t) + \sin(\pi(t-1)) u(t-1)$ 的拉普拉斯变换 $F(s)$，$F(s)$ 的拉普拉斯逆变换函数又是怎样的？

9. 求以下线性方程组的符号解：

$$\begin{cases} ax + by = 3 \\ cx + dy = 4 \end{cases}$$

10. 求常微分方程 $ay'(t) + bt \cdot y(t) = 0, y(0) = 1$ 的符号解。

第 7 章

CHAPTER 7

MATLAB 数据可视化

本章要点：

- 二维曲线和图形；
- 特殊二维图形；
- 三维曲线和曲面；
- MATLAB 图形窗口。

数据可视化是 MATLAB R2020a 非常重要的功能，即将杂乱无章的数据通过图形显示，呈现出数据的变换规律和趋势特性等内在关系。本章主要介绍使用 MATLAB 绘制二维曲线、特殊二维图形、三维曲线及曲面，以及曲线和图形修饰等内容。

7.1 概述

利用 MATLAB R2020a 提供的丰富的绘图函数和绘图工具，可以简单方便地绘制出各种令人满意的图形。MATLAB 绘制一个典型图形一般需要下面几个步骤。

1. 准备绘图的数据

对于二维曲线，需要准备横纵坐标数据；对于三维曲面，则需要准备矩阵参变量和对应的 z 轴数据。

在 MATLAB 中，可以通过下面几种方法获得绘图数据：

(1) 把数据存为 .txt 文本文件，用 load 函数调入数据；

(2) 由用户自己编写命令文件得到绘图数据；

(3) 在命令窗口直接输入数据；

(4) 在 MATLAB 主工作窗口，通过"导入数据"菜单，导入可以识别的数据文件。

2. 选定绘图窗口和绘图区域

MATLAB 使用 figure 函数指定绘图窗口，默认时打开标题为 Figure 1 的图形窗口。绘图区域如果位于当前绘图窗口，可以省略这一步。可以使用 subplot 函数指定当前图形窗口的绘图子区域。

3. 绘制图形

根据数据，使用绘图函数绘制曲线和图形。

4. 设置曲线和图形的格式

图形格式的设置，主要包括下面几方面：

（1）线型、颜色和数据点标记设置；

（2）坐标轴范围、标识和网格线设置；

（3）坐标轴标签、图题、图例和文本修饰等设置。

5. 输出所绘制的图形

MATLAB可以将绘制的图形窗口保存为.fig文件，或者转换为别的图形文件，也可以复制图片或者打印图片等。

其中，步骤1和步骤3是必不可少的绘图步骤，其他步骤系统通常都有相应的默认设置，可以省略。例如，要在[0,2π]内，绘制正弦函数的图形，可以用下面的简单语句：

```
t = 0:0.1:2 * pi;
y = sin(t);
plot(t,y)
```

其中，前两个语句是步骤1准备绘图数据，plot函数是步骤3，调用绘图函数画图。程序运行结果如图7-1所示。

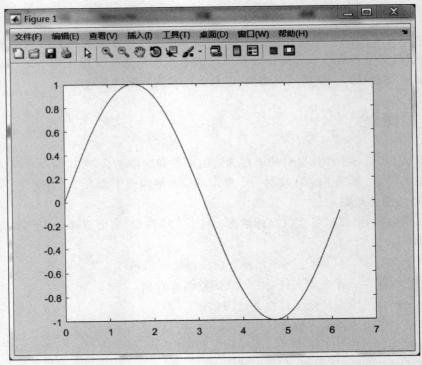

图 7-1　正弦曲线图

7.2　二维曲线的绘制

7.2.1　绘图基本函数

在MATLAB中，最基本且应用较广泛的绘图函数是绘制曲线函数plot，利用它可以在二维平面上绘制不同的曲线。plot函数有下列几种用法。

1. plot(y)

功能：绘制以 y 为纵坐标的二维曲线。

说明：

1）y 为向量时的 plot(y)

当 y 为长度为 n 的向量时，则纵坐标为 y，横坐标 MATLAB 根据 y 向量的元素序号自动生成，为 1：n 的向量。

例如，绘制幅值为 1 的锯齿波。

程序代码如下，结果如图 7-2 所示。

```
>> y = [ 0 1 0 1 0 1 0 1 0 ]
y =
     0     1     0     1     0     1     0     1     0
>> plot(y)
```

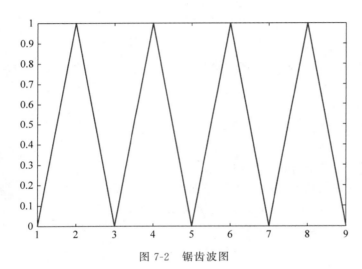

图 7-2　锯齿波图

由上述程序可知，横坐标是 y 向量的序号，自动为 1～9。plot(y)适合绘制横坐标从 1 开始，间隔为 1，长度和纵坐标的长度一样的 y 曲线。

2）y 为矩阵时的 plot(y)

当 y 为 m×n 矩阵时，plot(y)的功能是将矩阵的每一列画一条曲线，共 n 条曲线，每条曲线自动用不同颜色表示，每条曲线横坐标为向量 1：m，m 为矩阵的行数。

例如，绘制矩阵 y 为 3×3 的曲线图，已知 $y = \begin{bmatrix} 4 & 5 & 6 \\ 1 & 2 & 3 \\ 4 & 5 & 6 \end{bmatrix}$。

程序代码如下，结果如图 7-3 所示。

```
>> y = [ 4 5 6;1 2 3;4 5 6];
>> plot(y)
```

由上述程序可知，y 矩阵有三列，故绘制 3 条曲线，纵坐标是矩阵每列的元素，行为 1 至矩阵的行数的向量。

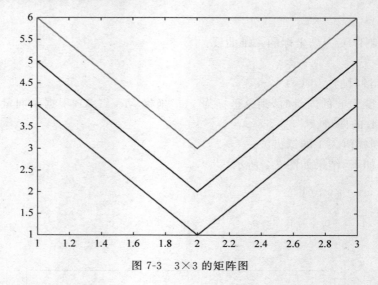

图 7-3　3×3 的矩阵图

3）y 为复数时的 plot(y)

当 y 为复数数组时，绘制以实部为横坐标、虚部为纵坐标的曲线，y 可以是向量也可以是矩阵。

2. plot(x, y)

功能：绘制以 x 为横坐标，y 为纵坐标的二维曲线。

说明：

1）x 和 y 为向量时的 plot(x, y)

x 和 y 的长度必须相等，图 7-1 的正弦曲线就是这种情况。

例如，用 plot(x, y)绘制幅值为 1，周期为 2s 的方波。

程序代码如下，结果如图 7-4 所示。

```
>> x = [0 1 1 2 2 3 3 4 4 5 5];
>> y = [1 1 0 0 1 1 0 0 1 1 0];
>> plot(x,y)                    % 绘制二维曲线
>> axis([0 6 0 1.5])           % 将横坐标设为 0~6,纵坐标设为 0~1.5
```

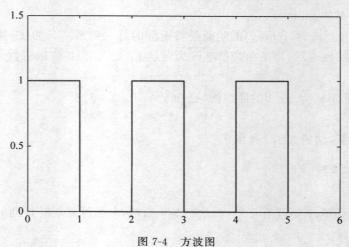

图 7-4　方波图

2）x 为向量，y 为矩阵时的 plot(x，y)

要求 x 的长度必须和 y 的行数或者列数相等。当向量 x 的长度和矩阵 y 的行数相等时，向量 x 和 y 的每一列向量画一条曲线；当向量 x 的长度与矩阵 y 的列数相等时，则向量 x 和 y 的每一行向量画一条曲线；如果 y 是方阵，x 和 y 的行数和列数都是相等，则向量 x 为矩阵 y 的每一列向量画一条曲线。

3）x 是矩阵，y 是向量时的 plot(x，y)

要求 x 的行数或者列数必须和 y 的长度相等。绘制方法与第二种相似。

4）x 和 y 都是矩阵时的 plot(x，y)

要求 x 和 y 大小必须相等，矩阵 x 的每一列与 y 对应的每一列画一条曲线。

微课视频

【例 7-1】　已知 $x_1 = \begin{bmatrix} 1 & 2 & 3 & 4 \end{bmatrix}$，$x_2 = \begin{bmatrix} 1 & 2 & 3 & 4 \\ 5 & 6 & 7 & 8 \\ 9 & 10 & 11 & 12 \\ 13 & 14 & 15 & 16 \end{bmatrix}$，$y_1 = \begin{bmatrix} 1 & 2 & 3 & 4 \\ 2 & 4 & 6 & 8 \end{bmatrix}$，

$y_2 = \begin{bmatrix} 1 & 1 \\ 3 & 4 \\ 5 & 9 \\ 7 & 16 \end{bmatrix}$，$y_3 = \begin{bmatrix} 1 & 2 & 3 & 4 \\ 2 & 4 & 6 & 8 \\ 3 & 6 & 9 & 12 \\ 4 & 8 & 12 & 16 \end{bmatrix}$。分别绘制 x_1 和 y_1、x_1 和 y_2、x_1 和 y_3，以及 x_2 和 y_3 的曲线。

在文件编辑窗口编写命令文件，保存为 exam_7_1.m 脚本文件。程序代码如下，结果如图 7-5 所示。

```
x1 = 1:4;
x2 = [1 2 3 4;5 6 7 8;9 10 11 12;13 14 15 16];    % x2 是方阵
y1 = [x1;2 * x1];                                  % y1 的行与 x1 长度相等
y2 = [1 1;3 4;5 9;7 16];                           % y2 的列与 x1 长度相等
y3 = [x1;2 * x1;3 * x1;4 * x1];                    % y3 的行和列数与 x1 的长度相等
plot(x1,y1)
figure; plot(x1,y2)
figure; plot(x1,y3)
figure; plot(x2,y3)
>> exam_7_1
```

3. plot(x1，y1，x2，y2，…)

功能：在同一坐标轴下绘制多条二维曲线。

plot(x1，y1，x2，y2，…) 函数可以在一个图形窗口，同一坐标轴下绘制多条曲线，MATLAB 自动以不同颜色绘制不同曲线。

【例 7-2】　在一个图形窗口同一坐标轴下绘制 $\sin(x)$，$\cos(x)$，$\sin^2(x)$，$\cos^2(x)$ 4 种不同的曲线。

微课视频

在文件编辑窗口编写命令文件，保存为 exam_7_2.m 脚本文件。程序代码如下，结果如图 7-6 所示。

```
x = 0:0.1:2 * pi;
y1 = sin(x);
```

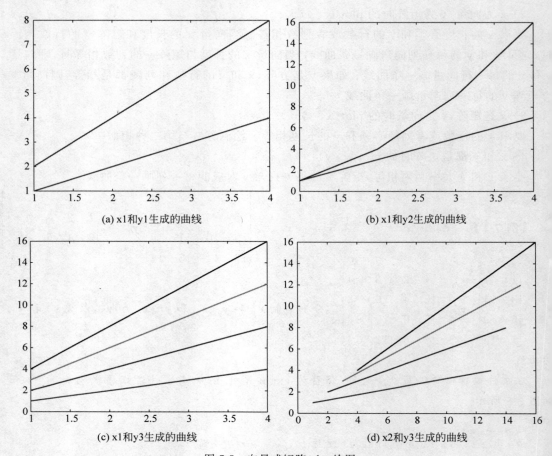

(a) x1和y1生成的曲线　　　　　(b) x1和y2生成的曲线

(c) x1和y3生成的曲线　　　　　(d) x2和y3生成的曲线

图 7-5　向量或矩阵 plot 绘图

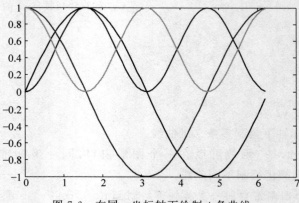

图 7-6　在同一坐标轴下绘制 4 条曲线

```
y2 = cos(x);
y3 = sin(x).^2;
y4 = cos(x).^2;
plot(x,y1,x,y2,x,y3,x,y4)
>> exam_7_2
```

7.2.2 线性图格式设置

1. 设置曲线的线型、颜色和数据点标记

为了便于曲线比较，MATLAB 提供了一些绘图选项，可以控制所绘的曲线的线型、颜色和数据点的标识符号。命令格式如下：

plot(x, y, '选项')

其中，"选项"一般由线型、颜色和数据点标识组合在一起。选项具体定义见表 7-1 所示。当选项省略时，MATLAB 默认线型一律使用实线，颜色将根据曲线的先后顺序依次采用表 7-1 给出的颜色。

表 7-1 线型、颜色和数据点标识定义

颜　色		线　型		数据点标识	
类　型	符　号	类　型	符　号	类　型	符　号
蓝色	b(blue)	实线(默认)	-	实点标记	.
绿色	g(green)	点线	:	圆圈标记	o
红色	r(red)	虚线	--	叉号标记	×
青色	c(cyan)	点画线	-.	十字标记	+
紫红色	m(magenta)			星号标记	*
黄色	y(yellow)			方块标记	s
黑色	k(black)			钻石标记	d
白色	w(white)			向下三角标记	∨
				向上三角标记	^
				向左三角标记	<
		—		向右三角标记	>
				五角星标记	p
				六角形标记	h

微课视频

【例 7-3】 在一个图形窗口同一坐标轴下绘制蓝色、实线和数据点标记为圆圈的正弦曲线，同时绘制红色、点画线和数据点为钻石标记的余弦曲线。

在文件编辑窗口编写命令文件，保存为 exam_7_3.m 脚本文件。程序代码如下，结果如图 7-7 所示。

```
clear
x = 0:0.1:2 * pi;
y1 = sin(x);y2 = cos(x);
plot(x,y1,'b - o',x,y2,'r - .d')
>> exam_7_3
```

2. 设置坐标轴

MATLAB 可以通过函数设置坐标轴的刻度和范围，调整坐标轴。设置坐标轴函数 axis 的常用调用格式及其功能如表 7-2 所示。

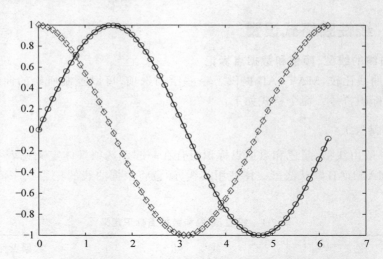

图 7-7　用不同线型、颜色和数据点标记绘制曲线

表 7-2　常用设置坐标轴函数及其功能

函 数 命 令	功能及说明
axis auto	使用默认设置
axis([xmin, xmax, ymin, ymax])	设定坐标范围，且要求 xmin < xmax, ymin < ymax
axis equal	横纵坐标使用等长刻度
axis square	采用正方形坐标系
axis normal	默认矩形坐标系
axis tight	把数据范围设为坐标范围
axis image	横纵轴采用等长刻度，且坐标框紧贴数据范围
axis manual	保持当前坐标范围不变
axis fill	在 manual 方式下，使坐标充满整个绘图区域
axis on	显示坐标轴
axis off	取消坐标轴
axis xy	普通直角坐标，原点在左下方
axis ij	矩阵式坐标，原点在左上方
axis vis3d	保持高宽比不变，三维旋转时避免图形大小变化

微课视频

【例 7-4】　使用调整坐标轴函数 axis，实现 $\sin(x)$ 和 $\cos(x)$ 两条曲线的坐标轴调整。
在文件编辑窗口编写命令文件，保存为 exam_7_4. m 脚本文件。程序代码如下，结果
如图 7-8 所示。

```
clear
close all
x = 0:0.1:2 * pi;
y1 = sin(x); y2 = cos(x);
plot(x, y1, x, y2); axis([0 4 * pi − 2 2])        % 设置横纵坐标为[0,4π],[ − 2,2]
figure
plot(x, y1, x, y2); axis([0 pi 0 0.9])            % 设置横纵坐标为[0,π],[0,0.9]
figure
plot(x, y1, x, y2); axis image                    % 设置横纵轴等长刻度,坐标框紧贴数据范围
```

```
figure
plot(x,y1,x,y2); axis tight                    % 设置数据范围设为坐标范围
>> exam_7_4
```

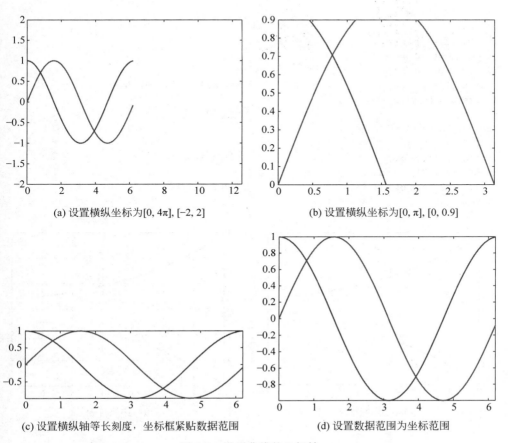

(a) 设置横纵坐标为[0, 4π], [−2, 2]　　　　　(b) 设置横纵坐标为[0, π], [0, 0.9]

(c) 设置横纵轴等长刻度，坐标框紧贴数据范围　　　　(d) 设置数据范围为坐标范围

图 7-8　设置曲线的坐标轴

由图 7-8 可知，通过设置坐标轴的范围，可以实现曲线的放大和缩小效果。

3. 网格线和坐标边框

1) 网格线

为了便于读数，MATLAB 可以在坐标系中添加网格线。网格线是根据坐标轴的刻度使用虚线分隔。MATLAB 的默认设置是不显示网格线。

MATLAB 使用 grid on 函数显示网格线，grid off 函数不显示网格线，反复使用 grid 函数可以在 grid on 和 grid off 之间切换。

2) 坐标边框

坐标边框是指坐标系的刻度框，MATLAB 使用 box on 函数实现添加坐标边框，box off 函数去掉当前坐标边框，反复使用 box 函数则在 box on 和 box off 之间切换。默认设置是添加坐标边框。

【例 7-5】　绘制 $y = 3\mathrm{e}^{-0.3x}\sin(2x)$ $(x \in [0, 2\pi])$ 的曲线及包络线，使用网格线函数 grid 分别实现在坐标轴上添加和不显示网格线；利用三维表面图函数 surf 绘制 peaks 曲面

微课视频

图,利用坐标边框函数 box,添加和不显示坐标边框。

在文件编辑窗口编写命令文件,保存为 exam_7_5.m 脚本文件。程序代码如下,结果如图 7-9 所示。

```
close all
x = (0:0.1:2 * pi)';
y1 = 3 * exp( - 0.3 * x) * [1, - 1];
y2 = 3 * exp( - 0.3 * x). * sin(2 * x);
plot(x,y1,x,y2)                        % MATLAB 默认不添加网格线
figure;plot(x,y1,x,y2)
grid on                                % 添加网格线
figure;plot(x,y1,x,y2)
[X,Y,Z] = peaks;
surf(X,Y,Z);box on                     % 添加坐标框
figure;[X,Y,Z] = peaks;
surf(X,Y,Z);box off                    % 不显示坐标框
>> exam_7_5
```

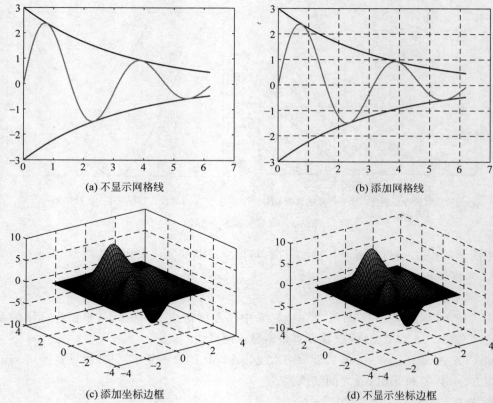

(a) 不显示网格线 (b) 添加网格线

(c) 添加坐标边框 (d) 不显示坐标边框

图 7-9 网格线和坐标框的设置

从图 7-9 可知,添加网格线,便于曲线数据的读取;添加坐标边框,效果更明显。

7.2.3 图形修饰

绘图完成后,为了使图形意义更加明确,便于读图,还需要对图形进行一些修饰操作。

MATLAB 提供很多图形修饰函数,实现对图形添加标题(title)、横纵坐标轴的标签(label)、图形某部分文本标注(text)、不同数据线的图例标识(legend)等功能。

1. 标题和标签设置

MATLAB 提供 title 函数和 label 函数实现添加图形的标题和坐标轴的标签功能。它们的调用格式如下:

```
(1) title('str')
(2) xlabel ('str')
(3) ylabel ('str')
(4) zlabel ('str')
```

其中,title 为设置图形标题的函数;xlabel、ylabel 和 zlabel 为设置 x、y 和 z 坐标轴的标签函数;str 为注释字符串,也可为结构数组。

如果图形注释中需要使用一些特殊字符,如希腊字母、数学符号以及箭头符号等,则可以使用表 7-3 所示的对应命令。

表 7-3 常用的希腊字母、数学符号和箭头符号

类别	命令	符号	类别	命令	符号	类别	命令	符号
希腊字母	\alpha	α	希腊字母	\psi	ψ	数学符号	\neq	≠
	\beta	β		\upsilon	υ		\oplus	≡
	\gamma	γ		\mu	μ		\sim	≌
	\delta	δ		\nu	ν		\exists	∝
	\theta	θ		\kappa	κ		\cup	∪
	\lambda	λ		\rho	ρ		\cap	∩
	\xi	ξ		\tau	τ		\in	∈
	\pi	π		\Sigma	Σ		\otimes	⊗
	\omega	ω		\Phi	Φ		\oplus	⊕
	\zeta	ζ		\Psi	Ψ		\int	∫
	\epsilon	ε		\Upsilon	ϒ		\infty	∞
	\Gamma	Γ		\eta	η		\angle	∠
	\Delta	Δ		\chi	χ		\vee	∨
	\Theta	Θ		\iota	ι		\wedge	∧
	\Lambda	Λ	数学符号	\times	×	箭头符号	\leftarrow	←
	\Xi	Ξ		\div	÷		\rightarrow	→
	\Pi	Π		\pm	±		\uparrow	↑
	\Omega	Ω		\leq	≤		\downarrow	↓
	\sigma	σ		\geq	≥		\leftrightarrow	↔
	\phi	φ		\approx	≈		\updownarrow	↕

2. 图形的文本标注设置

MATLAB 提供 text 和 gtext 函数,能在坐标系某一位置标注文本注释。它们的调用格式如下:

```
(1) text(x, y, 'str')
(2) gtext('str')
(3) gtext({'str1';'str2';'str3'; … })
```

其中,text(x, y, 'str')函数能在坐标系位置(x,y)处添加文本 str 注释;gtext('str')可以在鼠标选择的位置处添加文本 str 注释;gtext({'str1';'str2';'str3';…})一次放置一个字符串,多次放置在鼠标指定位置上。

微课视频

【例 7-6】 使用 title、xlabel、ylabel、text 和 gtext 函数,对正弦曲线设置标题,设置横纵坐标轴标签,并在曲线特殊点标识文本注释。

在文件编辑窗口编写命令文件,保存为 exam_7_6.m 脚本文件。程序代码如下,结果如图 7-10 所示。

```
clear
close all
t = 0:0.1:2 * pi;
y = sin(t);
plot(t,y)
xlabel('t(s)')
ylabel('sin(t)(V)')
grid on
title('This is an example of sin(t)\rightarrow 2\pi')
text(pi,sin(pi),'\leftarrow this is a zero point for\pi')
gtext('\uparrow this is a max point for\pi/2')
gtext('\downarrow this is a min point for 3 * \pi/2')
>> exam_7_6
```

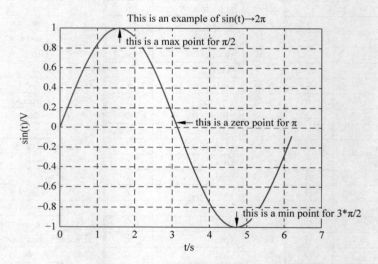

图 7-10   标题、标签和文本修饰

3. 图例设置

为了区别在同一坐标系中的多条曲线,一般会在图形空白处添加图例。MATLAB 提供 legend 函数可以添加图例,函数调用格式为:

```
legend('str1','str2', …,'location',LOC)
```

其中,str1,str2,…为图例标题,与图形内曲线依次对应; LOC 为图例放置位置参数,LOC 的取值如表 7-4 所示。

legend off 为删除当前图中的图例。

表 7-4 图例位置参数

位 置 参 数	功 能	位 置 参 数	功 能
'North'	放在图内的顶部	'NorthOutside'	放在图外的顶部
'South'	放在图内的底部	'SouthOutside'	放在图外的底部
'East'	放在图内的右侧	'EastOutside'	放在图外的右侧
'West'	放在图内的左侧	'WestOutside'	放在图外的左侧
'NorthEast'	放在图内的右上角	'NorthEastOutside'	放在图外的右上角
'NorthWest'	放在图内的左上角	'NorthWestOutside'	放在图外的左上角
'SouthEast'	放在图内的右下角	'SouthEastOutside'	放在图外的右下角
'SouthWest'	放在图内的左下角	'SouthWestOutside'	放在图外的左下角
'Best'	最佳位置(覆盖数据最好)	'BestOutside'	图外最佳位置

【例 7-7】 在同一坐标系中,分别绘制以红实线、数据点标记为"＊"的正弦曲线和绿点画线、数据点标记为"o"的余弦曲线,并设置适当的图例、标题和坐标轴标签。

在文件编辑窗口编写命令文件,保存为 exam_7_7.m 脚本文件。程序代码如下,结果如图 7-11 所示。

微课视频

```
clear
close all
t = 0:0.1:2 * pi;
y1 = sin(t);
y2 = cos(t);
plot(t,y1,'r - * ',t,y2,'g - .o')          % 在同一个坐标系画正弦和余弦曲线
xlabel('t(s)')                              % 添加横坐标标签
ylabel('sin(t)&cos(t)(V)')                  % 添加纵坐标标签
grid on                                     % 增加网格线
title('正弦和余弦曲线')                        % 设置图形标题
legend('正弦曲线','余弦曲线','location', 'SouthWest')   % 图例放在图内左下角
>> exam_7_7
legend('正弦曲线','余弦曲线','location','best')   % 图例放在图内最佳位置
```

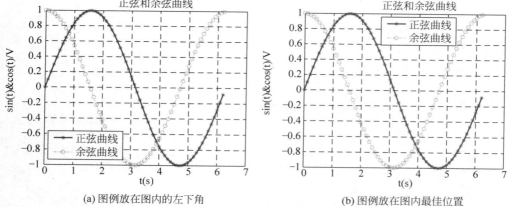

(a) 图例放在图内的左下角　　　　　　(b) 图例放在图内最佳位置

图 7-11 图例及其位置设置

4. 用鼠标获取二维图形数据

MATLAB 提供 ginput 函数,实现用鼠标从图形中获取数据的功能。ginput 函数在工程设计、数值优化中很有用,仅适用于二维图形。该函数格式如下:

[x, y] = ginput(n)　　　　　% 用鼠标从图形中获取 n 个点的坐标(x,y)

其中,n 为正整数,是通过鼠标在图形中获取数据点的个数; x 和 y 用来存放所获取的坐标,是列向量,每次获取的坐标点为列向量的一个元素。

当运行 ginput 函数后,会把当前图形从后台调到前台,同时鼠标光标变为十字叉,用户移动鼠标将十字叉移动到待取坐标点,单击鼠标左键,便获得该点坐标。当 n 个点的数据全部取完后,图形窗口便退回后台。

为了使 ginput 函数能准确选择坐标点,可以使用工具栏放大按钮 🔍 对图形进行局部放大处理。

例如,在命令窗口中使用 ginput 函数,从图形窗口获取 2 个点的坐标数据,存放在变量 x 和 y 中。

```
>> [x, y] = ginput(2)
```

7.2.4　图形保持

MATLAB 绘图一般情况下,每执行一次 plot 绘图命令,就刷新一次当前图形窗口,原有的图形将被覆盖。如果希望在已存在的图形上继续添加新的图形,可以使用图形保持命令 hold 函数。hold on 命令是保持原有图形,hold off 是刷新原有图形。反复使用 hold 函数,则在 hold on 和 hold off 之间切换。

微课视频

【例 7-8】 用图形保持功能在同一坐标系内,绘制曲线 $y = 3\mathrm{e}^{-0.3x}\sin(3x)$ 及其包络线, $x \in [0, 2\pi]$。

在文件编辑窗口编写命令文件,保存为 exam_7_8.m 脚本文件。程序代码如下,结果如图 7-12 所示。

```
clear
t = (0:0.1:2 * pi)';
y1 = 3 * exp( - 0.3 * t) * [1, - 1];
y2 = 3 * exp( - 0.3 * t). * sin(3 * t);
plot(t,y1,'r:')                                      % 绘制包络线
hold on                                              % 打开图形保持功能
plot(t,y2,'b - ')                                    % 绘制曲线 y
legend('包络线','包络线','曲线 y','location','best')   % 添加图例
xlabel('t')                                          % 设置横坐标轴标签
ylabel('y')                                          % 设置纵坐标轴标签
hold off                                             % 关闭图形保持功能
grid on                                              % 添加网格线
>> exam_7_8
```

7.2.5　多个图形绘制

为了便于对多个图形进行比较,MATLAB 提供 subplot 函数,实现在一个图形窗口绘

制多个图形功能。subplot 函数可以将同一窗口分割成多个子图,能在不同坐标系绘制不同的图形,这样便于对比多个图形,也可以节省绘图空间。subplot 函数的格式如下:

```
subplot(m,n,p)                    %将图形窗口分割成 m×n 个子图,第 p 幅为当前图
```

其中,subplot 中的逗号",",可以省略;子图排序原则是:左上方为第一幅,从左往右、从上向下依次排序,子图之间彼此独立;m 为子图行数,n 为子图列数,共分割为 m×n 个子图。

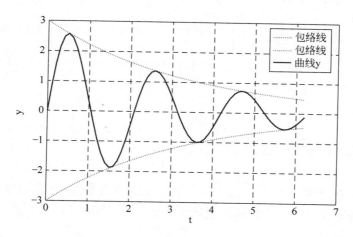

图 7-12　图形保持功能

【例 7-9】　试在同一图形窗口的 4 个子图中,用不同的坐标系绘图 $y1 = \sin(t)$,$y2 = \cos(t)$,$y3 = \sin(2t)$,$y4 = \cos(2t)$ 在 $t \in [0, 2\pi]$ 的 4 条不同的曲线。

在文件编辑窗口编写命令文件,保存为 exam_7_9.m 脚本文件。程序代码如下,结果如图 7-13 所示。

微课视频

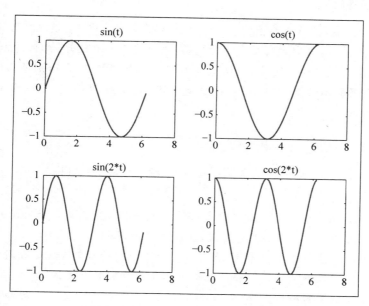

图 7-13　MATLAB 多个子图的创建

```
clear
t = (0:0.1:2 * pi);
y1 = sin(t);y2 = cos(t);
y3 = sin(2 * t);y4 = cos(2 * t);
subplot(2,2,1);plot(t,y1)          %将当前图形窗口分隔为2行2列在第1个子图作t-y1曲线
title('sin(t)')
subplot(2,2,2);plot(t,y2)          %将当前图形窗口分隔为2行2列在第2个子图作t-y2曲线
title('cos(t)')
subplot(2,2,3);plot(t,y3)          %将当前图形窗口分隔为2行2列在第3个子图作t-y3曲线
title('sin(2 * t)')
subplot(2,2,4);plot(t,y4)          %将当前图形窗口分隔为2行2列在第4个子图作t-y4曲线
title('cos(2 * t)')
>> exam_7_9
```

7.3　二维特殊图形的绘制

在生产实际中,有时候需要绘制一些特殊的图形,例如饼形图、柱状图、直方图和极坐标图等,MATLAB 提供了绘制各种特殊图形的函数,使用起来很方便。

7.3.1　柱状图

柱状图常用于对统计的数据进行显示,便于观察和比较数据的分布情况,适用于数据量少的离散数据。MATLAB 使用 bar、barh、bar3 和 bar3h 函数来绘制柱状图,它们的调用格式如下:

(1) bar(x,y, width, 参数)　　　　　　　%绘制垂直柱状图

其中,x 是横坐标向量,默认省略值为 1：m,m 为 y 的向量长度;y 是纵坐标,可以是向量或者矩阵,当 y 为向量时,每个元素对应一个竖条,当 y 为 m×n 的矩阵时,绘制 m 组竖条,每组包含 n 条;width 是竖条的宽度,默认宽度为 0.8,如果宽度大于 1,则条与条之间将重叠;"参数"是控制条形显示效果,有'grouped'分组式和'stacked'堆栈式,默认为'grouped'。

(2) barh(x, y, width, 参数)　　　　　　%绘制水平柱状图

其中,变量及参数定义与 bar 函数一致。

(3) bar3(x, y, width, 参数)　　　　　　%绘制三维垂直柱状图
(4) bar3h(x, y, width, 参数)　　　　　　%绘制三维水平柱状图

其中 bar3 和 bar3h 函数的变量的定义与 bar 类似;"参数"除了有'grouped'分组式和'stacked'堆栈式,还多了'detached'分离式,默认为'detached'。

【例 7-10】　已知某个班 4 位学生,在 5 次考试中取得的成绩如表 7-5 所示,请用垂直柱状图、水平柱状图、三维垂直柱状图和三维水平柱状图分别显示成绩。

在文件编辑窗口编写命令文件,保存为 exam_7_10.m 脚本文件。程序代码如下,结果如图 7-14 所示。

微课视频

表 7-5 学生成绩

学生	第一次考试	第二次考试	第三次考试	第四次考试	第五次考试
1	98	90	60	75	80
2	78	87	90	80	65
3	50	70	89	99	92
4	86	83	70	60	94

```
clear
x1 = [98  90  60  75  80];
x2 = [78  87  90  80  65];
x3 = [50  70  89  99  92];
x4 = [86  83  70  60  94];
x = [x1;x2;x3;x4];
subplot(2,2,1);bar(x)                       % 在第一个子图绘制垂直分组式柱状图
title('垂直柱状图')
xlabel('Students');ylabel('Scores')
subplot(2,2,2);barh(x,'stacked')            % 在第二个子图绘制水平堆栈式柱状图
title('水平柱状图')
xlabel('Scores');ylabel('Students')
subplot(2,2,3);bar3(x)                       % 在第三个子图绘制三维垂直柱状图
title('三维垂直柱状图')
xlabel('Test Number');ylabel('Students');zlabel('Scores')
subplot(2,2,4);bar3h(x,'detached')          % 在第四个子图绘制三维水平分离式柱状图
title('三维水平柱状图')
xlabel('Test Number');ylabel('Scores');zlabel('Students')
>> exam_7_10
```

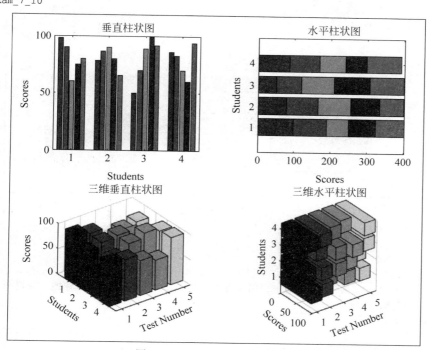

图 7-14 学生成绩 4 种柱状图

7.3.2　饼形图

饼形图（饼图）适用于显示向量和矩阵各元素占总和的百分比。MATLAB 提供 pie 和 pie3 函数绘制二维和三维饼形图，它们的调用格式为：

```
(1) pie(x, explode, 'label')          % 绘制二维饼图
```

其中，当 x 为向量时，每个元素占总和的百分比；当 x 为矩阵时，每个元素占矩阵所有元素总和的百分比；explode 是与 x 同长度的向量，用于控制是否从饼图中分离对应的一块，非零元素表示该部分需要分离，系统默认是省略 explode 项，即不分离；label 是用来标注饼形图的字符串数组。

```
(2) pie3(x, explode, 'label')          % 绘制三维饼图
```

其中，变量及参数定义和 pie 函数一致。

微课视频

【例 7-11】　已知一个服装店 4 个月的销售数据为 $x = [210\ 240\ 180\ 300]$，分别用二维和三维饼图显示销售数据。

在文件编辑窗口编写命令文件，保存为 exam_7_11.m 脚本文件。程序代码如下，结果如图 7-15 所示。

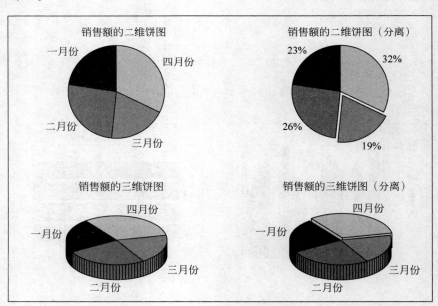

图 7-15　4 个月销售额的 4 种饼图

```
clear
x = [210 240 180 300];
subplot(2,2,1);
pie(x,{'一月份','二月份','三月份','四月份'})          % 绘制销售额的二维饼图
title('销售额的二维饼图')
subplot(2,2,2);
pie(x,[0 0 1 0])                                      % 绘制销售额的二维饼图(分离)
title('销售额的二维饼图(分离)')
```

```
subplot(2,2,3);
pie3(x,{'一月份','二月份','三月份','四月份'})          % 绘制销售额的三维饼图
title('销售额的三维饼图')
subplot(2,2,4);
pie3(x,[0 0 0 1],{'一月份','二月份','三月份','四月份'})    % 绘制销售额的三维饼图(分离)
title('销售额的三维饼图(分离)')
>> exam_7_11
```

7.3.3　直方图

直方图又称为频数直方图,适用于统计并记录已知数据分布情况。MATLAB 提供 hist 函数用于绘制条形直方图。直方图的横坐标将数据范围划分成若干段,统计在每段有多少个数,纵坐标显示每段数据个数。函数调用格式如下:

```
(1) hist(y,n)     % 统计每段数据个数并绘制直方图
(2) hist(y,x)
(3) N = hist(y,x)
```

其中,n 为分段的个数,若 n 省略时,默认分成 10 段;x 是向量,用于指定所划分每个数据段的中间值;y 可以是向量,也可以是矩阵,如果是矩阵,则按列分段;N 是每段数据的个数。

【例 7-12】　用直方图 hist 函数,绘制 rand(10000,1) 和 randn(10000,1) 函数产生的数据的直方图。

在文件编辑窗口编写命令文件,保存为 exam_7_12.m 脚本文件。程序代码如下,结果如图 7-16 所示。

微课视频

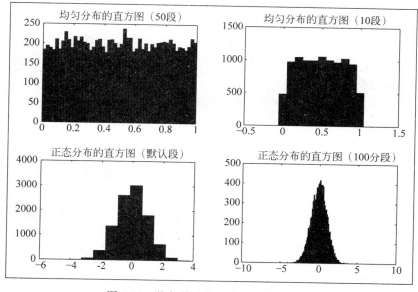

图 7-16　均匀分布和正态分布的直方图

```
clear
y1 = rand(10000,1);
y2 = randn(10000,1);
subplot(2,2,1);hist(y1,50)                      % 绘制均匀分布的直方图(50 分段)
```

```
title('均匀分布的直方图(50分段)')
subplot(2,2,2);hist(y1,[0:0.1:1])         %绘制均匀分布的直方图(10分段)
title('均匀分布的直方图(10分段)')
subplot(2,2,3);hist(y2)                    %绘制正态分布的直方图(默认分段)
title('正态分布的直方图(默认段)')
subplot(2,2,4);hist(y2,[-5:0.1:5])         %绘制正态分布的直方图(100分段)
title('正态分布的直方图(100分段)')
N1 = hist(y1,10)                           %统计10个分段,每段多少个数据
N2 = hist(y2)                              %统计默认10分段,每段多少个数据
>> exam_7_12
N1 =
     960    1017    1042    985    988    1048    971    1005    995    989
N2 =
  6    64    377    1366    2607    3006    1803    647    115    9
```

由上述程序结果可知,用 hist 函数可以方便地绘制出均匀分布 rand 和正态分布 rand的函数产生的随机数的直方图,验证了它们服从均匀分布和正态分布。

7.3.4 离散数据图

常用的 MATLAB 离散数据图有 stairs 函数绘制的阶梯图、stem 函数绘制的火柴杆图和 candle 函数绘制的蜡烛图。

1. stairs 阶梯图

MATLAB 提供 stairs 函数绘制阶梯图,stairs 函数的调用格式如下:

```
stairs(x,y,'参数')
```

其中,stairs 函数的格式与 plot 函数相似,不同的是将数据用一个阶梯图表示，x 是横坐标可以省略,当 x 省略时,横坐标为 1：size(y,1)；如果 y 是矩阵,则绘制每一行画一条阶梯曲线；"参数"主要是控制线的颜色和线型,和 plot 函数定义一样。

2. stem 火柴杆图

MATLAB 提供 stem 函数绘制火柴杆图,stem 函数的调用格式如下:

```
stem(x, y, '参数')
```

其中,stem 函数绘制的方法和 plot 命令很相似,不同的是将数据用一个垂直的火柴杆表示火柴头的小圆圈表示数据点；x 是横坐标,可以省略,当 x 省略时,横坐标为 1：size(y,1)；是用于画火柴杆的数据,y 可以是向量或矩阵,若 y 是矩阵则每一行数据画一条火柴杆曲线；"参数"可以是 'fill'或线型,'fill'表示将火柴头填充,线型与 plot 线型参数相似。

3. candle 蜡烛图

MATLAB 提供 candle 函数绘制蜡烛图,即股票的分析图,用于股票数据的分析,candl函数的调用格式如下:

```
candle(HI, LO, CL, OP)
```

其中,HI 为股票的最高价格向量；LO 为股票的最低价格向量；CL 为股票的收盘价格向量；OP 为股票的开盘价格向量。

微课视频

【例 7-13】 使用 stairs 函数和 stem 函数绘制正弦离散数据 $y=\sin(t)$ 阶梯图和火柴杆图。

在文件编辑窗口编写命令文件,保存为 exam_7_13. m 脚本文件。程序代码如下,结果如图 7-17 所示。

```
clear
t = 0:0.1:2 * pi;
y = sin(t);
subplot(2,1,1);
stairs(t,y,'r - ')              % 绘制正弦曲线的阶梯图
xlabel('t');
ylabel('sin(t)')
title('正弦曲线的阶梯图')
subplot(2,1,2);
stem(t,y,'fill')               % 绘制正弦曲线的火柴杆图
xlabel('t');
ylabel('sin(t)')
title('正弦曲线的火柴杆图')
>> exam_7_13
```

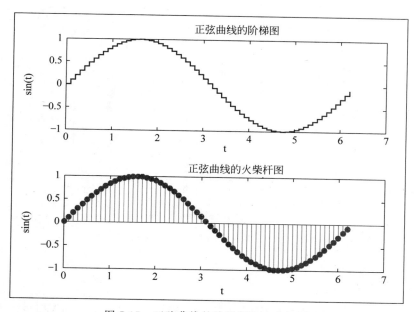

图 7-17 正弦曲线的阶梯图和火柴杆图

【例 7-14】 使用 candle 函数绘制 2017 年 2 月 27 日到 3 月 14 日,12 个交易日大众公用股票的蜡烛图,即分析图。

在文件编辑窗口编写命令文件,保存为 exam_7_14. m 脚本文件。程序代码如下,结果如图 7-18 所示。

微课视频

```
clear
open = [6.42 6.37 6.38 6.53 6.44 6.48 6.46 6.44 6.44 6.52 6.52 6.53]';
high = [6.55 6.42 6.68 6.60 6.49 6.49 6.49 6.54 6.66 6.55 6.58 6.55]';
low = [6.38 6.34 6.38 6.43 6.42 6.43 6.40 6.42 6.35 6.43 6.48 6.43]';
close = [6.38 6.39 6.55 6.46 6.46 6.47 6.46 6.46 6.56 6.50 6.53 6.45]';
candle(open, high, low, close)
```

```
xlabel('t');ylabel('Stock Price')
title('大众公用 2017.2.27 至 3 月 14 日 12 个交易日趋势图')
>> exam_7_14
```

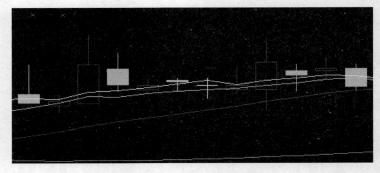

(a) 用股票交易软件得到的趋势图

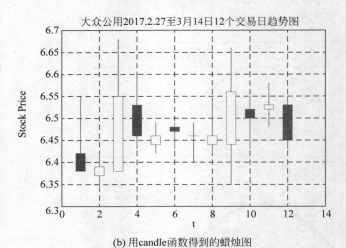

(b) 用candle函数得到的蜡烛图

图 7-18　大众公用股票 12 日蜡烛图

7.3.5　向量图

向量图是一种带有方向的数据图,可以用来表示复数和向量。MATLAB 提供三种绘制向量图的函数:罗盘图 compass 函数、羽毛图 feather 函数和向量场 quiver 函数。

1. 罗盘图

MATLAB 提供 compass 函数绘制罗盘图,在极坐标系中绘制从原点到每个数据点带箭头的线段。函数调用格式如下:

```
(1) compass(u,v,'线型')              % 绘制横坐标为 u,纵坐标为 v 的罗盘图
(2) compass(Z,'线型')               % 绘制复向量 Z 的罗盘图
```

其中,u 和 v 分别是复向量 Z 的实部和虚部,u＝real(Z),v＝imag(Z)。

2. 羽毛图

MATLAB 提供 feather 函数绘制羽毛图,在直角坐标系中绘制从原点到每个数据点带

箭头的线段。函数调用格式如下：

```
(1) feather(u,v,'线型')          % 绘制横坐标为 u,纵坐标为 v 的羽毛图
(2) feather(Z,'线型')            % 绘制复向量 Z 的羽毛图
```

3. 向量场

MATLAB 提供 quiver 函数绘制向量场图,在直角坐标系中绘制以(x,y)为起点,到每个数据点带箭头的向量场。函数调用格式如下：

```
quiver(x, y, u, v)               % 绘制以(x,y)为起点,横纵坐标为(u,v)的向量场
```

微课视频

【例 7-15】　已知三个复数向量 $A1 = 5+5i$,$A2 = 3-4i$ 和 $A3 = -4+2i$,使用 compass、feather 和 quiver 函数绘制复向量的向量图。

在文件编辑窗口编写命令文件,保存为 exam_7_15m 脚本文件。程序代码如下,结果如图 7-19 和图 7-20 所示。

```
clear
A1 = 5 + 5i;A2 = 3 - 4i;A3 = - 4 + 2i;        % 输入三个复数向量
subplot(1,2,1);
compass([A1,A2,A3],'b')                        % 绘制罗盘图
title('罗盘图')
subplot(1,2,2);
feather([A1,A2,A3],'r')                        % 绘制羽毛图
title('羽毛图')
figure
quiver([0,1,2],0,[real(A1),real(A2),real(A3)],...,   % 绘制向量场图
[imag(A1),imag(A2),imag(A3)],'b')
title('向量场图')
>> exam_7_15
```

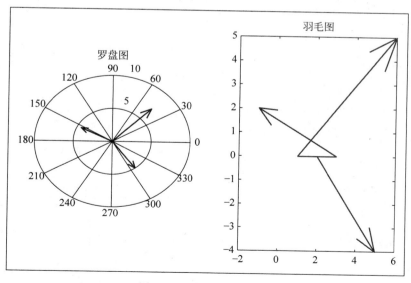

图 7-19　罗盘图和羽毛图

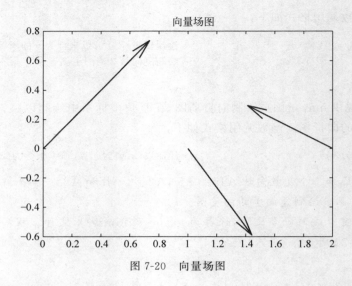

图 7-20　向量场图

7.3.6　极坐标图

MATLAB 提供 polar 函数绘制极坐标图,在极坐标系中根据相角 theta 和离原点的距离 rho 绘制极坐标图。函数调用格式如下:

polar(theta,rho,'参数')

其中,theta 为相角,以弧度为单位;rho 为半径;"参数"的定义与 plot 函数参数相同。

微课视频

【例 7-16】　已知 4 个极坐标曲线 $\rho_1 = \sin(\theta)$, $\rho_2 = 2\cos(3\theta)$, $\rho_3 = 3\sin^2(5\theta)$, $\rho_4 = 5\cos^3(6\theta)$,$-\pi \leqslant \theta \leqslant \pi$,在同一图形窗口 4 个不同子图中,使用 polar 函数绘制 4 个极坐标图。

在文件编辑窗口编写命令文件,保存为 exam_7_16. m 脚本文件。程序代码如下,结果如图 7-21 所示。

```
clear;                              % 清除工作空间变量
theta = - pi:0.01:pi;
rho1 = sin(theta);                  % 计算 4 个半径
rho2 = 2 * cos(3 * theta);
rho3 = 3 * sin(5 * theta).^2;
rho4 = 5 * cos(6 * theta).^3;
subplot(2,2,1);
polar(theta,rho1)                   % 绘制第一条极坐标曲线
title('sin(θ)')
subplot(2,2,2);
polar(theta,rho2,'r')               % 绘制第二条极坐标曲线
title('2 * cos(3θ) ')
subplot(2,2,3);
polar(theta,rho3,'g')               % 绘制第三条极坐标曲线
title('3 * (sin(5θ))^2 ')
subplot(2,2,4);
polar(theta,rho4,'c')               % 绘制第四条极坐标曲线
title('5 * (cos(6θ))^3 ')
>> exam_7_16
```

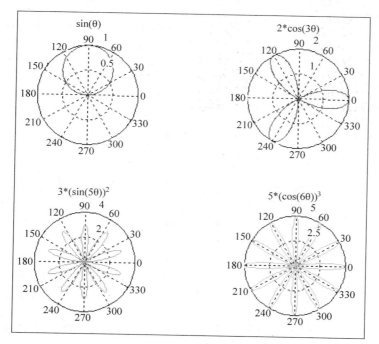

图 7-21 极坐标图

7.3.7 对数坐标图

在实际应用中,常用到对数坐标。对数坐标图是指坐标轴的刻度不是用线性刻度而是使用对数刻度。MATLAB 提供 semilogx 和 semilogy 函数实现对 x 轴和 y 轴的半对数坐标图,提供 loglog 函数实现双对数坐标图。它们的调用格式如下:

(1) `semilogx(x1,y1,'参数 1',x2,y2,'参数 2',…)`
(2) `semilogy(x1,y1,'参数 1',x2,y2,'参数 2',…)`
(3) `loglog(x1,y1,'参数 1',x2,y2,'参数 2',…)`

其中,"参数"的定义和 plot 函数参数定义相同,所不同的是坐标轴的选取;semilogx 函数使用半对数坐标,x 轴为常用对数刻度,y 轴为线性坐标刻度;semilogy 函数也使用半对数坐标,x 轴为线性坐标刻度,y 轴为常用对数刻度;loglog 函数使用全对数坐标,x 和 y 轴均采用常用对数刻度。

【例 7-17】 在同一图形窗口 4 个不同子图中,绘制 $y=5x^3,0{\leqslant}x{\leqslant}8$ 函数的线性坐标图、半对数坐标图和双对数坐标图。

在文件编辑窗口编写命令文件,保存为 exam_7_17.m 脚本文件。程序代码如下,结果如图 7-22 所示。

微课视频

```
clear;                          % 清除变量空间
x = 0:0.1:8;y = 5 * x.^3;       % 计算作图数据
subplot(2,2,1);
plot(x,y)                       % 绘制线性坐标图
title('线性坐标图')
```

```
subplot(2,2,2);
semilogx(x,y,'r-.')                          % 绘制半对数坐标图 x
title('半对数坐标图 x')
subplot(2,2,3);
semilogy(x,y,'g-')                           % 绘制半对数坐标图 y
title('半对数坐标图 y')
subplot(2,2,4);
loglog(x,y,'c--')                            % 绘制双对数坐标图
title('双对数坐标图')
>> exam_7_17
```

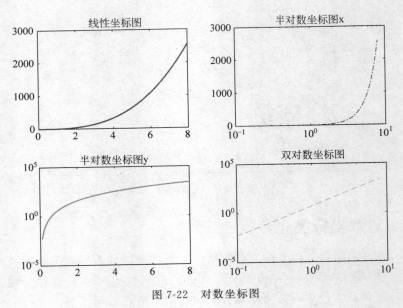

图 7-22 对数坐标图

7.3.8 双纵坐标图

在实际中,为了便于数据对比分析,可以将不同坐标刻度的两个图形绘制在同一个窗口中。MATLAB 提供 plotyy 函数实现把函数值具有不同量纲、不同数量级的两个函数绘制在同一坐标系中。plotyy 函数的调用格式为:

```
(1) plotyy(x1,y1,x2,y2)
(2) plotyy(x1,y1,x2,y2,fun1,fun2)
```

其中,x1,y1 对应一条曲线,x2,y2 对应另一条曲线。横坐标的刻度相同,左纵坐标用于 x1,y1 数据绘图,右纵坐标用于 x2,y2 数据绘图;fun1 和 fun2 是句柄或字符串,控制作图的方式,fun 可以为 plot、semilogx、semilogy、loglog 和 stem 等二维绘图指令。

【例 7-18】 在同一图形窗口,实现两条曲线 $y1 = 3\sin(x)$,$y2 = 2x^2$,$0 \leqslant x \leqslant 6$ 的双纵坐标绘图。

在文件编辑窗口编写命令文件,保存为 exam_7_18.m 脚本文件。程序代码如下,结果如图 7-23 所示。

微课视频

```
clear;                                       % 清空变量空间
```

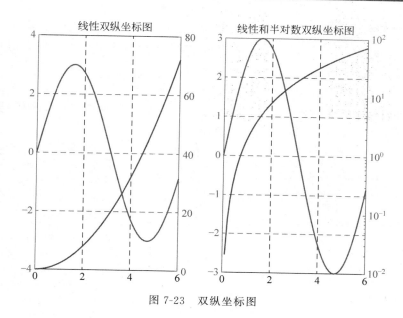

图 7-23　双纵坐标图

```
x = 0:0.1:6;
y1 = 3 * sin(x);                              % 计算 y1,y2 绘图数据
y2 = 2 * x.^2;
subplot(1,2,1);
plotyy(x,y1,x,y2)                             % 绘制线性双纵坐标图
title('绘制线性双纵坐标图')
grid on
subplot(1,2,2);
plotyy(x,y1,x,y2,'plot','semilogy')           % 绘制线性和半对数双纵坐标图
title('线性和半对数双纵坐标图')
grid on
>> exam_7_18
```

7.3.9　函数绘图

MATLAB 提供 ezplot 函数,实现函数绘图功能,其调用格式有如下几种。

(1) ezplot(f)

其中,对于 f(x),x 是默认取值范围($x \in [-2\pi, 2\pi]$),绘制 $f = f(x)$ 的图形。对于 f(x,y),x 和 y 的默认取值范围,都是 $[-2\pi, 2\pi]$,绘制 $f(x, y) = 0$ 的图形。

(2) ezplot(f,[min,max])

其中,对于 f(x),x 的取值范围是 $x \in [\min, \max]$,绘制 $f = f(x)$ 的图形。对于 f(x,y),ezplot(f, [xmin, xmax, ymin, ymax]) 按照 x 和 y 的取值范围($x \in [\text{xmin}, \text{xmax}]$,$y \in [\text{ymin}, \text{ymax}]$)绘制 $f(x, y) = 0$ 的图形。

(3) ezplot(x,y)

按照 t 的默认取值范围($t \in [0, 2\pi]$)绘制函数 $x = x(t)$、$y = y(t)$ 的图形。

(4) ezplot(x,y,[tmin,tmax])

按照 t 的指定取值范围(t∈[tmin,tmax])绘制函数 x=x(t)、y=y(t)的图形。

【例 7-19】 在同一图形窗口不同子窗口下,用 ezplot 函数绘制两条曲线 $y=\sin(2x)$, $x\in[0,2\pi]$,$f=x^2-y^2-1$,$x\in[-2\pi,2\pi]$,$y\in[-2\pi,2\pi]$。

在文件编辑窗口编写命令文件,保存为 exam_7_19.m 脚本文件。程序代码如下,结果如图 7-24 所示。

```
clear;
f1 = 'sin(2 * x)';f2 = 'x.^2 - y.^2 - 1';
subplot(1,2,1);
ezplot(f1,[0,2 * pi])
title('f = sin(2 * x)'); grid on
subplot(1,2,2);
ezplot(f2)
title('x^2 - y^2 - 1'); grid on
>> exam_7_19
```

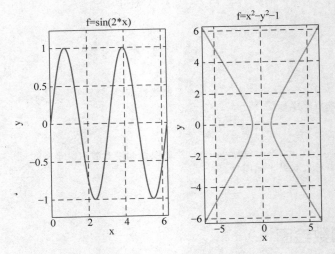

图 7-24 函数绘图

7.4 三维曲线和曲面的绘制

MATLAB 能绘制很多种三维图形,包括三维曲线、三维网格线、三维表面图和三维特殊图形。

7.4.1 绘制三维曲线图

三维曲线图是根据三维坐标(x,y,z)绘制的曲线,MATLAB 使用 plot3 函数实现。其调用格式和二维绘图的 plot 函数相似,函数格式为:

```
plot3(x,y,z,'选项')                    % 绘制三维曲线
```

其中,x,y,z 必须是同维的向量或者矩阵,若是向量,则绘制一条三维曲线;若是矩阵,按矩阵的列绘制多条三维曲线,三维曲线的条数等于矩阵的列数。"选项"的定义和二维 plot 函数定义一样,一般由线型、颜色和数据点标识组合一起。

【例 7-20】 当 x 为矩阵和向量,y＝sin(x),z＝cos(x)时,在同一窗口不同子图中,绘制三维曲线。

微课视频

在文件编辑窗口编写命令文件,保存为 exam_7_20.m 脚本文件。程序代码如下,结果如图 7-25 所示。

```
clear;
x = [0:0.1:2 * pi;4 * pi:0.1:6 * pi]';
y = sin(x);z = cos(x);              % 创建三维数据,x,y,z 都是两列的矩阵
subplot(1,2,1);
plot3(x,y,z)                        % 绘制矩阵的三维曲线
title('矩阵的三维曲线绘制')
x1 = [0:0.2:10 * pi];
y1 = cos(x1);z1 = sin(x1);
subplot(1,2,2);
plot3(x1,y1,z1,'r-.*')             % 绘制向量的三维曲线,红色,点画线,数据点用 * 标识
title('向量的三维曲线绘制')
gridon
>> exam_7_20
```

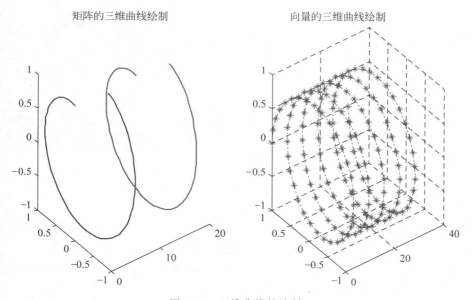

图 7-25　三维曲线的绘制

7.4.2　绘制三维曲面图

三维曲面图包括三维网格图和三维表面图,三维曲面图和三维曲线图的不同之处是,三维曲线图是以线定义,而三维曲面图是以面来定义。MATLAB 提供常用的三维曲面函数有:三维网格图 mesh 函数、带有等高线的三维网格图 meshc 函数、带基准平面的三维网格

图 meshz 函数、三维表面图 surf 函数、带等高线的三维表面图 surfc 函数和加光照效果的三维表面图 surfl 函数。

1. 三维网格图

三维网格图就是将平面上的网格点(X,Y)对应的 Z 值的顶点画出来,并将各顶点用线连接起来。MATLAB 提供 mesh 函数绘制三维网格图,其调用格式如下:

```
mesh(X,Y,Z,C)
```

其中,X,Y 是通过 meshgrid 得到的网格顶点;C 是指定各点的用色矩阵。C 可以默认省略。

meshgrid 函数是用来在(x,y)平面上产生矩形网格,其调用格式为:

```
[X,Y] = meshgrid(x,y)
```

其中,若 x 和 y 分别为 n 个和 m 个元素的一维数组,则 X 和 Y 都是 n×m 的矩阵,每个(X,Y)对应一个网格点;如果 y 省略,则 X 和 Y 都是 n×n 的方阵。

例如,x 为 4 个元素数组,y 为 3 个元素数组,由 x 和 y 产生 3×4 的矩形网格,并绘制出(X,Y)对应的网格顶点,如图 7-26 所示。

```
>> x = 1:4
x =
     1     2     3     4
>> y = 2:2:6
y =
     2     4     6
>> [X,Y] = meshgrid(x,y)
X =
     1     2     3     4
     1     2     3     4
     1     2     3     4
Y =
     2     2     2     2
     4     4     4     4
     6     6     6     6
>> plot(X,Y,'d')
```

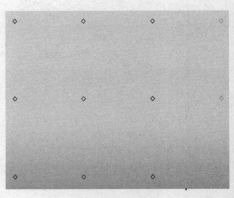

图 7-26　网格顶点图

另外,mesh 函数还派生出另外两个函数 meshc 和 meshz,meshc 用来绘制带有等高线的三维网格图;meshz 用来绘制带基准平面的三维网格图,用法和 mesh 类似。

微课视频

【例 7-21】 已知 $z = x^2 - y^2$,$x,y \in [-5,5]$,分别使用 plot3、mesh、meshc 和 mech 函数绘制三维曲线和三维网格图。

在文件编辑窗口编写命令文件,保存为 exam_7_21.m 脚本文件。程序代码如下,结果如图 7-27 所示。

```
clear;
x = -5:0.2:5;
[X,Y] = meshgrid(x);          % 生成矩形网格数据
Z = X.^2 - Y.^2;
subplot(2,2,1);
```

```
plot3(X,Y,Z)                                    % 绘制三维曲线
title('plot3')
subplot(2,2,2);
mesh(X,Y,Z)                                     % 绘制三维网格图
title('mesh')
subplot(2,2,3);
meshc(X,Y,Z)                                    % 绘制带等高线的三维网格图
title('meshc')
subplot(2,2,4);
meshz(X,Y,Z)                                     % 绘制带基准平面的三维网格图
title('meshz')
>> exam_7_21
```

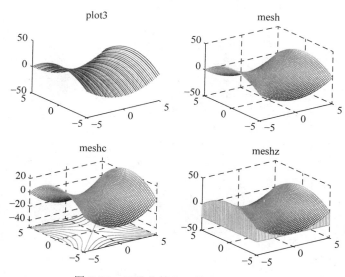

图 7-27　三维曲线和三维网格图

2. 三维表面图

与三维网格图不同的是,三维表面图网格范围内用颜色来填充。MATLAB 提供 surf 函数,实现绘制三维表面图,其也是需要生成网格顶点(X,Y),再计算出 Z,函数调用格式为:

```
surf(X,Y,Z,C)                                   % 绘制三维表面图
```

其中参数定义和 mesh 参数定义相同。

另外,surf 函数还派生出另外两个函数 surfc 和 surfl,surfc 用来绘制带有等高线的三维表面图;surfl 用来绘制带光照效果的三维表面图,用法和 surf 类似。

【例 7-22】　在 $x \in [-5,5]$,$y \in [-3,3]$ 上作出 $z^2 = x^4 y^2$ 所对应的三维表面图。

在文件编辑窗口编写命令文件,保存为 exam_7_22.m 脚本文件。程序代码如下,结果如图 7-28 所示。

微课视频

```
clear;
x = - 5:0.3:5;
```

```
y = -3:0.2:3;
[X,Y] = meshgrid(x,y);              % 生成矩阵网格数据
Z = sqrt(X.^4.*Y.^2);
subplot(2,2,1);mesh(X,Y,Z)          % 绘制三维网格图
title('mesh')
subplot(2,2,2);surf(X,Y,Z)          % 绘制三维表面图
title('surf')
subplot(2,2,3);surfc(X,Y,Z)         % 绘制带有等高线的表面图
title('surfc')
subplot(2,2,4);surfl(X,Y,Z)         % 绘制带有光照效果的表面图
title('surfl')
>> exam_7_22
```

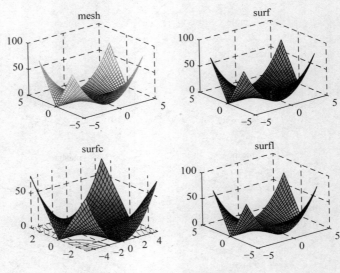

图 7-28 三维表面图

7.4.3 绘制三维特殊图形

MATLAB 提供很多函数绘制特殊的三维图形,比如三维柱状图 bar3、bar3h、饼图 pie3 和火柴杆图 stem3,这些函数在二维特殊图形绘制章节介绍过,不再赘述。下面主要介绍一下三维等高线图和瀑布图。

1. 等高线图

等高线图常用于地形绘制中,MATLAB 提供 contour3 函数用于绘制等高线图,它能自动根据 Z 值的最大值和最小值来确定等高线的条数,也可以根据给定参数来取值。函数调用格式为:

```
contour3(X,Y,Z,n)                   % 绘制等高线图
```

其中,X,Y 和 Z 定义和 mesh 的 X,Y 和 Z 定义一样,n 为给定等高线的条数,若 n 省略,则自动根据 Z 值确定等高线的条数。

2. 瀑布图

瀑布图和网格图很相似,不同的是瀑布图把每条曲线都垂下来,形成瀑布状

MATLAB 提供 waterfall 函数绘制瀑布图。函数调用格式为：

```
waterfall(X,Y,Z)              % 绘制瀑布图
```

其中，X,Y 和 Z 定义和 mesh 的 X,Y 和 Z 定义一样，X 和 Y 还可以省略。

【例 7-23】 在 $x\in[-5,5]$,$x\in[-3,3]$上，作出 $z=\sin\sqrt{x^2+y^2}$ 所对应的等高线图、瀑布图和三维网格图。

微课视频

在文件编辑窗口编写命令文件，保存为 exam_7_23.m 脚本文件。程序代码如下，结果如图 7-29 所示。

```
clear;
x = -5:0.3:5;
y = -3:0.2:3;
[X,Y] = meshgrid(x,y);
Z = sin(sqrt(X.^2 + Y.^2));
subplot(2,2,1);contour3(X,Y,Z)        % 绘制默认值的等高线图
title('默认值的等高线图')
subplot(2,2,2);contour3(X,Y,Z,30);     % 绘制给定值的等高线图
title('给定值的等高线图')
subplot(2,2,3);waterfall(X,Y,Z);       % 绘制瀑布图
title('瀑布图')
subplot(2,2,4);mesh(X,Y,Z);            % 绘制三维网格图
title('三维网格图')
>> exam_7_23
```

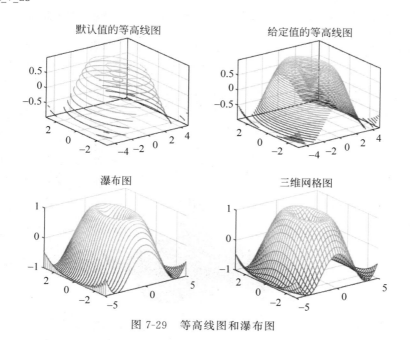

图 7-29   等高线图和瀑布图

7.4.4 绘制动画图形

MATLAB 可以利用函数(movie、getframe 和 moviein)实现动画的制作。原理是先把

一帧帧二维或者三维图形存储起来,然后利用命令把这些帧图形回放,达到产生动画的效果。函数调用格式为:

(1) movie(M, k) % 播放动画

其中,M 是要播的画面矩阵;k 如果是一个数,为播放次数,k 如果是一个向量,则第一个元素为播放次数,后面向量组成播放帧的清单。

(2) M(i) = getframe   % 录制动画的每一帧图形
(3) M = moviein(n)   % 预留分配存储帧的空间

其中,n 为存储放映帧数,M 预留分配存储帧的空间。

微课视频

【例 7-24】 矩形函数的傅里叶变换是 sinc 函数,$sinc(r) = \sin(r)/r$,其中 r 是 X-Y 平面上的向径。用 surfc 命令,制作 sinc 函数的立体图,并采用动画函数,播放动画效果。

在文件编辑窗口编写命令文件,保存为 exam_7_24. m 脚本文件。程序代码如下,结果如图 7-30 所示。

```
clear;
close all
x = - 9:0.2:9;
[X,Y] = meshgrid(x);
R = sqrt(X.^2 + Y.^2) + eps;
Z = sin(R)./R;
h = surfc(X,Y,Z);          % 产生每帧数据
M = moviein(20);           % 预先分配一个能存储 20 帧的矩阵
for i = 1:20
    rotate(h,[0 0 1],15);  % 使得图形绕 z 轴旋转 15 度/次
    M(i) = getframe;       % 录制动画的每一帧
end
movie(M,10,6)              % 每秒 6 帧速度,重复播放 10 次
>> exam_7_24
```

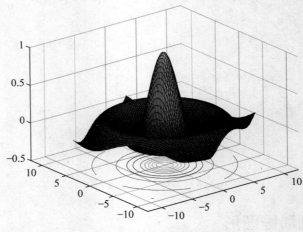

图 7-30   sinc 函数的动画

7.5 MATLAB 图形窗口

MATLAB 图形窗口不仅仅是绘图函数和工具形成的显示窗口,而且还可利用图形窗口编辑图形。本章前面介绍的很多图形制作和图形修饰命令,都可以利用 MATLAB 图形窗口操作实现。

MATLAB 的图形窗口界面如图 7-31 所示,图形窗口分为 4 部分:标题栏、菜单栏、快捷工具栏和图形显示窗口。图形窗口的菜单栏是编辑图形的主要部分,很多菜单按键和 Windows 标准按键相同,不再赘述。

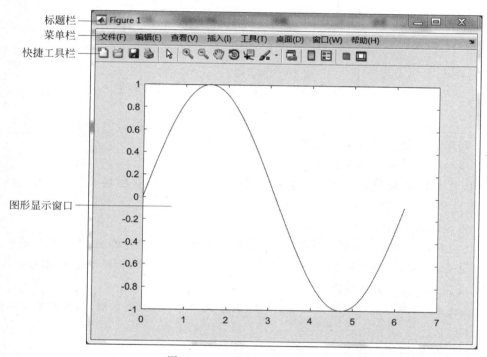

图 7-31 MATLAB 图形窗口

利用图形窗口对曲线和图形编辑和修饰用的比较多的是"插入"菜单。"插入"菜单主要用于向当前图形窗口中插入各种标注图形,包括:x 轴标签、y 轴标签、z 轴标签、图形标题、图例、颜色栏、直线、箭头、文本箭头、双向箭头、文本、矩形、椭圆、坐标轴和灯光。几乎所有标注都可以通过菜单来添加。

图形窗口的快捷工具栏有:编辑绘图键、放大键、缩小键、平移键、三维旋转、数据游标、刷亮/选择数据、链接绘图、插入颜色栏、插入图例、隐藏绘图工具键和显示绘图工具键。

下面通过一个例题,介绍利用 MATLAB 图形窗口编辑图形功能。

【例 7-25】 利用图形窗口编辑所绘制曲线 $y = 3e^{-0.5x}\sin(5x)$ 及其包络线,$x \in [0, 2\pi]$。

1. 绘出简单的曲线及其包络线

在文件编辑窗口编写命令文件,保存为 exam_7_25.m 脚本文件。程序代码如下,运行结果如图 7-32 所示。

微课视频

```
clear
t = (0:0.1:2 * pi)';                        % 定义域范围内采样
y1 = 3 * exp( - 0.5 * t) * [1, - 1];        % 包络线数据
y2 = 3 * exp( - 0.5 * t). * sin(5 * t);     % 生成曲线 y 数据
plot(t, y1, t, y2)                          % 在同一个图形窗口绘制 y 曲线和包络线
>> exam_7_25
```

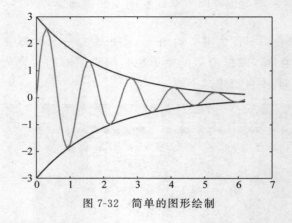

图 7-32　简单的图形绘制

2．利用菜单插入，完成标注功能

1）添加 x 和 y 轴标签和标题

选择菜单栏中的"插入"命令，分别选择 x 标签按键和 y 标签按键，输入"t(s)"和"y(V)"，选择标题按键，输入"y～x 曲线"。

2）添加图例

单击图例按钮，把鼠标移到图例的 data1 注释处，双击，修改为"包络线 1"，用同样的方法，将 data2 和 data3 注释修改为"包络线 2"和"曲线 y"，光标移到图例处，长按左键，可以移动图例。

3）在图形中插入文本注释

单击文本框，移动鼠标到合适位置，单击，放置文本框，双击文本框，添加本文注释信息，插入文本箭头。

添加标注后，效果如图 7-33 所示。

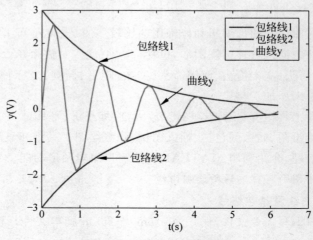

图 7-33　添加标注后的图形

3. 编辑曲线和图形的格式

单击快捷工具栏的编辑绘图 按钮,移到图形区,双击,图形窗口从默认的显示模式转变为编辑模式,如图 7-34 所示。选择图形对象元素进行相应的编辑。可以添加 x 和 y 轴的网格线,选择曲线、修改线型、线的颜色和线的粗细,修改数据点标记图案、大小及颜色,还可以修改横纵坐标轴刻度和字体及大小。

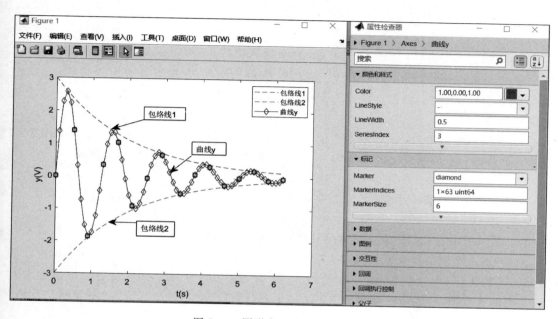

图 7-34　图形窗口编辑工作模式

曲线和图形的格式编辑后的效果如图 7-35 所示。

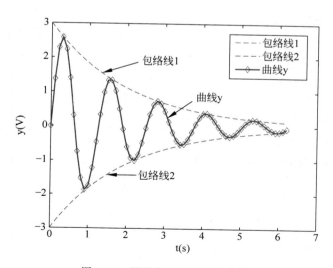

图 7-35　图形窗口编辑后的曲线

习题

1. 利用 plot 函数,绘制函数曲线 $y=2\sin(t),t\in[0,2\pi]$。

2. 利用 plot 函数,绘制函数曲线 $y=\sin(t)+\cos(t),t\in[0,2\pi]$,$y$ 线型选为点画线,颜色为红色,数据点设置为钻石型,x 轴标签设为 t,y 轴标签设置为 y,标题设置为 $\sin(t)+\cos(t)$。

3. 在同一图形窗口,利用 plot 函数,绘制函数曲线 $y_1=t\sin(2\pi t),t\in[0,2\pi]$,$y_2=5e^{-t}\cos(2\pi t),t\in[0,2\pi]$,$y_1$ 线型选为点画线,颜色为红色,数据点设置为五角星,y_2 线型选为实线,颜色为蓝色,数据点设置为圆圈,x 轴标签设为 t,y 轴标签设置为 $y_1\&y_2$,添加图例和网格。

4. 在同一图形窗口,分割为 4 个子图,分别绘制 4 条曲线 $y_1=\sin(t),y_2=\sin(2t)$,$y_3=\cos(t),y_4=\cos(2t)$,t 的范围均为 $[0,3\pi]$,要求给每个子图添加标题和网格。

5. 已知一个班有 4 个学生,三次考试,成绩为 $\begin{bmatrix}72 & 98 & 86 & 76\\80 & 92 & 85 & 90\\65 & 88 & 82 & 56\end{bmatrix}$,请用垂直柱状图、水平柱状图、三维垂直柱状图和三维水平柱状图分别显示成绩。

6. 已知一个班成绩为 $x=$ [61 98 78 65 54 96 93 87 83 72 99 81 77 72 62 74 65 40 82 71],用 hist 函数统计 60 分以下,60~70 分,70~80 分,80~90 分,90~100 分各分数段学生人数,并绘制直方图,分别用二维和三维饼图显示各分数段学生百分比,标注"不及格""及格""中等""良好"和"优秀"。

7. 使用 stairs 函数和 stem 函数绘制正弦离散数据 $y=\cos(2t),t\in[0,2\pi]$ 的阶梯图和火柴杆图。

8. 已知三个复数向量 $\boldsymbol{A}_1=2+2i,\boldsymbol{A}_2=3-2i$ 和 $\boldsymbol{A}_3=-1+2i$,在同一个图形窗口 3 个子区域,分别使用 compass、feather 和 quiver 函数绘制复向量的向量图,并添加标题。

9. 已知 4 个极坐标曲线 $\rho_1=\sin(2\theta),\rho_2=2\cos(3\theta),\rho_3=2\sin^2(5\theta),\rho_4=\cos^2(6\theta)$,$-\pi\leqslant\theta\leqslant\pi$,在同一图形窗口 4 个不同子图中,使用 polar 函数绘制 4 个极坐标图。

10. 在同一图形窗口 4 个不同子图中,绘制 $y=5e^x,0\leqslant x\leqslant5$ 函数的线性坐标图、半对数坐标图和双对数坐标图。

11. 用 ezplot 函数绘制曲线 $y=x\sin(2x),x\in[0,2\pi]$。

12. 试用三维曲线函数 plot3,绘制当 $x\in[0,2\pi]$,$y=\cos(x),z=2\sin(x)$ 时的曲线。

13. 已知 $z=2x^2+y^2,x,y\in[-3,3]$,分别使用 plot3,mesh,meshc 和 mechz,绘制三维曲线图和三维网格图。

14. 在 $x\in[-3,3]$,$y\in[-3,3]$ 上作出 $z=\cos\sqrt{x^2+y^2}/\sqrt{x^2+y^2}$ 所对应的三维网格图和三维表面图。

第8章

MATLAB 图形用户界面

本章要点：

- 图形用户界面简介；
- GUI 控制框常用对象及功能；
- GUI 菜单的设计方法。

图形用户界面（Graphical User Interfaces，GUI）是 MATLAB R2020a 的一个重要功能，它是根据用户体验和用户需求来设计的用户界面，一般由窗口、菜单和对话框等各种图形对象组成，用于观看和感知计算机、操作系统和应用程序。

8.1 图形用户界面简介

图形用户界面是指人与机器之间交互作用的工具和方法，它是由窗口、按键、菜单、滑标和文字说明等对象构成的一个用户界面，使计算机产生某种动作，实现计算和绘图等功能。MATLAB R2020a 提供了丰富的绘制图形用户界面的工具，可以简单方便地绘制出令人满意的图形用户界面。

8.1.1 GUI 的设计原则及步骤

1. GUI 的设计原则

一个好的图形用户界面应该遵循简单性（Simplicity）、习惯性（Familiarity）和一致性（Consistency）3 个设计原则。

（1）简单性。设计图形用户界面，应力求简洁、直接、清晰地体现界面的功能和特征。无用的功能应尽量删除，以保持界面的整洁。设计的图形界面要直观，多采用图形，尽量避免数值和文字说明；尽量减少窗口数目，避免不同窗口之间来回切换。

（2）习惯性。设计的图形用户界面应尽量使用人们熟悉的标志和符号，这样便于用户了解和使用新的用户界面的具体含义及操作方法。

（3）一致性。新设计的图形用户界面与已有的界面风格应尽量一致。

2. GUI 的设计步骤

（1）需求分析。分析图形用户界面要实现的主要功能，明确设计任务。

（2）界面布局设计。拖拽控制面板中的控件到界面设计区中；使用对象对齐工具

(Align Objects)进行控件的布局调整；使用 Tab 顺序编辑器(Tab Order Editor)对各控件的 Tab 顺序进行设置；使用菜单编辑器（Menu Editor）进行菜单设计；使用对象浏览器(Object Browser)查看所有图形对象,完成界面的布局设计。

（3）属性设置。每个图形对象都有自己默认的属性设置,可以利用属性编辑器(Property Inspector)对相关的属性进行修改,菜单的属性可以在菜单编辑器中设置。

（4）编写回调函数。在 M 文件编辑器（M-File Editor）窗口中编写回调函数,用于控制控件的动作。

8.1.2 GUI 设计窗口的打开、关闭和保存

1. GUI 设计窗口的打开

在 MATLAB 2020a 中,在命令窗口输入 guide 函数可以打开 GUI 设计窗口,如图 8-1所示。

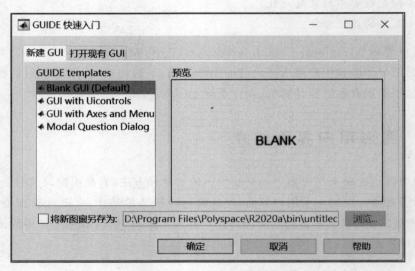

图 8-1 GUI 快速开始界面

在图 8-1 中,如果要打开已经创建的 GUI 文件,可以选择"打开现有 GUI"选项卡；如果要创建空白的 GUI 文件,可以选择"Blank GUI(Default)"选项,出现空白的 GUI 设计窗口,如图 8-2 所示。

GUI 设计窗口的菜单栏包括文件、编辑、视图、布局、工具和帮助等选项。菜单栏的下方为编辑工具,提供了设计 GUI 常用的工具,包括对象对齐工具、菜单编辑器、Tab 顺序编辑器、M 文件编辑器、属性编辑器、对象浏览器和运行等工具按钮。窗口的左侧为设计工具区,提供了设计 GUI 时使用的各种控件,包括选择按钮▣、GUI 按钮▣、滑块按钮▣、单选按钮◉、复选框☑、可编辑文本▣、静态文本▣、弹出式菜单▣、列表框▣、切换按钮▣、表▣、轴▣、面板▣、按钮组▣和 Active X 控件▣等。窗口中间网格区域是用户设计 GUI 的界面设计区。

2. GUI 设计窗口的关闭

GUI 设计窗口的关闭很简单,直接用鼠标单击 GUI 右上角的关闭按钮即可关闭 GUI。

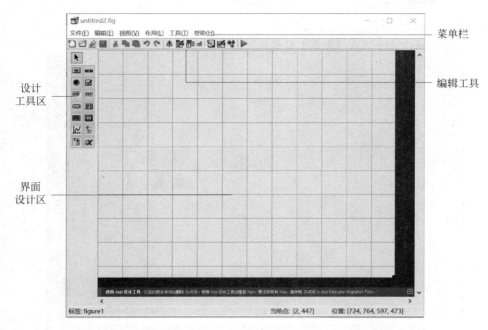

图 8-2　空白的 GUI 设计窗口

另外,MATLAB 可以在命令行窗口利用函数 close 关闭 GUI 设计窗口,格式如下:

```
>> close(untitled6)        % 关闭文件名为 untitled6 的 GUI
```

由于 GUI 是一个.fig 后缀的文件,因此可以直接使用 close all 命令关闭所有的 Figure 文件,格式如下:

```
>> close all               % 关闭所有的 Figure 文件
```

3. GUI 设计窗口的保存

GUI 设计窗口的保存就是对 GUI 文件的保存,以便用户以后调用和修改。

在 MATLAB 空白的 GUI 模块中,设计如图 8-3 所示的 GUI,用户只需要单击该 GUI 菜单"文件"→"保存"或者"另存为"命令,即可对 GUI 文件进行保存操作,一般默认存为.fig 后缀的文件,保存后 GUI 会自动生成一个.m 的脚本文件,如图 8-4 所示。

如图 8-4 所示,用户只需要在脚本文件中相应按钮的 callback 函数下面进行程序编写,然后保存脚本文件,单击相应的按钮,即可得到用户编写程序所对应的结果。

8.1.3　GUI 的模板

MATLAB 提供 4 种设计 GUI 的模板,如图 8-1 所示。

(1) Blank GUI(Default):空白 GUI 模板(默认),如图 8-2 所示。

(2) GUI with Uicontrols:带控制框对象的 GUI 模板,如图 8-5 所示。

(3) GUI with Axes and Menu:带坐标轴和菜单的 GUI 模板,如图 8-6 所示。

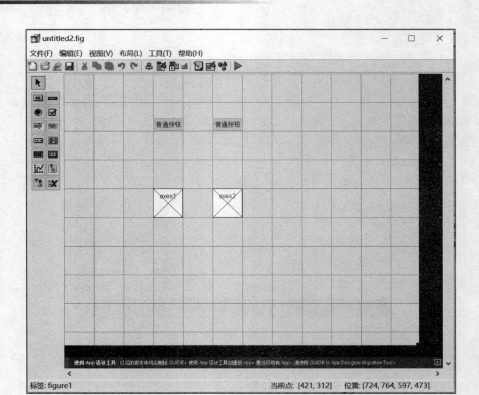

图 8-3　GUI 设计窗口

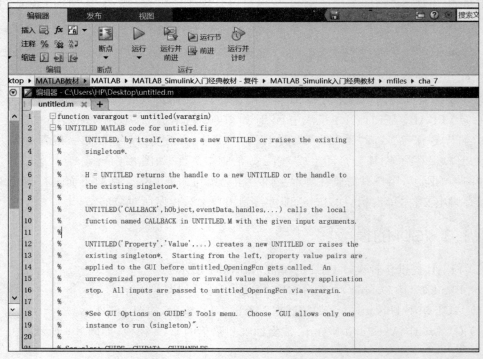

图 8-4　GUI 设计窗口对应的脚本文件

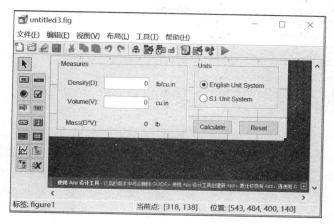

图 8-5 带控制框对象的 GUI 模板窗口

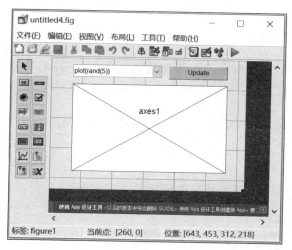

图 8-6 带坐标轴和菜单的 GUI 模板窗口

（4）Modal Question Dialog：带模式问题对话框的 GUI 模板，如图 8-7 所示。

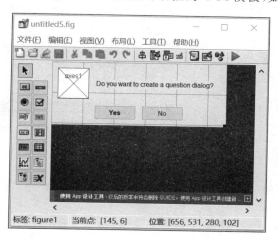

图 8-7 带模式问题对话框的 GUI 模板窗口

当用户选择不同的模板时,在 GUI 设计模板界面右边就会显示与该模板对应的 GUI
图形。在 GUI 设计模板中选择一个模板,单击"确定"按钮,就会显示相应的 GUI 模板设计
窗口。

8.2 控制框常用对象及功能

控制框是一种包含在应用程序中的基本可视化构建块,控制该程序处理的所有数据以
及关于这些数据的交互操作。事件响应的图形界面对象称为控制框对象。MATLAB 中的
控制框可以分为两种:一种为动作控制框,单击这些控制框会产生相应的响应,如按钮等;
另一种为静态控制框,是一种不产生响应的控制框,如文本框等。每种控制框都有一些可以
设置的参数即属性,用于修改控制框的外形、功能及效果。属性由两部分组成:属性名和属
性值,它们必须是成对出现的。在 MATLAB 的 GUI 模板窗口的左侧设计工具区有各种各
样的控制按钮,用于实现有关控制的功能。下面分别介绍设计工具区常用的控制按钮。

8.2.1 GUI 按钮

在 MATLAB 中,GUI 按钮▣为实现相应功能的按钮,用户在按钮的属性 callback 函
数中,编写一定功能的程序,运行 GUI 程序时,单击按钮,就可以执行相关的程序,实现相关
的功能。

微课视频

【例 8-1】 设计一个 GUI,单击 GUI 上的一个按钮,弹出一个提示窗口,显示"Designed
by XuGuobao"信息。

具体设计步骤如下:

(1) 先建立空白 GUI,用鼠标将按钮▣拖放在空白 GUI 界面设计区,如图 8-8 所示。

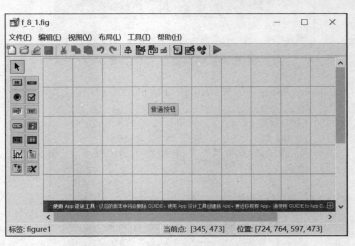

图 8-8 拖放按钮到空白 GUI

(2) 单击保存按钮▣,直接保存为 MATLAB GUI 默认的文件名 f_8_1.fig,并自动生成
f_8_1.m 的脚本文件。

(3) 单击该按钮,右击,在弹出的下拉菜单里,选择"查看回调"命令,选择"callback"按
钮,如图 8-9 所示。

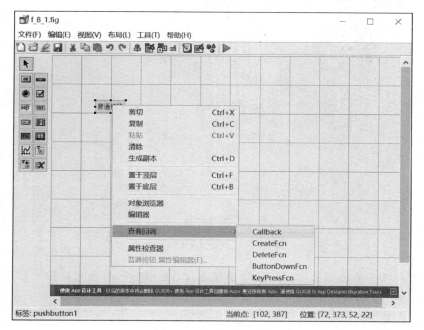

图 8-9 查看回调函数

鼠标自动回到 f_8_1.m 脚本文件该按钮所在的函数区,用户只需要在函数体里面编写程序即可,如图 8-10 所示。

输入函数命令: msgbox('Designed by Xu Guobao')

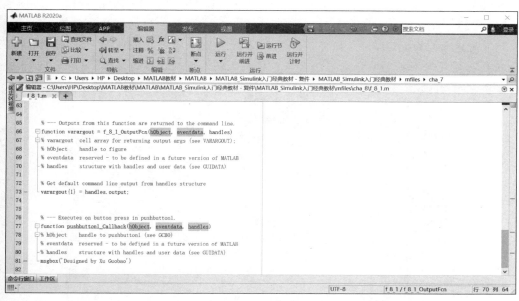

图 8-10 callback 函数区编程

(4) 单击保存按钮 ▣,保存该脚本文件,运行按钮 GUI 文件 f_8_1.fig,单击"按钮",即执行用户输入的函数代码功能,如图 8-11 所示。

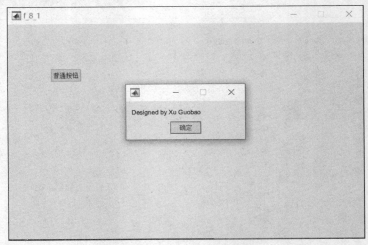

图 8-11　运行 GUI 及结果

　　总之,用户只需要遵循上述 4 个设计步骤进行 GUI 设计,将每个按钮的回调函数编程,赋予某个执行功能,就会得到一个用户需要的 GUI 产品。

8.2.2　GUI 滑块

　　在 MATLAB 中,GUI 滑块按钮 ▬ 为设计滑动条功能的按钮,用户可以设置滑块按钮的属性 Max 和 Min 的线性变换值,可以在滑块按钮的属性 callback 函数中编写一定功能的程序,运行 GUI 程序时,用户用鼠标滑动滑块,就可以选择一定的滑块值,执行相关的程序,实现相关的功能。GUI 滑块可以用于通过滑块取值,利用该值参与运算的操作。

微课视频

　　【例 8-2】　设计一个 GUI,滑动 GUI 上的一个滑块,实现图像的灰度值变换。

　　(1)先建立空白 GUI,用鼠标将按钮 ▭ 和滑块 ▬ 拖放在空白 GUI 界面设计区,并在其下方用鼠标拖放两个轴 ▣,分别用于显示原始图像和灰度调整后的图像,如图 8-12 所示。

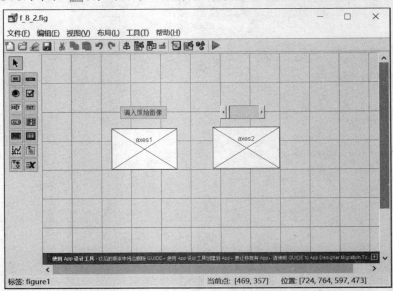

图 8-12　拖放按钮、滑块和轴按钮到空白 GUI

（2）双击 GUI 按钮▦，将弹出按钮的属性对话框，修改"String"为"调入原始图像"，单击该按钮，右击，在弹出的下拉菜单里，选择"查看回调"命令，选择"callback"按钮，在对应的程序位置写入下列调入原始图像代码，并在 axes1 区域显示原始图像的程序代码，如图 8-13 所示。

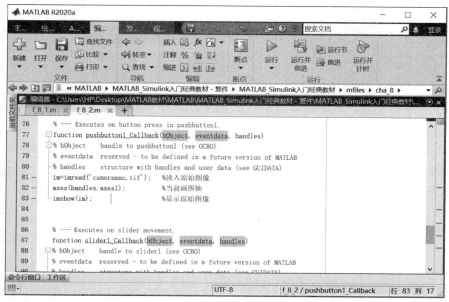

图 8-13　按钮回调函数区编程

（3）双击 GUI 按钮▭，将弹出滑块的属性对话框，修改"Max"为 2，单击该滑块按钮，右击，选择"查看回调"命令，选择"callback"按钮，在对应的程序位置写入下列调入原始图像代码，获取滑动条值，并在 axes2 区域显示灰度变换后图像的程序代码，如图 8-14 所示。

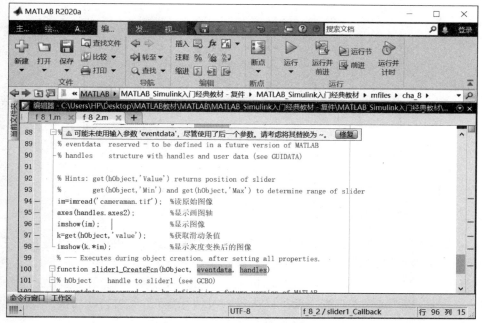

图 8-14　滑块按钮回调函数区编程

（4）运行滑块 GUI 文件 f_8_2.fig，结果如图 8-15 和图 8-16 所示。滑块的数值在 0～2 区间变化，变化的步长为 0.01。当滑动条的值很小时，图像的每个灰度值乘以一个很小的值，使得图像灰度值变小，接近 0，图像显示的效果是亮变暗，如图 8-15 所示。相反，当滑动条的值很大时，图像的灰度值乘以一个很大的值，使得图像灰度值变大，图像亮度增强，如图 8-16 所示。

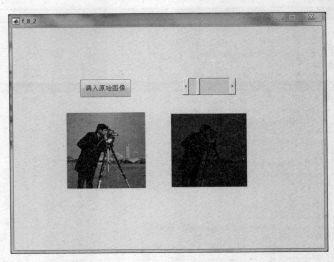

图 8-15　运行 GUI 滑块结果 1

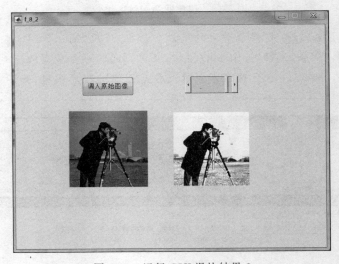

图 8-16　运行 GUI 滑块结果 2

8.2.3　GUI 单选按钮

在 MATLAB 中，GUI 单选按钮⦿为选择事件功能的按钮。用户只能选择按下一个按钮，如果想取消该按钮，只能单击其他存在的单选按钮。用户选择其中一个按钮后，其他几个按钮将不起作用。可以在每个单选按钮的属性 callback 函数中编写一定功能的程序，运行 GUI 程序时，用户选择单选按钮就可以执行相关的程序，实现相关的功能。GUI 单选按钮可以用于从多项选择中选取一个进行操作。

【例 8-3】 设计一个 GUI，用两个 GUI 单选按钮在同一个轴内分别绘制正弦和余弦曲线。

（1）先建立空白 GUI，用鼠标拖两个单选按钮 放置在空白 GUI 界面设计区，并在右方用鼠标拖放一个轴 ，用于显示正弦或者余弦曲线，如图 8-17 所示。

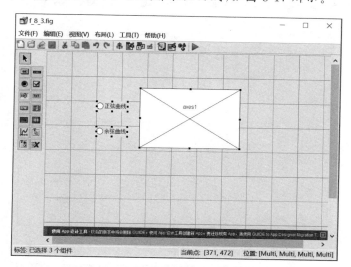

图 8-17　拖放单选按钮和轴到空白 GUI

（2）分别双击 GUI 单选按钮 ，将弹出按钮的属性对话框，修改"String"为"正弦曲线"和"余弦曲线"；单击该按钮，右击，在弹出的下拉菜单里，选择"查看回调"命令，选择"callback"按钮，在对应的程序位置写入下列调入原始图像代码，并在 axes1 区域显示原始图像的程序代码，如图 8-18 所示。

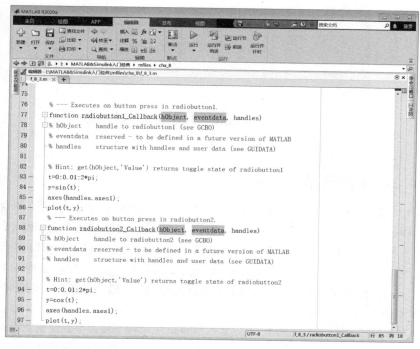

图 8-18　单选按钮回调函数区编程

（3）运行单选按钮 GUI 文件 f_8_3.fig，结果如图 8-19 和图 8-20 所示，结果所示为分别用单项按钮生成的正弦和余弦曲线。

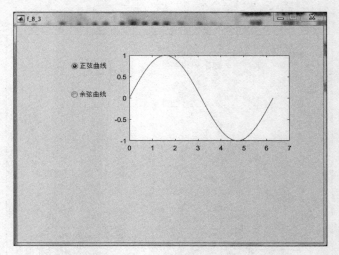

图 8-19　运行单选 GUI 结果 1

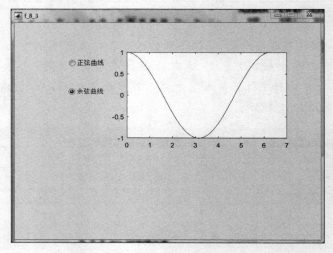

图 8-20　运行单选 GUI 结果 2

8.2.4　GUI 复选框

在 MATLAB 中，GUI 复选框按钮 ☑ 的功能和单选按钮类似，但又有一些不同。复选框一旦被选中，将执行该复选框对应的功能程序，如果用户想取消该功能，则可以单击其他复选框。复选框的属性值需要修改为：勾选复选框，则该复选框值为 1，若勾选别的复选框，该复选框值为 0。在实际中，可以在每个复选框按钮的属性 callback 函数中编写一定功能的程序，运行 GUI 程序时，用户选择复选框按钮就可以执行相关的程序，实现相关的功能。GUI 复选框按钮可以用于从多项复选框中单取一个进行操作。

【例 8-4】　设计一个 GUI，用两个 GUI 复选框按钮在同一个轴内分别绘制正弦和余弦曲线。

（1）先建立空白 GUI，用鼠标拖动两个复选框按钮 ☑ 放置在空白 GUI 界面设计区，并

微课视频

在右方用鼠标拖放一个轴，用于显示正弦或者余弦曲线，如图 8-21 所示。

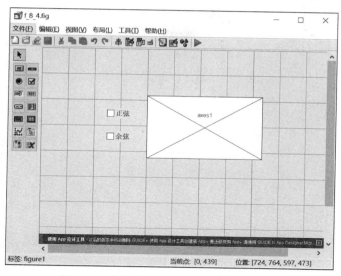

图 8-21　拖放复选框按钮和轴到空白 GUI

（2）分别双击 GUI 单选按钮，将弹出按钮的属性对话框，修改"String"为"正弦"和"余弦"；修改"FontSize"为 10 号字；单击复选框按钮，右击，在弹出的下拉菜单里，选择"查看回调"命令，选择"callback"按钮，在对应的程序位置，写入下列调入原始图像代码，并在 axes1 区域显示原始图像的程序代码，如图 8-22 所示。

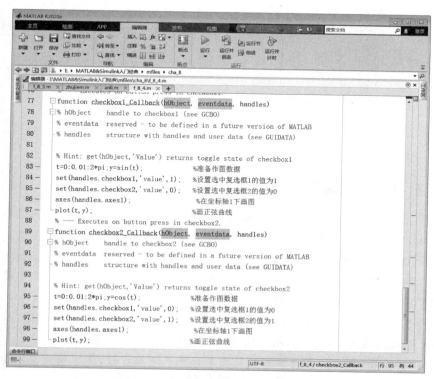

图 8-22　复选框按钮回调函数区编程

（3）运行复选框按钮GUI文件f_8_4.fig，结果如图8-23和图8-24所示，结果所示为分别用复选框按钮生成的正弦和余弦曲线。

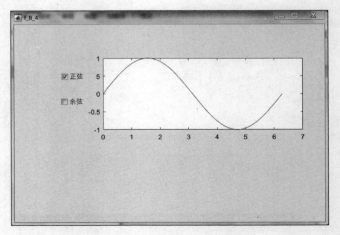

图 8-23　运行复选框 GUI 结果 1

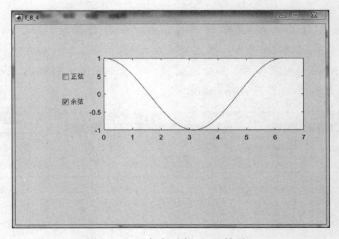

图 8-24　运行复选框 GUI 结果 2

8.2.5　GUI 可编辑文本和静态文本

在 MATLAB 中，GUI 可编辑文本 ▥ 可以为用户输入数字或者文字的对话框功能。可编辑文本的属性"String"值默认为"可编辑文本"，用户双击该可编辑文本，可以进行字符串的填写，也可以删除字符串。在实际中，用户可以在可编辑文本的属性 callback 函数中编写一定功能的程序，就可以执行相关的程序，实现相关的功能。GUI 可编辑文本可以为用户提供模型的可变参数的输入，以及程序结果的显示。

GUI 静态文本 ▥ 为静态输入的文本信息，用于提示用户某个功能的作用，具有提示功能。用户可以双击静态文本按钮，将其属性"String"值修改为其他字符串。

【例 8-5】　设计一个 GUI，使用可编辑文本和静态文本按钮，在可编辑文本框区域动态显示从 1 到用户设置的值。用户设置的值可以从另一个可编辑文本框输入。

微课视频

(1) 先建立空白 GUI,用鼠标拖动两个可编辑文本▦、三个静态文本▦和一个按钮▦放置在空白 GUI 界面设计区,如图 8-25 所示。

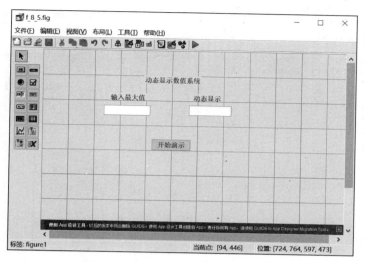

图 8-25 可编辑文本和静态文本 GUI

(2) 分别双击 GUI 三个静态文本按钮,将弹出按钮的属性对话框,分别修改"String"为"动态显示数值系统""输入最大值"和"动态显示";修改"FontSize"为 10 号字;双击 GUI 按钮▦,将弹出按钮的属性对话框,修改"String"为"开始演示",修改"FontSize"为 10 号字,如图 8-25 所示。

(3) 单击按钮,右击,在弹出的下拉菜单中选择"查看回调"命令,选择"callback"按钮,在对应的程序位置写入根据第一个可编辑文本框输入的最大值,在第二个可编辑文本框动态显示数组的程序代码,如图 8-26 所示。

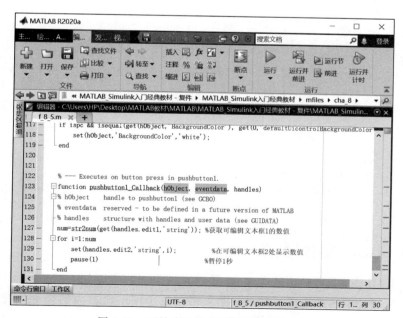

图 8-26 开始演示按钮回调函数区编程

（4）运行可编辑文本和静态文本 GUI 文件 f_8_5.fig，结果如图 8-27 和图 8-28 所示。在该程序中，动态显示的最大值可以通过一个可编辑文本，由用户自己输入，这样便于修改。例如，用户在输入最大值可编辑文本中，输入 10，单击"开始演示"按钮，则会在动态显示可编辑文本框动态显示 1,2,3,…,9,10 这 10 个数。

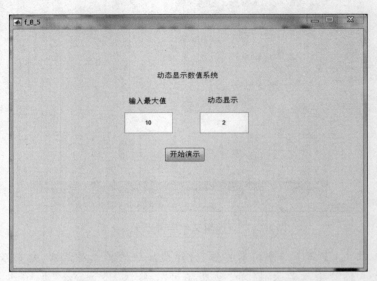

图 8-27　运行可编辑文本和静态文本 GUI 结果 1

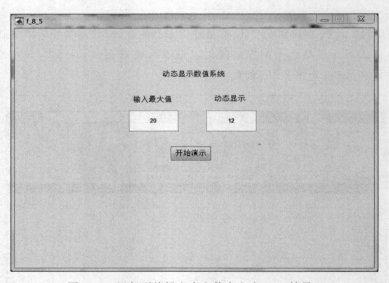

图 8-28　运行可编辑文本和静态文本 GUI 结果 2

8.2.6　GUI 弹出式菜单

在 MATLAB 中，GUI 弹出式菜单▣可以为用户提供互斥的一系列选项的对话框功能，用户可以选择其中的某一项。弹出式菜单可以位于图形窗口内的任意位置。弹出式菜单的属性"String"值默认为"弹出式菜单"，用户可以进行修改。在实际中，用户可以在弹出式菜单的属性callback函数中编写一定功能的程序,就可以执行相关的程序,实现相关的功能。可以用get函数读取弹出式菜单的属性值,命令如下:

```
get(handles.popupmenu1,'value')
```

一般使用switch…case…多项选择结构进行GUI设计。

【例8-6】 设计一个GUI,使用弹出式菜单在同一个轴内分别绘制正弦、余弦和正切曲线。

(1)先建立空白GUI,用鼠标拖放一个弹出式菜单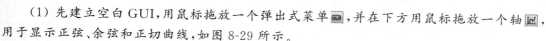,并在下方用鼠标拖放一个轴,用于显示正弦、余弦和正切曲线,如图8-29所示。

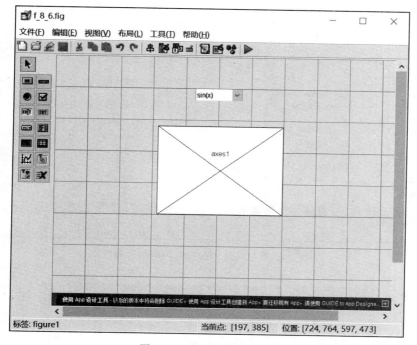

图8-29 弹出式菜单GUI

(2)双击GUI弹出式菜单按钮,将弹出按钮的属性对话框,修改"String"为"sin(x)""cos(x)"和"tan(x)",如图8-29所示。

(3)单击弹出式菜单按钮,右击,在弹出的下拉菜单里,选择"查看回调"命令,选择"callback"按钮,在对应的程序位置,写入根据弹出式菜单的属性值,在同一个轴绘制相应曲线的程序代码,如图8-30所示。

(4)运行弹出式菜单GUI文件f_8_6.fig,结果如图8-31和图8-32所示。

8.2.7 GUI列表框

在MATLAB中,GUI列表框可以为用户提供显示多行字符或者显示多行数据的功能。GUI列表框将用户要选择的信息直接呈现出来,用户在列表框中选择字符或者数据,将执行不同的程序功能。GUI列表框可以位于图形窗口内的任意位置。列表框的属性"String"值默认为"列表框",用户可以进行修改。在实际中,用户在列表框的属性callback

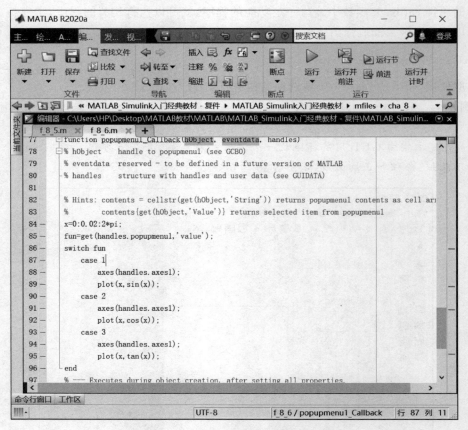

图 8-30   弹出式菜单按钮回调函数区编程

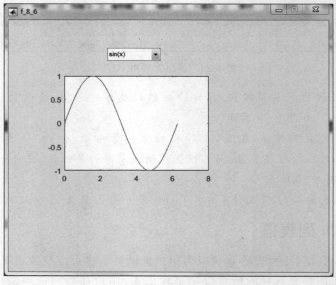

图 8-31   弹出式菜单 GUI 结果 1

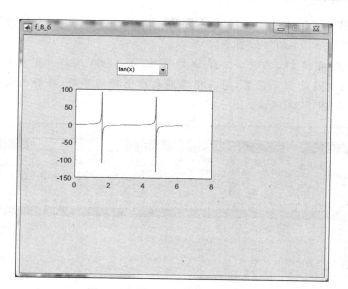

图 8-32　弹出式菜单 GUI 结果 2

函数中编写一定功能的程序,就可以执行相关的程序,实现相关的功能。可以用 get 函数读取列表框的属性值,命令如下:

```
get(handles.listbox1,'value')
```

callback 函数一般使用 switch……case……多项选择结构进行 GUI 设计。

【例 8-7】　设计一个 GUI,使用列表框在同一个静态文本中分别显示用户选择的文本信息。

(1)先建立空白 GUI,用鼠标拖放一个列表框▦,并在右方用鼠标拖放一个静态文本▥,用于显示用户选择的文本信息,如图 8-33 所示。

微课视频

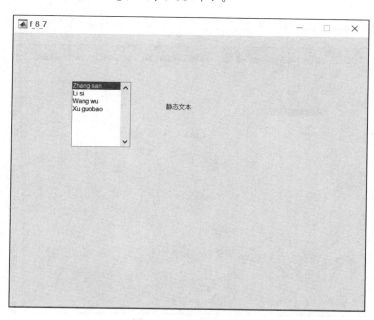

图 8-33　列表框 GUI

（2）双击 GUI 列表框按钮，将列表框属性对话框的"String"修改为"Zhang san""Li si""Wang wu"和"Xu guobao"，如图 8-33 所示。

（3）单击列表框按钮，右击，在弹出的下拉菜单里，选择"查看回调"命令，选择"callback"按钮，在对应的程序位置，写入根据列表框选择的字符，在静态文本中显示选择的字符的程序代码，如图 8-34 所示。

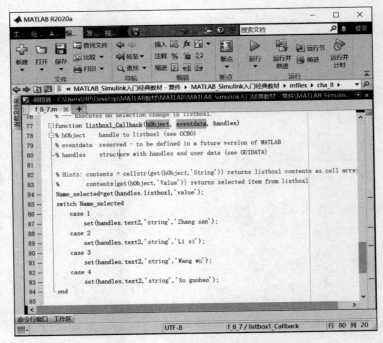

图 8-34　列表框按钮回调函数区编程

（4）运行列表框 GUI 文件 f_8_7.fig，结果如图 8-35 和图 8-36 所示。

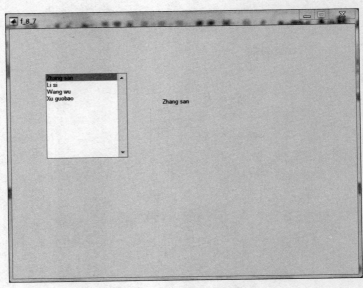

图 8-35　列表框 GUI 结果 1

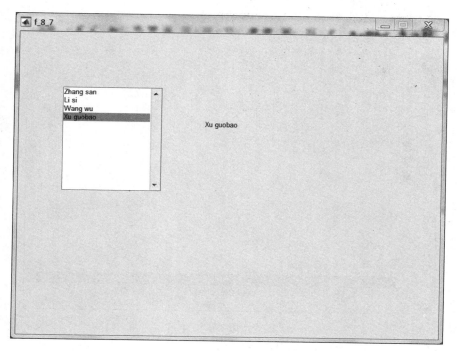

图 8-36　列表框 GUI 结果 2

8.2.8　GUI 切换按钮

在 MATLAB 中,GUI 切换按钮▣可以为用户提供切换执行状态的功能。切换按钮每单击一次,属性值就翻转一次,一般为"Max"和"Min"两个属性。GUI 切换按钮可以位于图形窗口内的任意位置。切换按钮的属性"String"值默认为"切换按钮",用户可以进行修改。在实际中,用户可以在切换按钮的属性 callback 函数中编写一定功能的程序,执行相关的程序,就可以实现相关的功能。可以用 get 函数读取切换按钮的属性值,命令如下:

```
get(hObject,'value')
```

【例 8-8】　设计一个 GUI,使用切换按钮,在同一个轴中分别显示有网格图形和无网格图形。

微课视频

(1) 先建立空白 GUI,用鼠标拖放一个切换按钮▣,并在右方用鼠标拖放一个轴▨,用于显示用户选择的有网格图形和无网格图形,如图 8-37 所示。

(2) 双击 GUI 切换按钮,将切换按钮属性对话框的"String"修改为"有网格",如图 8-37 所示。

(3) 单击切换按钮,右击,在弹出的下拉菜单中选择"查看回调"命令,单击"callback"按钮,在对应的程序位置,写入根据切换按钮的属性值,在轴中显示有网格图形和无网格图形的程序代码,如图 8-38 所示。

(4) 运行切换按钮 GUI 文件 f_8_8.fig,结果如图 8-39 和图 8-40 所示。

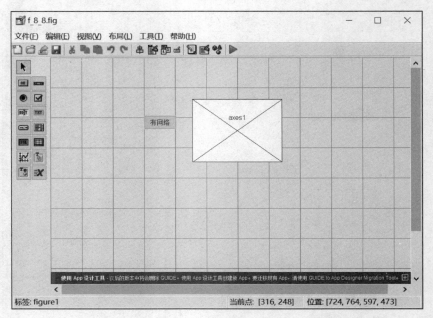

图 8-37　切换按钮 GUI

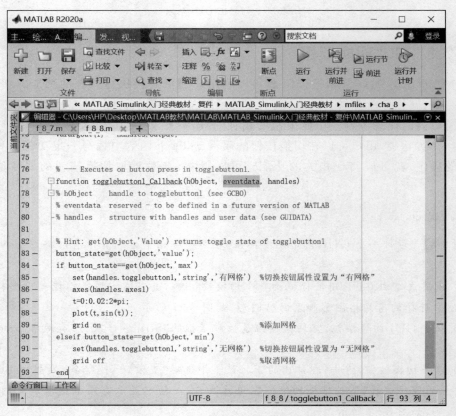

图 8-38　切换按钮回调函数区编程

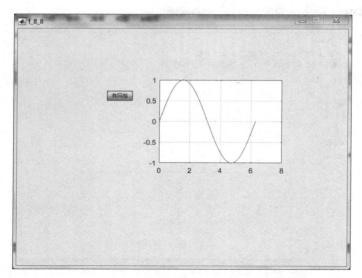

图 8-39　切换按钮 GUI 结果 1

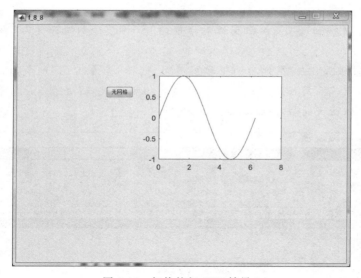

图 8-40　切换按钮 GUI 结果 2

8.2.9　GUI 轴

在 MATLAB 中,GUI 轴▣可以为用户提供显示图形区域的功能。在一个 GUI 中,可以设置多个轴,轴的属性"Tag"默认为 axes1,多个轴的 Tag 依次以 axes1,axes2,…,axesn 进行标号。GUI 轴可以位于图形窗口内的任意位置。在实际中,轴没有 callback 回调函数,一般不接受用户操作。在轴区域显示图形,一般使用 axes 函数确定显示的坐标轴,命令如下:

```
axes(handles.axes1)
```

【例 8-9】　设计一个 GUI,使用两个按钮,在两个轴中分别绘制正弦曲线和余弦曲线。
(1) 先建立空白 GUI,用鼠标拖放两个按钮▣,并在它们下方用鼠标拖放两个轴▣,分

微课视频

别用于显示正弦曲线和余弦曲线,如图 8-41 所示。

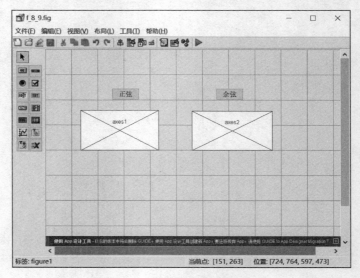

图 8-41　拖放按钮和轴到 GUI

（2）双击 GUI 按钮 ▣，将按钮属性对话框的"String"分别修改为"正弦"和"余弦",如图 8-41 所示。

（3）单击该按钮,右击,在弹出的下拉菜单里,选择"查看回调"命令,选择"callback"按钮,在对应的程序位置,写入绘制正弦和余弦曲线的程序代码,并在 axes1 和 axes2 区域分别显示正弦和余弦曲线的程序代码,如图 8-42 所示。

图 8-42　轴 GUI 回调函数区编程

（4）运行轴 GUI 文件 f_8_9.fig，结果如图 8-43 所示。

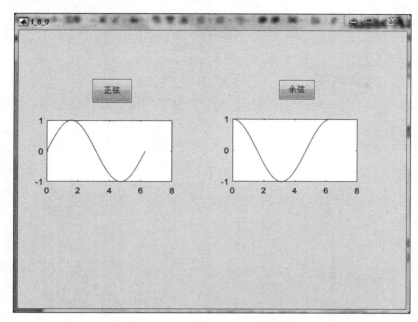

图 8-43　运行轴 GUI 文件的结果

8.3　GUI 菜单的设计

在一个标准的 GUI 中，菜单是必不可少的一部分，它可以为用户实现一个系统集成化的设计，避免 GUI 界面的冗余。菜单包括普通菜单和弹出式菜单，可以用 GUI 菜单编辑器和句柄对象两种方法创建。

8.3.1　使用菜单编辑器创建菜单

在 MATLAB 的 GUI 中，创建一个菜单可以使用菜单编辑器，如图 8-44 所示。

图 8-44 GUI 菜单编辑器中的图标 是新建菜单，图标 是新建子菜单，图标 和 分别调整菜单为上一级和下一级菜单，图标 和 是调整菜单向上和向下的位置，图标 是删除菜单项。

GUI 菜单的功能和 GUI 界面按钮的功能一样，同样需要调用回调函数 callback 才能实现各菜单的功能。单击如图 8-44 所示的“查看”按钮，进行回调函数查看，鼠标自动指向该菜单下的回调函数区，用户在此编写程序代码，即可实现菜单的相应功能。

【例 8-10】　使用菜单编辑器设计一个 GUI 菜单，菜单内容包括“File”和“Edit”两个一级菜单。File 下有“sin”和“cos”两个二级菜单，用于绘制正弦和余弦曲线；Edit 下有“grid”和“title”两个二级菜单，用于添加网格和图题。

微课视频

（1）用鼠标拖放一个静态文本 按钮，并在它下方用鼠标拖放一个轴 ，分别用于显示曲线的名称和显示正弦或余弦曲线，如图 8-45 所示。

（2）用鼠标单击菜单编辑器 按钮，创建两个一级菜单和四个二级菜单，如图 8-46 所示。

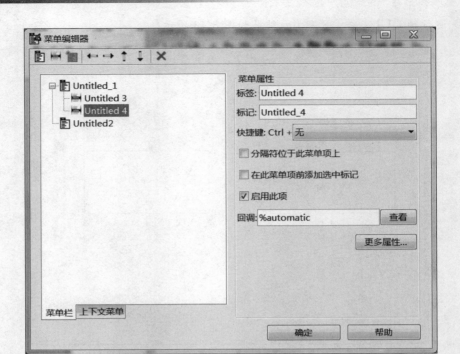

图 8-44　GUI菜单编辑器

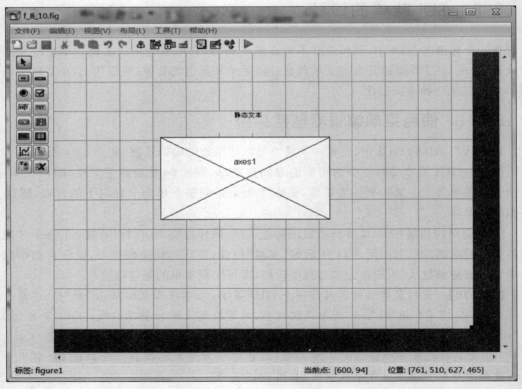

图 8-45　菜单 GUI

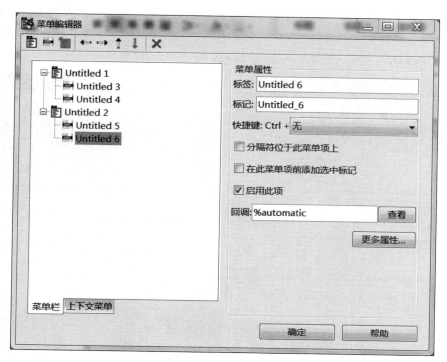

图 8-46 创建一级和二级菜单

（3）分别修改标签和标记项，修改为 File（sin 和 cos）、Edit（grid 和 title），如图 8-47 所示。

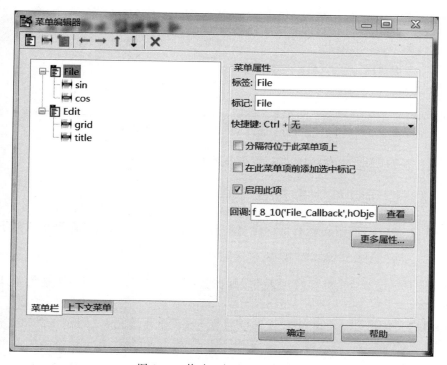

图 8-47 修改一级和二级菜单名

（4）分别单击各菜单的"查看"按钮，在回调函数 callback 对应的程序位置，写入程序代码，实现绘制正弦和余弦曲线，并在 axes1 区域显示正弦和余弦曲线，添加网格和图题等功能，如图 8-48 所示。

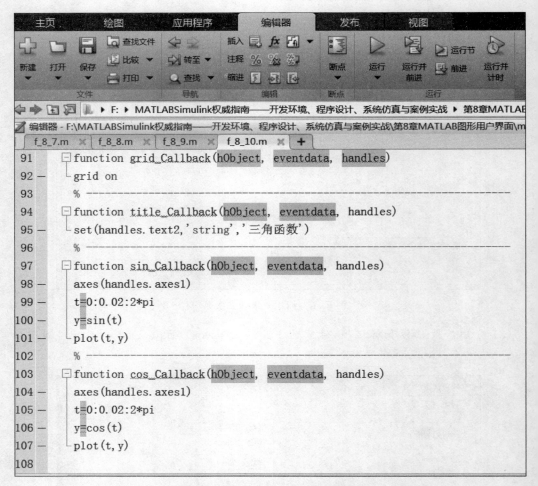

图 8-48　菜单 GUI 回调函数区编程

（5）运行轴 GUI 文件 f_8_10.fig，结果如图 8-49 和图 8-50 所示。

8.3.2　使用句柄对象创建菜单

在 MATLAB 中，使用句柄对象创建菜单需调用 uimenu 函数，其命令格式如下：

```
h_m = uimenu(H, 'PropertyName1',value1,...)　% 创建菜单
```

其中，H 是菜单的父对象，如果 H 是窗口，则在窗口创建新菜单；如果 H 是菜单，则在菜单下创建子菜单。

【例 8-11】　使用句柄对象设计一个 GUI 菜单，菜单内容包括"File"和"Edit"两个一级菜单。File 下有"sin"和"cos"两个二级菜单，Edit 下有"grid"和"title"两个二级菜单。

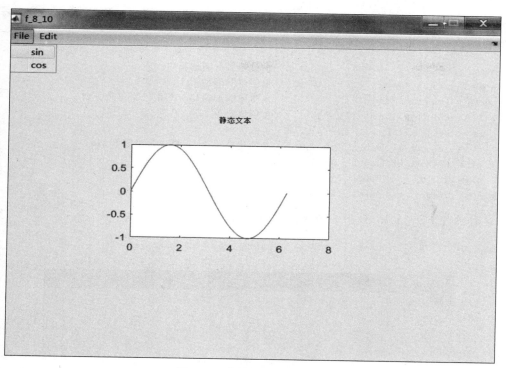

图 8-49 菜单 GUI 的结果 1

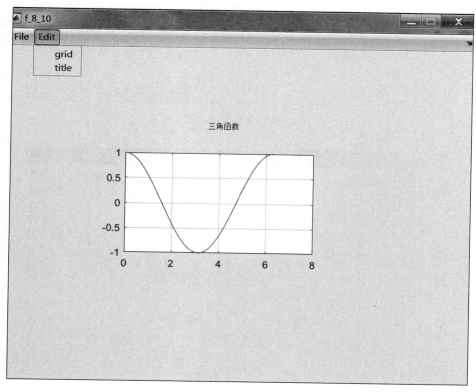

图 8-50 菜单 GUI 的结果 2

在文件编辑窗口编写命令文件,保存为 f_8_11.m 脚本文件。使用句柄对象创建菜单的程序如下:

```
close all;                              % 关闭所有图形窗口
h_m = figure(1);                        % 创建图形窗口 1
set(h_m,'menubar','none')               % 清除图形窗口 1 默认的菜单条
h_mf = uimenu(h_m,'label','File');      % 创建菜单 File
h_me = uimenu(h_m,'label','Edit');

h_mfs = uimenu(h_mf,'label','sin');     % 创建菜单 File 的二级子菜单 sin
h_mfc = uimenu(h_mf,'label','cos');
h_mfg = uimenu(h_me,'label','grid');
h_mft = uimenu(h_me,'label','title');
```

运行文件 f_8_11.m,结果如图 8-51 和图 8-52 所示。

```
>> f_8_11
```

图 8-51 使用句柄对象创建菜单 1

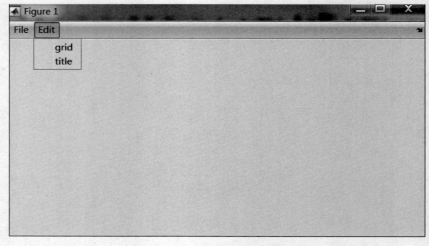

图 8-52 使用句柄对象创建菜单 2

习题

1. 设计一个 GUI，单击按钮调用颜色设置对话框，设置按钮上的标签颜色。

2. 设计一个 GUI，通过滑块控制静态文本显示[0,200]范围内的任意整数。

3. 设计一个 GUI，实现两个加数的加法运算。

4. 设计一个 GUI，当鼠标单击单选按钮时，弹出文件保存对话框，并显示用户选择的路径和保存的文件名。

5. 设计一个 GUI，包括一个标签为"滑动允许"的复选框和一个滑动值范围为[0,1]的滑块，当复选框处于"选中"状态时，允许滑动滑块，否则，禁止滑动滑块。

6. 设计一个 GUI，包括一个弹出式菜单和一个列表框，弹出式菜单依次是"黑龙江"和"湖北"。当选择"黑龙江"时，列表依次显示"哈尔滨""大庆""阿城""齐齐哈尔"和"黑河"；当选择"湖北"时，列表依次显示"武汉""黄冈""襄樊""宜昌""荆州"和"孝感"。

7. 设计一个 GUI，创建一个静态文本和一个切换按钮，当切换按钮弹起时，静态文本显示为红色；当切换按钮按下时，静态文本显示为绿色。

8. 设计一个 GUI，包括一个坐标轴和一个按钮，单击按钮时弹出文件选择对话框，载入用户指定的 *.jpg 或 *.bmp 图片。

第 9 章

CHAPTER 9

Simulink 仿真基础

本章要点：

- Simulink 的概述；
- Simulink 的使用；
- Simulink 的基本模块及其操作；
- Simulink 建模；
- Simulink 模块及仿真的参数设置；
- 过零检测及代数环。

MathWorks 公司 1990 年为 MATLAB 增加了用于建立系统框图和仿真的环境，并于 1992 年将该软件改名为 Simulink。它可以搭建通信系统物理层和数据链路层、动力学系统、控制系统、数字信号处理系统、电力系统、生物系统和金融系统等。

Simulink 是 MATLAB 提供的实现动态系统建模和仿真的一个软件包，它是一个集成化、智能化、图形化的建模与仿真工具，是一个面向多域仿真以及基于模型设计的模块框图环境，它支持系统设计、仿真、自动化代码生成及嵌入式系统的连续测试和验证。其最大的优点就是为用户省去了许多重复的代码编写工作，使得用户可以把精力从编程转向模型的构造。

Simulink 提供有图形编辑器、可自定义的定制模块库以及求解器，能进行动态系统建模和仿真。通过与 MATLAB 集成，使用户不仅能够将 MATLAB 算法融合到模型中，而且还能将仿真结果导出至 MATLAB 做进一步分析。

9.1 Simulink 概述

Simulink 是一个进行动态系统的建模、仿真和综合分析的集成软件包。它可以处理的系统包括：线性、非线性系统；离散、连续及混合系统；单任务、多任务离散事件系统。

在 Simulink 提供的图形用户界面 GUI 上，只要进行鼠标的简单操作就可以构造出复杂的仿真模型。它的外表以方框图形式呈现，且采用分层结构。从建模角度来看，Simulink 既适用于自上而下的设计流程，又适用于自下而上的逆程设计。从分析研究角度，这种 Simulink 模型不仅让用户知道具体环节的动态细节，而且能够让用户清晰地了解各器件、各子系统、各系统间的信息交换，掌握各部分的交互影响。

在 Simulink 环境中，用户摆脱了理论演绎时所需做的理想化假设，而且可以在仿真过程中对感兴趣的相关参数进行改变,实时地观测在影响系统的相关因素变化时对系统行为的影响,比如死区、饱和、摩擦、风阻和齿隙等非线性因素以及其他随机因素。

9.1.1 Simulink 的基本概念

Simulink 有几个基本概念如下所述。

1. 模块与模块框图

Simulink 模块有标准模块和定制模块两种类型。Simulink 模块是系统的基本功能单元部件,并且产生输出宏。每个模块包含一组输入、状态和一组输出等几个部分。模块的输出是仿真时间、输入或状态的函数。模块中的状态是一组能够决定模块输出的变量,一般当前状态的值取决于过去时刻的状态值或输入,这样的模块称为记忆功能模块。例如积分(Integrator)模块就是典型的记忆功能模块,模块的输出当前值取决于从仿真开始到当前时刻这一段时间内的输入信号的积分。

Simulink 模块的基本特点是参数化。多数模块都有独立的属性对话框用于定义/设置模块的各种参数。此外,用户可以在仿真过程中实时改变模块的相关参数,以期找到最合适的参数,这类参数称为可调参数,例如在增益(Gain)模块中的增益参数。

此外,Simulink 也可以允许用户创建自己的模块,这个过程又称为模块的定制。定制模块不同于 Simulink 中的标准模块,它可以由子系统封装得到,也可以采用 M 文件或 C 语言实现自定义的功能算法,称为 S 函数。用户可以为定制模块设计属性对话框,并将定制模块合并到 Simulink 库中,使得定制模块的使用与标准模块的使用完全一样。

Simulink 模块框图是动态系统的图形显示,它由一组模块的图标组成,模块之间的连接是连续的。

2. 信号

Simulink 使用"信号"一词来表示模块的输出值。Simulink 允许用户定义信号的数据类型、数值类型(实数或复数)、维数(一维或二维等)等。此外,Simulink 还允许用户创建数据对象(数据类型的实例)作为模块的参数和信号变量。

3. 求解器

Simulink 模块指定了连续状态变量的时间导数,但没有定义这些导数的具体值,它们必须在仿真过程中通过微分方程的数值求解方法计算得到。Simulink 提供了一套高效、稳定、精确的微分方程数值求解算法(ODE),用户可根据需要和模型特点选择合适的求解算法。

4. 子系统

Simulink 子系统是由基本模块组成的、相对完整且具备一定功能的模块框图封装后所得的。通过封装,用户还可以实现带触发使用功能的特殊子系统。子系统的概念是Simulink 的重要特征之一,体现了系统分层建模的思想。

5. 零点穿越

在 Simulink 对动态系统进行仿真时,一般在每个仿真过程中都会检测系统状态变化的连续性。如果 Simulink 检测到某个变量的不连续性,为了保持状态突变处系统仿真的准确性,仿真程序会自动调整仿真步长,以适应这种变化。

动态系统中状态的突变对系统的动态特性具有重要影响,例如弹性球在撞击地面时其速度及方向会发生突变,此时,若采集的时刻并非正好发生在仿真当前时刻(比如处于两个相邻的仿真步长之间),Simulink 的求解算法就不能正确反映系统的特性。

Simulink 采用一种称为零点穿越检测的方法来解决这个问题。首先模块记录下零点穿越的变量,每个变量都是有可能发生突变的状态变量的函数。突变发生时,零点穿越函数从正数或负数穿过零点。通过观察零点穿越变量的符号变化,就可以判断出仿真过程中系统状态是否发生了突变现象。

如果检测到穿越事件发生,Simulink 将通过对变量的以前时刻和当前时刻的插值来确定突变发生的具体时刻,然后,Simulink 会调整仿真的步长,逐步逼近并跳过状态的不连续点,这样就避免了直接在不连续点处进行仿真。

采用零点穿越检测技术,Simulink 可以准确地对不连续系统进行仿真,从而大大提高了系统仿真的速度和精度。

9.1.2 Simulink 模块的组成

1. 应用工具

Simulink 软件包的一个重要特点是它完全建立在 MATLAB 的基础上。因此,MATLAB 的各种应用工具箱也完全可应用到 Simulink 环境中。

2. Real-Time Workshop(实时工作室)

Simulink 软件包中的 Real-Time Workshop(实时工作室)可将 Simulink 的仿真框图直接转换为 C 语言代码,从而直接从仿真系统过渡到系统实现。该工具支持连续、离散及连续-离散混合系统。用户完成 C 语言代码的编程后可直接进行汇编及生成可执行文件。

3. stateflow(状态流模块)

Simulink 中包含 stateflow 的模块,用户可以模块化设计基于状态变化的离散事件系统,将该模块放入 Simulink 模型中,就可以创建包含离散事件子系统的更为复杂的模型。

4. 扩展的模块集

如同众多的应用工具箱扩展了 MATLAB 应用范围一样,MathWorks 公司为 Simulink 提供了各种专门的模块集(BlockSet)来扩展 Simulink 的建模和仿真能力。这些模块涉及通信、电力、非线性控制和 DSP 系统等不同领域,以满足 Simulink 对不同领域系统仿真的需求。

9.1.3 Simulink 中的数据类型

Simulink 在开始仿真之前及仿真过程中会进行一个检查(无须手动设置),以确认模型的类型安全性。所谓模型的类型安全性,是指保证该模型产生的代码不会出现上溢或下溢,不至于产生不精确的运行结果。其中,使用 Simulink 默认数据类(Double)的模型都是安全的固有类型。

1. Simulink 支持的数据类型

Simulink 支持所有的 MATLAB 内置数据类型,内置数据类型是指 MATLAB 自定义的数据类型,如表 9-1 所示。

在设置模块参数时,指定某一数据类型的方法为 type(value)。例如,要把常数模块的参数设置为 1.0 单精度表示,则可以在常数模块的参数设置对话框中输入 single(1.0)。如果模块不支持所设置的数据类型,Simulink 就会弹出错误警告。

表 9-1 Simulink 支持的数据类型

名称	类型说明	名称	类型说明
double	双精度浮点型（Simulink 默认数据类型）	int16	有符号 16 位整数
single	单精度浮点型	uint16	无符号 16 位整数
int8	有符号 8 位整数	int32	有符号 32 位整数
uint8	无符号 8 位整数（包含布尔类型）	uint32	无符号 32 位整数

2. 数据类型的传播

构造模型时会将各种不同类型的模块连接起来，而这些不同类型的模块所支持的数据类型往往并不完全相同，如果把它们直接连接起来，就会产生冲突。仿真时、查看端口数据类型或更新数据类型时就会弹出一个提示对话框，用于告知用户出现冲突的信号和端口，而且有冲突的信号和路径会被加亮显示。此时就可以通过在有冲突的模块之间插入一个 Data Type Conversion 模块来解决类型冲突。

一个模块的输出一般是模块输入和模型参数的函数。而在实际建模过程中，输入信号的数据类型和模块参数的数据类型往往是不同的，Simulink 在计算这种输出时会把参数类型转换为信号的数据类型。当信号的数据类型无法表示参数值时，Simulink 将中断仿真，并给出错误信息。

3. 使用复数信号

Simulink 默认的信号值都是实数，但在实际问题中有时需要处理复数的信号。在 Simulink 中通常用下面两种方法来建立处理复数信号的模型。一种是将所需复数分解为实部和虚部，利用 Real-Imag to Complex 模块将它们联合成复数，如图 9-1 所示。另一种是将所需复数分解为复数的幅值和幅角，利用 Magnitue-Angle to Complex 模块将它们联合成复数。当然也可以利用相关模块将复数分解为实部和虚部或者是幅值和幅角。

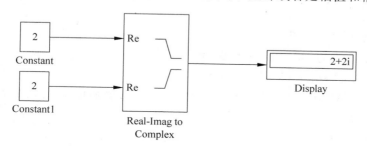

图 9-1 建立复数信号的模型

9.2 Simulink 的使用

9.2.1 Simulink 的启动和退出

1. 启动 Simulink 的方法

启动 Simulink 的方法有如下三种：

（1）窗口命令启动：在 MATLAB 的命令窗口直接输入 simulink，按回车键，成功启动 simulink，如图 9-2 所示；

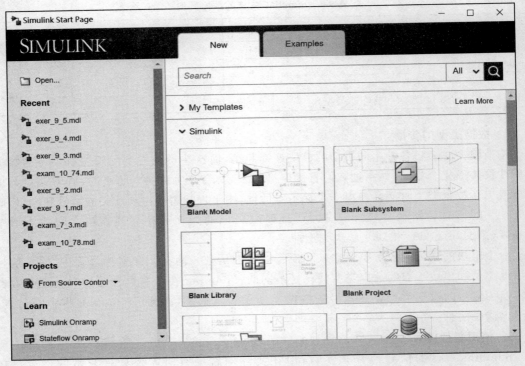

图 9-2　Simulink 启动窗口

（2）快捷图标启动：单击工具栏上的 Simulink 模块库浏览器命令按钮▤，即可启动 Simulink，如图 9-2 所示；

（3）菜单栏启动：在文件菜单栏中选择新建命令的 Simulink Model，成功进入 Simulink 窗口，如图 9-2 所示。

退出 Simulink 只要关闭所有模块窗口和 Simulink 模块库窗口即可。

2. 打开已经存在的 Simulink 模型文件

打开已经存在的 Simulink 模型文件也有如下几种方式：

（1）在 MATLAB 命令窗口直接输入模型文件名（不要加扩展名.mdl），这要求该文件在当前的路径范围内；

（2）在 MATLAB 文件菜单栏上单击打开，选择相应路径的文件；

（3）单击工具栏上的打开文件图标，选择相应路径的文件。

若要退出 Simulink 窗口只要关闭该窗口即可。

9.2.2　在 Simulink 的窗口创建一个新模型

（1）打开 MATLAB，在工具栏中单击 Simulink 快捷键按钮▤，会出现如图 9-3 所示的窗口。

（2）单击 Blank Model 模板，Simulink 编辑器打开一个新建模型窗口，如图 9-4 所示。

（3）选择菜单栏的 FILE→Save→Save as 命令，写入该文件的文件名。例如：simple_model.slx，单击保存。

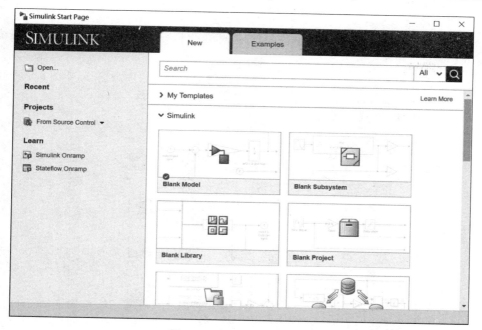

图 9-3　Simulink 启动窗口

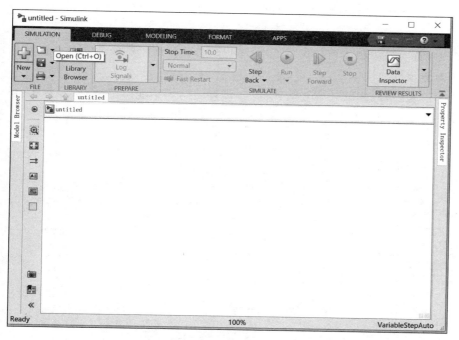

图 9-4　新建模型窗口

9.2.3　Simulink 模块的操作

模块是建立 Simulink 模型的基本单元。用适当的方式把各种模块连接在一起就能够建立任何动态系统的模型。本节将介绍对模块的操作方法。

1. 从模块库选取模块

从 Simulink 模块库选取建立模型需要的模块,也可以建立一个新的 Simulink 模块、项目或者状态流图。

在 Simulink 工具栏,单击 Library Browser 按钮 ▦ ,打开模块库浏览器,如图 9-5 所示。

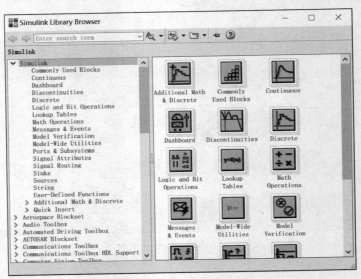

图 9-5　从模块库浏览器选取模块

设置模块库浏览器处于窗口的最上层,可以单击模块库浏览器工具栏中的 ⊞ 按钮。

2. 浏览查找模块

在图 9-5 的左边列出的是所有的模块库,选择一个模块库。例如,要查找正弦波模块,可以在浏览器工具栏的搜索框中输入 sine,按回车键(Enter),Simulink 就可以在正弦波的库中找到并显示此模块,如图 9-6 所示。

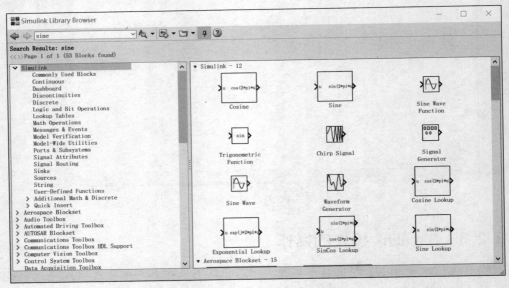

图 9-6　在模块库浏览器中查找模块

9.2.4 Simulink 的建模和仿真

Simulink 建模仿真的一般过程如下：

（1）打开一个空白的编辑窗口；

（2）将模块库中的模块复制到编辑窗口中，并依据给定的框图修改编辑窗口中模块的参数；

（3）将各个模块按给定的框图连接起来；

（4）用菜单选择或命令窗口键入命令进行仿真分析，在仿真的同时，可以观察仿真结果，如果发现有不正确的地方，可以停止仿真并可修正参数；

（5）若对结果满意，可以将模型保存。

【例 9-1】 设计一个简单模型，将一个正弦信号输出到示波器。

步骤 1：新建一个空白模型窗口，如图 9-7 所示。

微课视频

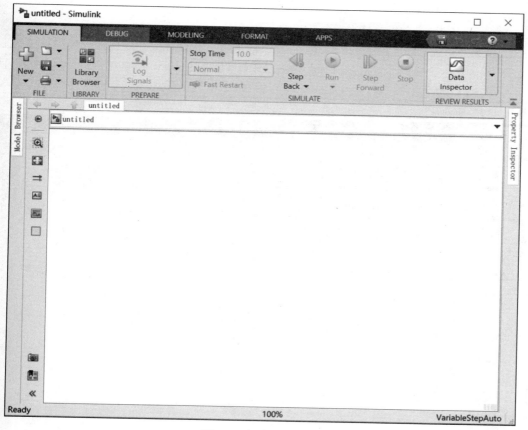

图 9-7　新建模型窗口

步骤 2：为空白模型窗口添加所需的模块，如图 9-8 所示。

步骤 3：连接相关模块，构成所需的系统模型，如图 9-9 所示。

步骤 4：单击按钮 Run ▶ 进行系统仿真。

步骤 5：观察仿真结果，单击 Scope，打开如图 9-10 所示的窗口即可观察仿真结果。

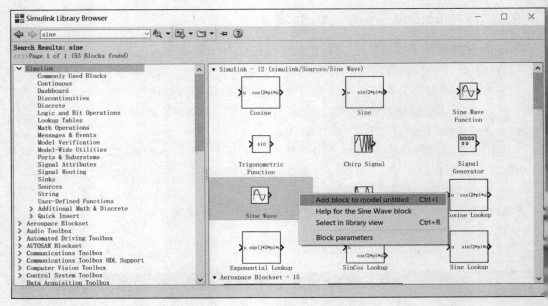

图 9-8　从模块库中添加模块

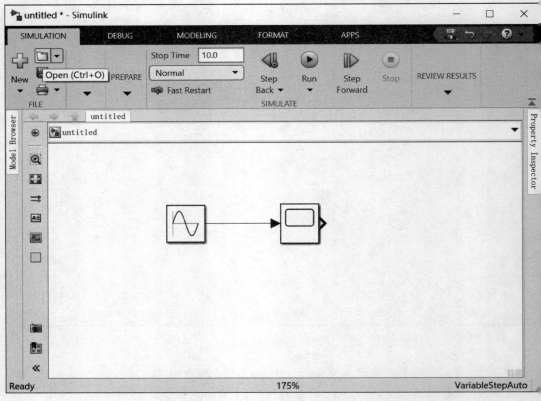

图 9-9　在模型窗口中连接各模块

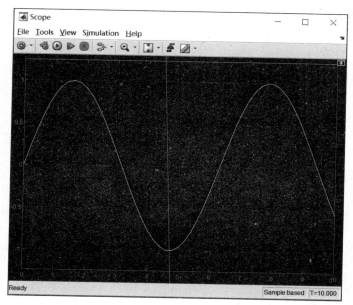

图 9-10 仿真图形

9.3 Simulink 的模块库及模块

用 Simulink 建模的过程可以简单地理解为从模块库中选择合适的模块,然后将它们按照实际系统的控制逻辑连接起来,最后进行仿真调试的过程。

模块库的作用就是提供各种基本模块,并将它们按应用领域及功能进行分类管理,以便用户查找和使用。库浏览器将各种模块库按树结构进行罗列,便于用户快速查找所需模块,同时它还提供了按照名称查找的功能。而模块则是 Simulink 建模的基本元素,了解各个模块的作用是 Simulink 仿真的前提和基础。

Simulink 的模块库由两部分组成:基本模块和各种应用工具箱。例如,对通信系统仿真来说,主要用到 Simulink 基本库、通信系统工具箱和数字信号处理工具箱。

Simulink 的基本模块由典型模块库里的模块构成。这些模块库主要有系统仿真模块库(Simulink)、通信模块库(Communications Blockset)、数字信号处理模块库(DSP Blockset)和控制系统模块库(Control System Toolbox)等。

Simulink 模块库中包含了如下子模块库:

(1) Commonly Used Blocks 子模块库,为仿真提供常用模块元件;

(2) Continuous 子模块库,为仿真提供连续系统模块元件;

(3) Dashboard 子模块库,为仿真提供一些类似仪表显示模块元件;

(4) Discontinuities 子模块库,为仿真提供非连续系统模块元件;

(5) Discrete 子模块库,为仿真提供离散系统模块元件;

(6) Logic and Bit Operations 子模块库,为仿真提供逻辑运算和位运算模块元件;

(7) Lookup Tables 子模块库,为仿真提供线性插值表模块元件;

(8) Math Operations 子模块库,为仿真提供数学运算功能模块元件;

（9）Message & Events 子模块库，为仿真提供基于消息的通信模块元件；

（10）Model Verification 子模块库，为仿真提供模型验证模块元件；

（11）Model-Wide Utilities 子模块库，为仿真提供相关分析模块元件；

（12）Ports and Subsystems 子模块库，为仿真提供端口和子系统模块元件；

（13）Signal Attributes 子模块库，为仿真提供信号属性模块元件；

（14）Signal Routing 子模块库，为仿真提供输入/输出及控制的相关信号处理模块元件；

（15）Sinks 子模块库，为仿真提供输出设备模块元件；

（16）Sources 子模块库，为仿真提供信号源模块元件；

（17）String 子模块库，为仿真提供字符串操作模块元件；

（18）User-defined Functions 子模块库，为仿真提供用户自定义函数模块元件。

9.3.1 Commonly Used Blocks 子模块库

Commonly Used Blocks（常用元件）子模块库为系统仿真提供常用元件，如图 9-11 所示，其所含模块及功能如表 9-2 所示。

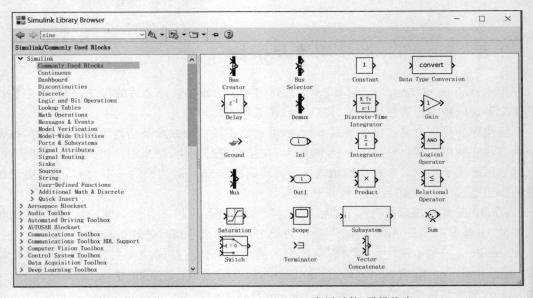

图 9-11　Commonly Used Blocks（常用元件）子模块库

表 9-2　Commonly Used Blocks 子模块库基本模块及功能描述

名　　称	功　能　说　明
BusCreator	将输入信号合并成向量信号
BusSelector	将输入向量分解成多个信号（输入只接受 Mux 和 Bus）
Constant	输出常量信号
Data Type Conversion	数据类型的转换
Delay	信号延迟
Demux	将输入向量转换成标量或更小的标量

续表

名　称	功 能 说 明
Discrete-Time Integrator	离散积分器
Gain	增益模块
Ground	接地模块
In1	输入模块
Integrator	连续积分器
Logical Operator	逻辑运算模块
Mux	将输入的向量、标量或矩阵信号合成
Out1	输出模块
Product	乘法器(执行向量、标量、矩阵的乘法)
Relational Operator	关系运算(输出布尔类型数据)
Saturation	定义输入信号的最大和最小值
Scope	输出示波器
Subsystem	创建子系统
Sum	加法器
Switch	选择器(根据第二个输入来选择输出第一个或第三个信号)
Terminator	终止输出
Vector Concatenate	将向量或多维数据合成统一数据输出

9.3.2　Continuous 子模块库

Continuous 子模块库为仿真提供连续系统元件,如图 9-12 所示,其所含模块及其功能如表 9-3 所示。

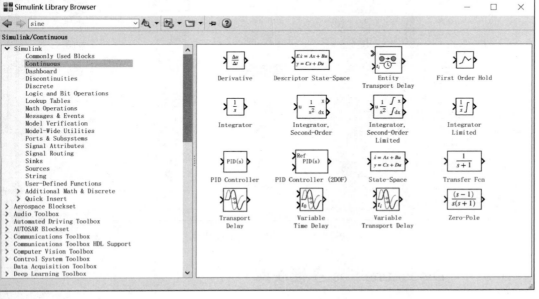

图 9-12　Continuous 子模块库

表 9-3　**Continuous 子模块库基本模块及功能描述**

名　　　称	功　能　说　明
Derivative	微分
Descriptor State-Space	离散系统状态空间表达式模块
Entity Transport Delay	实体传输延时
First Order Hold	一阶采样保持器
Integrator	积分器
Integrator Limited	定积分
Integrator，Second-Order	二阶积分
Integrator，Second-Order Limited	二阶定积分
PID Controller	PID 控制器
PID Controller（2DOF）	PID 控制器（2DOF）
State-Space	状态空间
Transfer Fcn	传递函数
Transport Delay	传输延时
Variable Time Delay	可变时间延时
Variable Transport Delay	可变传输延时
Zero-Pole	零-极点增益模型

9.3.3　Dashboard 子模块库

Dashboard 子模块库为仿真提供一些类似仪表显示元件，如图 9-13 所示。

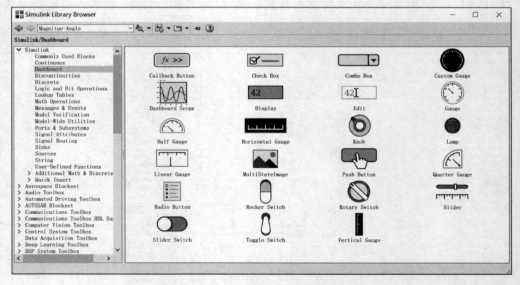

图 9-13　Dashboard 子模块库

9.3.4　Discontinuities 子模块库

Discontinuities 子模块库为仿真提供非连续系统元件，如图 9-14 所示，其所含模块及其功能如表 9-4 所示。

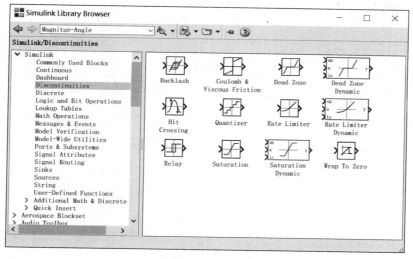

图 9-14　Discontinuities 子模块库

表 9-4　Discontinuous 子模块库基本模块及功能描述

名　　称	功　能　说　明
Backlash	间隙非线性
Coulomb & Viscous Friction	库仑和黏度摩擦非线性
Dead Zone	死区非线性
Dead Zone Dynamic	动态死区非线性
Hit Crossing	冲击非线性
Quantizer	量化非线性
Rate Limiter	静态限制信号的变化速率
Rate Limiter Dynamic	动态限制信号的变化速率
Relay	滞环比较器,限制输出值在某一范围内变化
Saturation	饱和输出,让输出超过某一值时能够饱和
Saturation Dynamic	动态饱和输出
Wrap To Zero	还零非线性

9.3.5　Discrete 子模块库

Discrete 子模块库为仿真提供离散系统元件,如图 9-15 所示,其所含模块及其功能如表 9-5 所示。

表 9-5　Discrete 子模块库基本模块及功能描述

名　　称	功　能　说　明
Delay	延时器
Difference	差分环节
Discrete Derivative	离散微分环节
Discrete FIR Filter	离散 FIR 滤波器
Discrete Filter	离散滤波器

续表

名　　称	功 能 说 明
Discrete PID Controller	离散 PID 控制器
Discrete PID Controller(2DOF)	离散 PID 控制器(2DOF)
Discrete State-Space	离散状态空间系统模型
Discrete Transfer-Fcn	离散传递函数模型
Discrete Zero-Pole	以零-极点表示的离散传递函数模型
Discrete-Time Integrator	离散时间积分器
Enabled Delay	启用延迟
Memory	输出本模块上一步的输入值
Resettable Delay	按可变采样周期延迟输入信号,并可通过外部信号复位
Tapped Delay	陷波延时
Transfer Fcn First Order	离散一阶传递函数
Transfer Fcn Lead or Lag	传递函数
Transfer Fcn Real Zero	离散零点传递函数
Unit Delay	一个采样周期的延迟
Variable Integer Delay	按可变采样期间延迟输入信号
Zero-Order Hold	零阶保持器

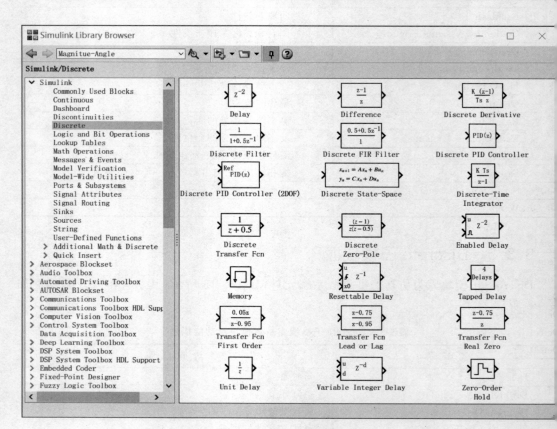

图 9-15　Discrete 子模块库

9.3.6　Logic and Bit Operations 子模块库

Logic and Bit Operations 子模块库为仿真提供逻辑操作元件，如图 9-16 所示，其所含模块及其功能如表 9-6 所示。

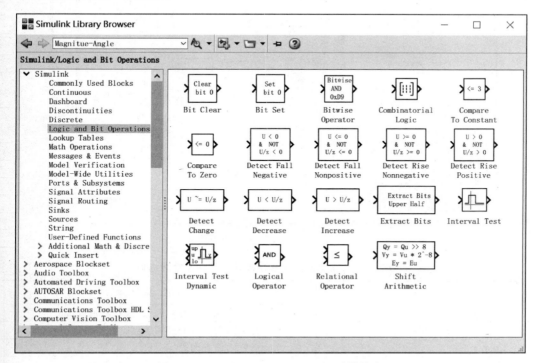

图 9-16　Logic and Bit Operations 子模块库

表 9-6　**Logic and Bit Operations 子模块库基本模块及功能描述**

名　　称	功 能 说 明	名　　称	功 能 说 明
Bit Clear	位清零	Detect Increase	检测递增
Bit Set	位置位	Detect Rise Nonnegative	检测非负上升沿
Bitwise Operator	逐位操作	Detect Rise Positive	检测正上升沿
Combinatorial Logic	组合逻辑	Extract Bits	提取位
Compare To Constant	和常量比较	Interval Test	检测开区间
Compare To Zero	和零比较	Interval Test Dynamic	动态检测开区间
Detect Change	检测跳变	Logical Operator	逻辑操作符
Detect Decrease	检测递减	Relational Operator	关系操作符
Detect Fall Negative	检测负下降沿	Shift Arithmetic	移位运算
Detect Fall Nonpositive	检测非负下降沿		

9.3.7　Lookup Tables 子模块库

Lookup Tables 子模块库为仿真提供线性插值表元件，如图 9-17 所示，其所含模块及其功能如表 9-7 所示。

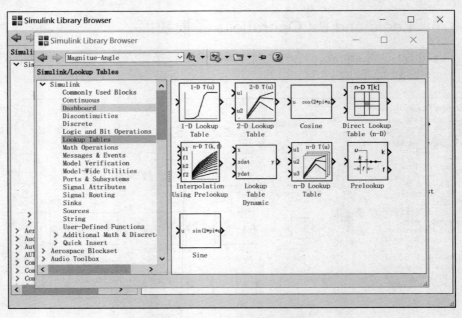

图 9-17　Lookup Tables 子模块库

表 9-7　Lookup Tables 子模块库基本模块及功能描述

名　　称	功 能 说 明
1-D Lookup Table	一维输入信号的查询表（线性峰值匹配）
2-D Lookup Table	两维输入信号的查询表（线性峰值匹配）
Cosine	余弦函数查询表
Direct Lookup Table（n-D）	N 维输入信号的查询表（直接匹配）
Interpolation Using Prelookup	输入信号的预插值
Lookup Table Dynamic	动态查询表
Prelookup	预查询索引搜索
Sine	正弦函数查询表
n-D Lookup Table	N 维输入信号的查询表（线性峰值匹配）

9.3.8　Math Operations 子模块库

Math Operations 子模块库为仿真提供数学运算功能模块元件，如图 9-18 所示，其所含模块及其功能如表 9-8 所示。

表 9-8　Math Operations 子模块库基本模块及功能描述

名　　称	功 能 说 明	名　　称	功 能 说 明
Abs	取绝对值	Complex to Magnitude-Angle	由复数输入转为幅值和相角输出
Add	加法		
Algebraic Constraint	代数约束	Complex to Real-Imag	由复数输入转为实部和虚部输出
Assignment	赋值		
Bias	偏移	Divide	除法

续表

名　　称	功　能　说　明	名　　称	功　能　说　明
Dot Product	点乘运算	Product of Elements	元素乘运算
Find Nonzero Elements	查找非零元素	Real-Imag to Complex	由实部和虚部输入合成复数输出
Gain	比例运算		
Reciprocal Sqrt	开平方后求倒数	Magnitude-Angle to Complex	由幅值和相角输入合成复数输出
Math Function	包括指数对数函数、求平方等常用数学函数	Reshape	取整
Matrix Concatenate	矩阵级联	Rounding Function	舍入函数
MinMax	最值运算	Sign	符号函数
Squeeze	删去大小为1的"孤维"	Signed Sqrt	符号根式
Subtract	减法	Sine Wave Function	正弦波函数
Sum	求和运算	Slider Gain	滑动增益
Vector Concatenate	向量连接	Sqrt	平方根
MinMax Running Resettable	最大最小值运算	Sum of Elements	元素和运算
Permute Dimensions	按维数重排	Weighted Sample Time Math	权值采样时间运算
Polynomial	多项式	Unary Minus	一元减法
Product	乘运算	Trigonometric Function	三角函数

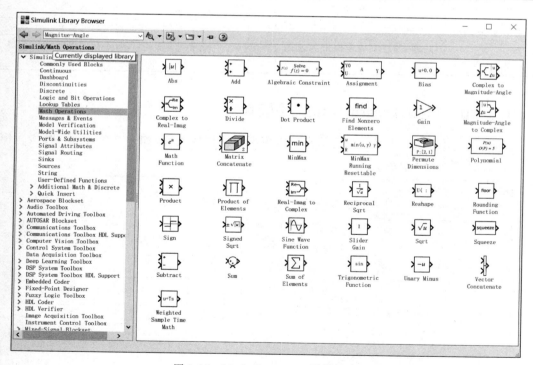

图 9-18　Math Operations 子模块库

9.3.9　Message & Events 子模块库

Message & Events 子模块库为仿真提供基于消息的通信建模的模块元件，如图 9-19

所示,其所含模块及其功能如表 9-9 所示。

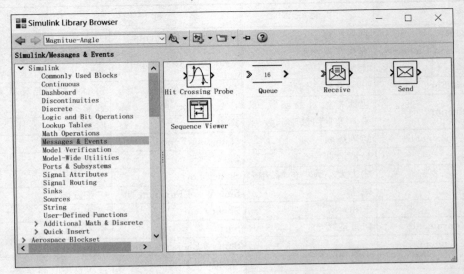

图 9-19　Message & Events 子模块库

表 9-9　**Message & Events 子模块库基本模块及功能描述**

名　　　称	功 能 说 明	名　　　称	功 能 说 明
Hit Crossing Probe	检测穿越点	Send	创建和发送消息
Queue	队列,储存实体模拟排队过程	Sequence Viewer	显示仿真时模块之间传输的消息
Receive	接收消息		

9.3.10　Model Verification 子模块库

Model Verification 子模块库为仿真提供模型验证模块元件,如图 9-20 所示,其所含模块及其功能如表 9-10 所示。

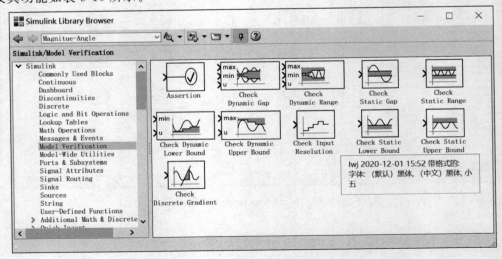

图 9-20　Model Verification 子模块库

表 9-10　**Model Verification 子模块库基本模块及功能描述**

名　　称	功能说明	名　　称	功能说明
Assertion	确定操作	Check Dynamic Lower Bound	检查动态下限
Check Dynamic Gap	检查动态偏差	Check Dynamic Upper Bound	检查动态上限
Check Dynamic Range	检查动态范围	Check Input Resolution	检查输入精度
Check Static Gap	检查静态偏差	Check Static Lower Bound	检查静态下限
Check Static Range	检查静态范围	Check Static Upper Bound	检查静态上限
Check Discrete Gradient	检查离散梯度		

9.3.11　Model-Wide Utilities 子模块库

Model-Wide Utilities 子模块库为仿真提供相关分析模块元件,如图 9-21 所示,其所含模块及其功能如表 9-11 所示。

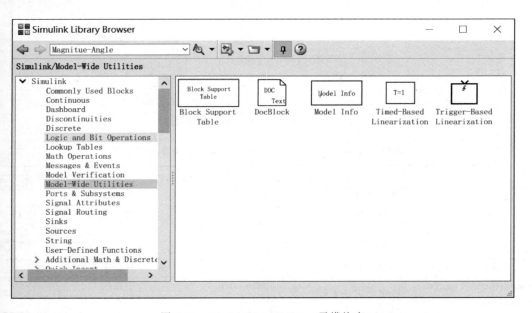

图 9-21　Model-Wide Utilities 子模块库

表 9-11　**Model-Wide Utilities 子模块库基本模块及功能描述**

名　　称	功能说明	名　　称	功能说明
Block Support Table	功能块支持的表	Timed-Based Linearization	时间线性分析
DocBlock	文档模块	Trigger-Based Linearization	触发线性分析
Model Info	模型信息		

9.3.12　Ports & Subsystems 子模块库

Ports & Subsystems 子模块库为仿真提供端口和子系统模块元件,如图 9-22 所示,其含模块及其功能如表 9-12 所示。

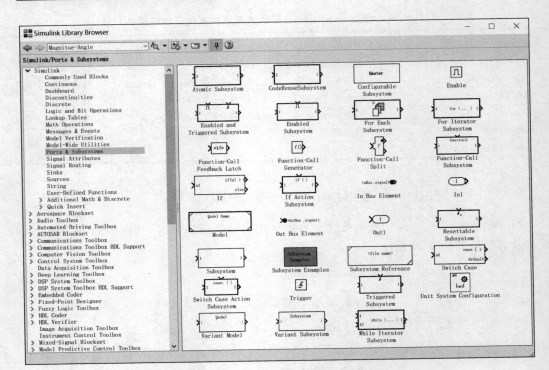

图 9-22 Ports & Subsystems 子模块库

表 9-12 Ports & Subsystems 子模块库基本模块及功能描述

名 称	功 能 说 明	名 称	功 能 说 明
Atomic Subsystem	单元子系统	Model	模型
CodeReuseSubsystem	代码重用子系统	Out Bus Element	指定连接到输出端口的信号
Configurable Subsystem	可配置子系统		
Enable	使能	Out1	输出端口
Enabled Subsystem	使能子系统	Resettable Subsystem	复位子系统
Enabled and Triggered Subsystem	使能触发子系统	Subsystem	子系统
		Subsystem Examples	子系统例子
For Each Subsystem	For Each 子系统	Subsystem Reference	参考子系统
For Iterator Subsystem	For 迭代子系统	Switch Case	Switch Case 语句
Function-Call Feedback Latch	函数调用反馈锁存	Switch Case Action Subsystem	Switch Case 操作子系统
Function-Call Generator	函数调用生成器	Trigger	触发操作
Function-Call Split	函数调用切换	Triggered Subsystem	触发子系统
Function-Call Subsystem	函数调用子系统	Unit System Configuration	对模型内可以使用的单位进行限制
If	If 操作		
If Action Subsystem	If 操作子系统	Variant Model	可变模型
In Bus Element	选择连接到输入端口的信号	Variant Subsystem	可变子系统
		While Iterator Subsystem	While 迭代子系统
In1	输入端口		

9.3.13 Signal Attributes 子模块库

Signal Attributes 子模块库,为仿真提供信号属性模块元件,如图 9-23 所示,其所含模块及其功能如表 9-13 所示。

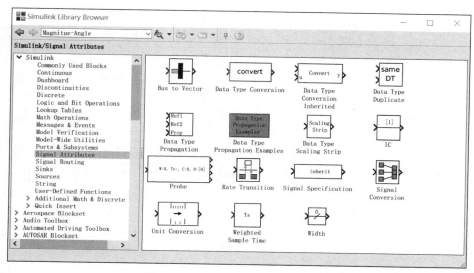

图 9-23 Signal Attributes 子模块库

表 9-13 Signal Attributes 子模块库基本模块及功能描述

名 称	功 能 说 明	名 称	功 能 说 明
Bus to Vector	总线到矢量转换	Probe	探针点
Data Type Conversion	数据类型转换	Rate Transition	速率转换
Data Type Conversion Inherited	数据类型继承	Signal Conversion	信号转换
Data Type Duplicate	数据类型复制	Signal Specification	信号特征指定
Data Type Propagation	数据类型传播	Unit Conversion	单位转换
Data Type Propagation Examples	数据类型传播示例	Weighted Sample Time	加权的采样时间
Data Type Scaling Strip	数据类型缩放	Width	信号宽度
IC	信号输入属性		

9.3.14 Signal Routing 子模块库

Signal Routing 子模块库,为仿真提供输入/输出及控制的相关信号处理模块元件,如图 9-24 所示,其所含模块及其功能如表 9-14 所示。

表 9-14 Signal Routing 子模块库基本模块及功能描述

名 称	功 能 说 明
Bus Element In	选择连接到输入端口的信号
Bus Element Out	指定连接到输出端口的信号
Bus Assignment	总线分配
Bus Creator	总线生成

续表

名　　称	功　能　说　明
Bus Selector	总线选择
Data Store Memory	数据存储
Data Store Read	数据存储读取
Data Store Write	数据存储写入
Demux	分路
Environment Controller	环境控制器
From	信号来源
Goto	信号去向
Goto Tag Visibility	Goto 标签可视化
Index Vector	索引矢量
Manual Switch	手动选择开关
Manual Variant Sink	拨动开关,可激活输出端的变体选择项之一以传递输入
Manual Variant Source	拨动开关,在输入处激活它的一个变体选项,以通过输出
Merge	信号合并
Multiport Switch	多端口开关
Mux	合路
Parameter Writer	给参数赋值
Selector	信号选择器
State Reader	读取模块状态
State Writer	初始化模块状态
Switch	开关选择,当第二个输入端大于临界值时,输出由第一个输入端而来,否则输出由第三个输入端而来
Variant Sink	提供信号接收器(目的地)的变体
Variant Source	提供信号源的变体
Vector Concatenate	将矢量或多维信号合成为统一的信号输出

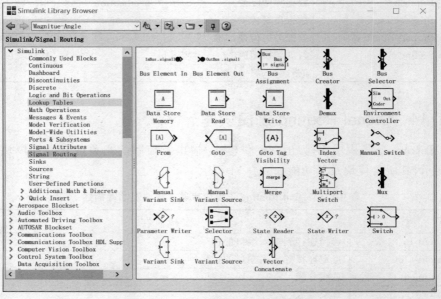

图 9-24　Signal Routing 子模块库

9.3.15 Sinks 子模块库

Sinks 子模块库,为仿真提供输出设备模块元件,如图 9-25 所示,其所含模块及其功能如表 9-15 所示。

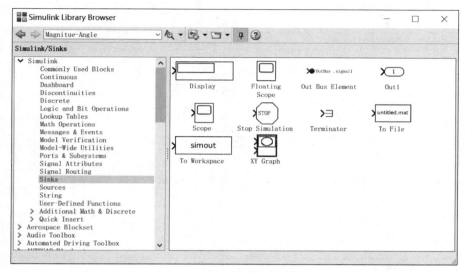

图 9-25 Sinks 子模块库

表 9-15 Sinks 子模块库基本模块及功能描述

名 称	功 能 说 明	名 称	功 能 说 明
Display	数字显示器	Terminator	终止符号
Floating Scope	浮动示波器	To File	将输出数据写入数据文件保护
Out1	输出端口		
Out Bus Element	在输出端口创建一个总线或分配一个信号	To Workspace	将输出数据写入 MATLAB 的工作空间
Scope	示波器	XY Graph	显示二维图形
Stop Simulation	停止仿真		

9.3.16 Sources 子模块库

Sources 子模块库,为仿真提供信号源模块元件,如图 9-26 所示,其所含模块及其功能如表 9-16 所示。

表 9-16 Sources 子模块库基本模块及功能描述

名 称	功 能 说 明
Band-Limited White Noise	带限白噪声
Digital Clock	数字时钟
Clock	显示和提供仿真时间
Chirp Signal	产生一个频率不断增大的正弦波
Counter Free-Running	无限计数器

续表

名　　称	功 能 说 明
Counter Limited	有限计数器
From Workspace	来自 MATLAB 的工作空间
Enumerated Constant	枚举常量
From File	来自文件
Constant	常数信号
Ground	接地
In1	输入信号
In Bus Element	从输入端口选择总线的元素或整个信号
From Spreadsheet	从电子表格中读取数据值
Ramp	斜坡输入
Random Number	产生正态分布的随机数
Repeating Sequence	产生规律重复的任意信号
Repeating Sequence Interpolated	重复序列内插值
Repeating Sequence Stair	重复阶梯序列
Signal Builder	信号创建器
Signal Generator	信号发生器,可产生正弦、方波、锯齿波及随意波
Sine Wave	正弦波信号
Step	阶跃信号
Uniform Random Number	均匀分布随机数
Pulse Generator	脉冲发生器
Waveform Generator	波形发生器
Signal Editor	信号编辑器

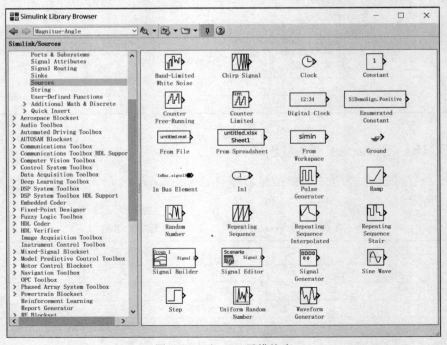

图 9-26　Sources 子模块库

9.3.17 String 子模块库

String 子模块库,为仿真提供字符串操作模块元件,如图 9-27 所示,其所含模块及其功能如表 9-17 所示。

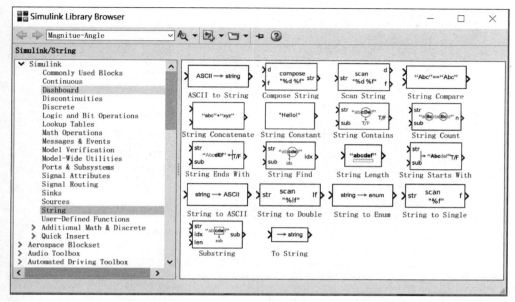

图 9-27 String 子模块库

表 9-17 String 子模块库基本模块及功能描述

名 称	功 能 说 明
ASCII to String	ASCII 码转化为字符串
Compose String	合成字符串
Scan String	扫描字符串
String Compare	比较两个输入字符串
String Concatenate	串联各个输入字符串以形成一个输出字符串
String Constant	输出指定的字符串
String Contains	确定字符串是否包含某种模式
String Count	计数字符串中模式的出现次数
String Ends With	确定字符串是否以某种模式结束
String Find	返回字符串第一次出现的索引
String Length	字符串长度
String Starts With	确定字符串是否以某种模式开始
String to ASCII	字符串转化为 ASCII
String to Double	将字符串信号转换为双精度信号
String to Enum	将字符串信号转换为枚举信号
String to Single	将字符串信号转换为单精度信号
Substring	从输入字符串信号中提取子字符串
To String	将输入信号转换为字符串信号

9.3.18 User-Defined Functions 子模块库

User-Defined Functions 子模块库,为仿真提供用户自定义函数模块元件,如图 9-28 所示,其所含模块及其功能如表 9-18 所示。

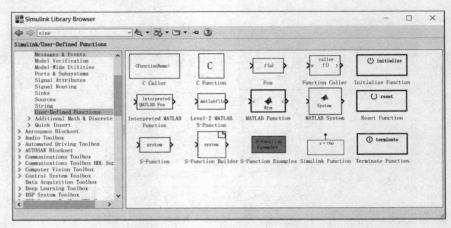

图 9-28　User-Defined Functions 子模块库

表 9-18　User-Defined Functions 子模块库基本模块及功能描述

名　　称	功 能 说 明
C Caller	在 Simulink 中集成 C 代码
C Function	集成和调用来自 Simulink 模型的外部 C 代码
Fcn	用自定义的函数(表达式)进行运算
Function Caller	调用 Simulink 或导出的 Stateflow 函数
Initialize Function	在发生模型初始化事件时执行内容
Interpreted MATLAB Function	将 MATLAB 函数或表达式应用于输入
Level-2 MATLAB S-Function	在模型中使用 Level-2 MATLAB S-Function
MATLAB Function	将 MATLAB 代码包含在生成可嵌入式 C 代码的模型中
MATLAB System	在模型中包含 System object
Reset Function	在模型重置事件上执行内容
S-Function	调用自编的 S 函数的程序进行运算
S-Function Builder	S 函数创建
S-Function Examples	S 函数例子
Simulink Function	使用 Simulink 模块定义的函数
Teminate Function	模型终止功能块

9.4　Simulink 模块操作及建模

9.4.1　Simulink 模型

1. Simulink 模型的概念

Simulink 意义上的模型根据表现形式不同有着不同的含义。在模型窗口中表现为见的方框图；在存储形式上表现为扩展名为.mdl 的 ASCII 文件；而从其物理意义上来讲，Simulink 模型模拟了物理器件构成的实际系统的动态行为。采用 Simulink 软件对一个实际动态系统进行仿真，关键是建立起能够模拟并代表该系统的 Simulink 模型。

从系统组成上来看，一个典型的 Simulink 模型一般包括 3 部分：输入、系统和输出。输入一般用信源（Source）模块表示，具体形式可以为常数（Constant）和正弦信号（Sine）等模块；系统就是指在 Simulink 中建立并对其研究的系统方框图；输出一般用信宿（Sink）模块表示，具体可以是示波器（Scope）、图形记录仪等模块。无论输入、系统和输出，都可以从 Simulink 模块库中直接获得，或由用户根据需要用相关模块组合后自定义而得。

对一个实际的 Simulink 模型来说，并非完全包含这 3 个部分，有些模型可能不存在输入或输出部分。

2. 模型文件的创建和修改

模型文件是指在 Simulink 环境中记录模型中的模块类型、模块位置和各模块相关参数等信息的文件，其文件扩展名为.mdl。在 MATLAB 环境中，可创建、编辑和保持模型文件。

3. 模型文件的格式

Simulink 的模型通常都是以图形界面形式来创建的，此外 Simulink 还为用户提供了通过命令行来建立模型和设置参数的方法。这种方法要求用户熟悉大量的命令，因此很不直观，用户通常不需要采用这种方法。

Simulink 将每个模型（包括库）都保存在一个扩展名为.mdl 的文件里，称之为模型文件。一个模型文件就是一个结构化的 ASCII 文件，包含关键字和各种参数值。

9.4.2 Simulink 模块的基本操作

Simulink 模块的基本操作包括选取模块、复制和删除模块、模块的参数和属性设置、模块外形的调整、模块名的处理、模块的连接及在连线上反映信息等操作。

表 9-19 和表 9-20 汇总了 Simulink 对模块、直线和信号标签进行各种常用操作的方法。

表 9-19　Simulink 对模块的基本操作

任　　务	Microsoft Windows 环境下的操作
选择一个模块	右键单击选中的模块，选择"Add Block to……"或按下 Ctrl+I 组合键
不同模型窗口之间复制模块	直接将模块从一个模型窗口拖动到另一个模型窗口
同一模型窗口内复制模块	选中模块，按下 Ctrl+C 组合键，然后按下 Ctrl+V 即可复制
移动模块	按下鼠标左键直接拖动
删除模块	选中模块，按下 Delete 键
连接模块	鼠标拖动模块的输出至另一模块的输入
断开模块间的连接	先按下 Shift 键，然后用鼠标左键拖动模块到另一个位置；或将鼠标指向连续的箭头处，出现一个小圆圈圈住箭头时按下左键并移动连线
改变模块大小	选中模块，鼠标移动到模块方框的一角，当鼠标图标变成两端有箭头的线段时，按下鼠标左键拖动图标以改变图标大小
调整模块的方向	右键选中模块，通过参数设置项 Rotate& Flip 调整模块方向
修改模块名	双击选中的模块，在弹出对话框里修改

表 9-20　Simulink 对直线的基本操作

任　　务	Microsoft Windows 环境下的操作
选择一条直线	鼠标左键单击选中的直线
连线的分支	按下 Ctrl 键左键单击选中的连线
移动直线段	按下左键直接拖动直线段
移动直线顶点	将鼠标指向连线的箭头处,当出现一个小圆圈圈住箭头时按下左键并移动连线
直线调整为斜线段	按下 Shift 键,将鼠标指向需要移动的直线上的一点并按下鼠标左键直接拖动直线
直线调整为折线段	按下鼠标左键不放直接拖动直线

9.4.3　系统模型注释与信号标签设置

对于复杂系统的 Simulink 仿真模型,若没有适当说明则很难让人读懂,因此需要对其进行注释说明。通常可采用 Simulink 的模型注释和信号标签两种方法。

1. 系统模型注释

在 Simulink 中对系统模型进行注释只需单击系统模型窗口左边的 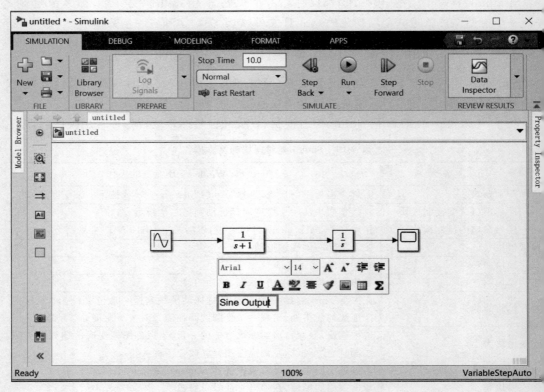 ,就可以打开一个文本编辑框,输入相应的注释文档即可,如图 9-29 所示。添加注释后,可用鼠标进行移动。需要注意的是,虽然文本编辑框支持汉字输入,但是 Simulink 无法添加有汉字注释的系统模型,因此建议采用英文注释。

图 9-29　系统模型注释

2. 系统信号标签

信号标签在创建复杂系统的 Simulink 仿真模型时非常重要。信号标签也称为信号的"名称"或"标记",它与特定的信号相联系,是描述信号的一个固有特性,与系统模型注释不同。系统模型注释是对系统或局部模块进行说明的文字信息,它与系统模型是相分离的。而信号标签则是不可分离的。

通常生成信号标签的方法有如下两种。

(1) 使用鼠标左键双击需要添加标签的信号(即系统模型中模块之间的连线),这时会出现标签编辑框,在其中输入标签文本即可。信号标签也可以移动位置,但只能在信号线附近,如图 9-30 所示。当一个信号定义标签后,又引出新的信号线,且这个新的信号线将继承这个标签。

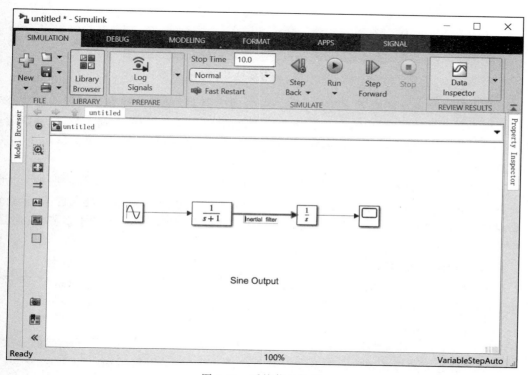

图 9-30　系统信号标签

(2) 选择需要加入的标签信号,右键单击信号连线,然后选择"Properties",弹出信号属性编辑对话框,如图 9-31 所示。在"Signal name"文本框中可输入信号的名称;单击"Documentation"选项卡还可以对信号进行文档注释或添加文档链接。

9.4.4　Simulink 建模

为了设计过程控制系统及整定调节器参数,指导设计生产工艺设备,培训系统运行操纵人员,进行仿真试验研究等目的,需要对控制系统进行建模。控制系统的数学模型一般指控制系统在各种输入量(包括控制输入和扰动输入)的作用下,相应的被控量(输出量)变化的函数关系,用数学表达式来表示。

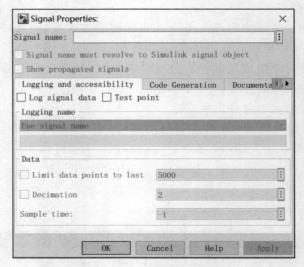

图 9-31　信号属性对话框

　　根据参数类型可将控制系统的数学模型分为两类：参数模型和非参数模型。参数模型是以参数为对象的数学模型，通常用数学方程式表示，例如微分方程、传递函数、脉冲响应函数、状态方程和差分方程等。非参数模型是以非参数为对象的数学模型，通常用曲线表示，例如阶跃响应曲线、脉冲响应曲线和频率特性曲线等。

　　在以实际问题为研究对象进行建模及仿真时，用户可能会意识到把实际问题抽象为模型需要考虑诸多方面，非常复杂，而不仅仅是简单选择几个模块然后将其连接起来、运行仿真就可以了。下面介绍建模的基本步骤和一些方法技巧，便于读者更好地掌握 Simulink建模。

1. Simulink 建模的基本步骤

　　(1) 画出系统草图。将所研究的仿真系统根据功能划分为一个个小的子系统，然后用各模块子库里的基本模块搭建好每个小的子系统。

　　(2) 启动 Simulink 模块库浏览器，新建一个空白模型窗口。

　　(3) 在库中找到所需的基本模块并添加到空白模型窗口中，按照第(1)步画出的系统草图的布局摆放好并连接各模块。若系统较复杂或模块太多，可以将实现同一功能的模块封装为一个子系统。

　　(4) 设置各模块的参数及与仿真有关的各种参数。

　　(5) 保存模型，其扩展名为.mdl。

　　(6) 运行仿真、观察结果。若仿真出错，则按弹出的错误提示查看错误原因并加以解决。若仿真结果不理想，则首先检查各模块的连接是否正确、所选模块是否合适，然后检查模块参数和仿真参数是否设置合理。

　　(7) 调试模型。若在第(6)步中没有任何错误就不必进行调试。若需调试，可以查看系统在每个仿真步的运行情况，找到出现仿真结果不理想的地方，修改后再运行仿真，直至得到理想结果。最后还要保存模型。

微课视频

　　【例 9-2】　设系统的开环传递函数为：$G(s)=\dfrac{s+4}{s^2+2s+8}$，求在单位阶跃输入作用下的单位负反馈系统的时域响应。

步骤1：新建一个空白模型窗口，如图9-32所示；

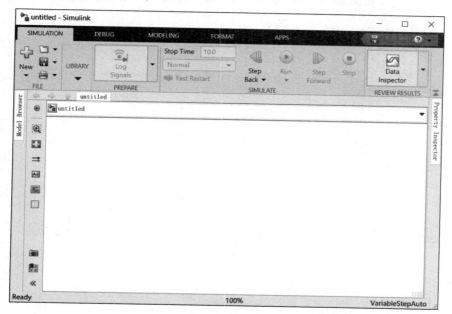

图9-32　空白模型窗口

步骤2：为空白模型窗口添加所需的模块，如图9-33所示；

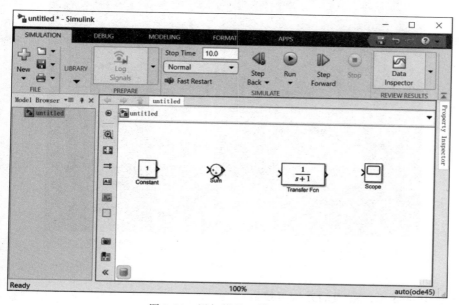

图9-33　添加模块至模型窗口

步骤3：连接相关模块，构成所需的系统模型，如图9-34所示；

步骤4：单击 ▶ 进行系统仿真；

步骤5：观察仿真结果，单击Scope打开如图9-35所示的窗口即可观察仿真结果。

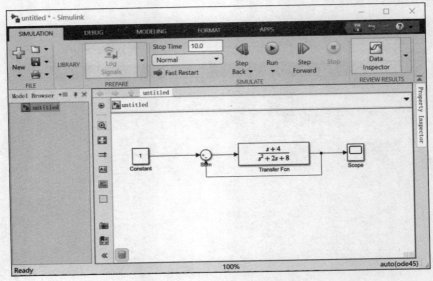

图 9-34　连线并设置模块参数

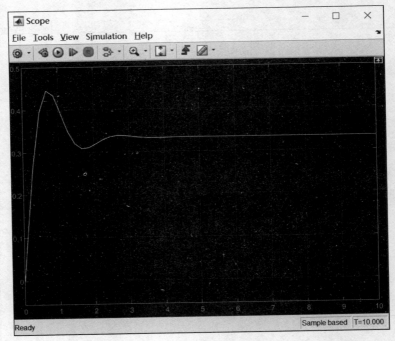

图 9-35　观察仿真图形

2. Simulink 子系统建模的方法与技巧

通常 Simulink 建模都根据系统框图选择所需的基本模块,然后连接、设置模块及仿真
参数,最后运行仿真,观察结果并调试。这样的方法在创建复杂模型时,一旦得不到理想结
果,将会增加仿真的工作量和难度。因此,对于复杂模型,可以通过将相关的模块组织成子
系统来简化模型的显示。

创建子系统的方法大致有两种。一种是在模型中加入子系统(Subsystem)模块,然后打开并编辑;另一种是直接选中组成子系统的数个模块,然后选择相应的菜单项来完成子系统的创建。

这样,通过子系统,用户可将复杂模型进行分层并简化模型,便于仿真。

9.5 Simulink 模块及仿真参数设置

9.5.1 模块参数设置

系统模块参数设置是 Simulink 仿真进行人机交互的一种重要途径,虽然简单,但十分重要。绝大多数 Simulink 系统模块都需进行参数设置,即便用户自己封装的子系统也通常有参数设置项。Simulink 系统参数设置通常有以下 3 种方式:

(1)编辑框输入模式;

(2)下拉菜单选择模式;

(3)选择框模式。

下面以 Integrator 模块为例,双击积分模块,弹出参数设置对话框,如图 9-36 所示。图中共有多种参数设置模式。例如参数项"Initial condition source"为下拉菜单选择模式,参数项"Initial condition"为编辑框输入模式,参数项"Enable zero-crossing detection"为选择框模式。

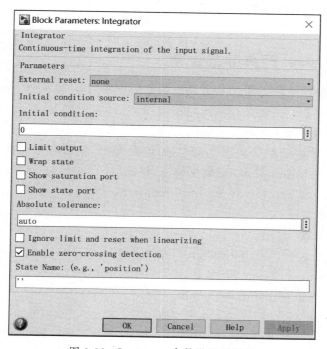

图 9-36 Integrator 参数设置对话框

根据模块的不同要求,其参数设置的内容与格式也不同。例如,如图 9-37 所示的Transfer Fcn 模块的参数"Numerator Coefficient""Denominator Coefficient"分别为传递函数模型的分子、分母多项式系数向量,要以方括号括起来;而状态空间模型的参数"A、B、C、D"为其系数矩阵,要按矩阵的形式进行编辑输入。具体的参数设置需要根据不同模块的要求,此处不再赘述。

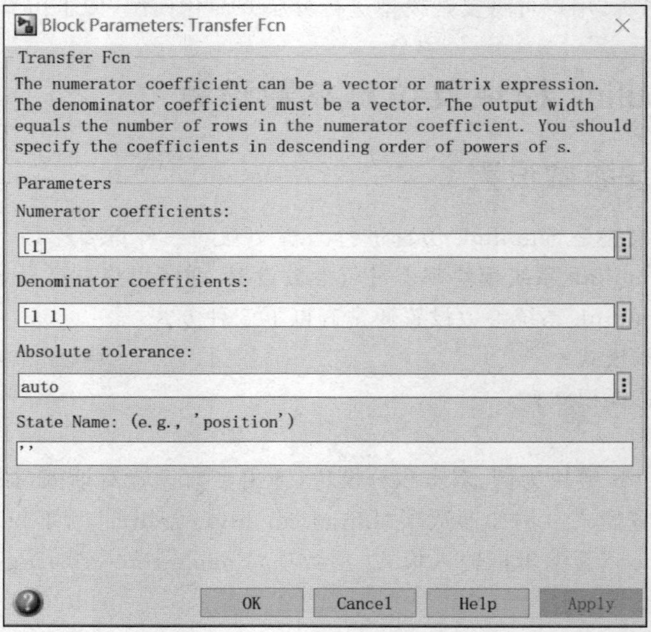

图 9-37　Transfer Fcn 模块参数设置对话框

9.5.2　Simulink 仿真参数设置

　　Simulink 仿真参数设置是 Simulink 动态仿真的重要内容,是深入了解并掌握 Simulink 仿真技术的关键内容之一。建立好系统的仿真模型后,需要对 Simulink 仿真参数进行设置。在 Simulink 模型窗口中选择"MODELING"下的"Model Settings"命令,打开如图 9-38 所示的仿真参数设置对话框。从图 9-38 左侧可以看出,仿真参数设置对话框主要包括 Solver(求解器)、Data Imput/Export(数据输入/输出项)、Math and Data Types(数学和数据类型)、Diagnostics(诊断)、Hardware Implementation、Model Referencing 等内容。其中 Solver 参数配置最为关键。

1. Solver 参数设置

　　Solver 参数主要包括 Simulation time(仿真时间)、Solver selection(求解器选项)、Tasking and sample time options(任务处理及采样时间项)和 Zero crossing options(过零项)等内容。Solver 参数设置如图 9-39 所示。

　　1) Simulation time

　　仿真时间参数,它与计算机执行任务具体需要的时间不同。例如,仿真时间 10s,当采样步长为 0.1s 时,需要执行 100 步。"Start time"用来设置仿真的起始时间,一般从零开始(也可以选择从其他时间开始)。"Stop time"用来设置仿真的终止时间。Simulink 仿真系统默认的起始时间为 0,终止时间为 10s。参数设置如图 9-40 所示。

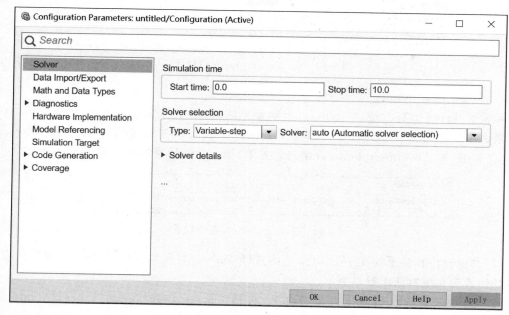

图 9-38 Simulink 仿真参数设置对话框

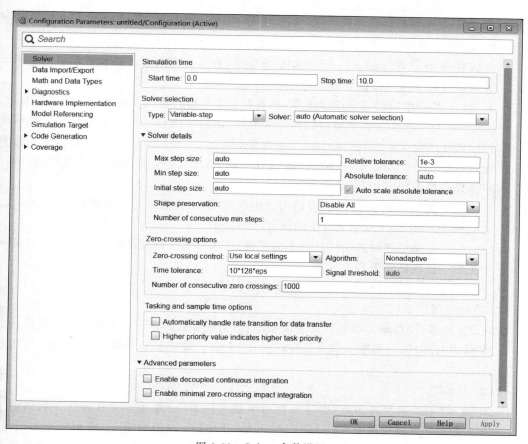

图 9-39 Solver 参数设置

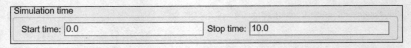

图 9-40   Simulation time 参数设置

2）Solver selection

可设置 Type(仿真类型)和 Solver(求解器算法)。对于可变步长仿真，还有 Max step size(最大步长)、Min step size(最小步长)、Initial step size(初始步长)、Relative tolerance (相对误差限)和 Absolute tolerance(绝对误差限)等。参数设置如图 9-41 所示。

图 9-41   Solver selection 参数设置

（1）Type(仿真类型)：包括固定步长仿真(Fixed-step)和变步长仿真(Variable-step)。变步长仿真为系统默认求解器类型。

（2）Solver(变步长仿真求解器算法)：包括 discrete、ode45、ode23、ode113、ode15s、ode23s、ode23t 和 ode23tb。下面一一介绍。

- discrete：当 Simulink 检测到模块没有连续状态时使用。
- ode45：求解器算法是 4 阶/5 阶龙格-库塔法，为系统默认值，适用于大多数连续系统或离散系统仿真，但不适用于 Stiff(刚性)系统。
- ode23：求解器算法是 2 阶/3 阶龙格-库塔法，在误差限要求不高和所求解问题不太复杂的情况下可能会比 ode45 更有效。
- ode113：是一种阶数可变的求解器，在误差要求严格的情况下通常比 ode45 更有效。
- ode15s：是一种基于数字微分公式的求解器，适用于刚性系统。当用户估计要解决的问题比较复杂，或不适用 ode45，或效果不好时，可采用 ode15s。通常对于刚性系统，若用户选择了 ode45 求解器，运行仿真后 Simulink 会弹出警告对话框，提醒用户选择刚性系统，但不会终止仿真。
- Ode23s：是一种单步求解器，专门用于刚性系统，在弱误差允许下效果好于 ode15s，它能解决某些 ode15s 不能解决的问题。
- Ode23t：是梯形规则的一种自由差值实现，在求解适度刚性的问题而用户又需要一个无数字振荡的求解器时使用。
- Ode23tb：具有两个阶段的隐式龙格-库塔公式。

（3）仿真时间设置

在设置仿真步长时，最大步长要大于最小步长，初始步长则介于两者之间。系统默认最大步长为"仿真时间/50"，即整个仿真至少计算 50 个点。最小步长及初始步长建议使用默认值(auto)即可。

（4）误差容限

Relative tolerance(相对误差)指误差相对于状态的值，一般是一个百分比。默认值为 1e-3，表示状态的计算值要精确到 0.1%。Absolute tolerance(绝对误差)表示误差的门限，即在状态为零的情况下可以接受的误差。如果设为默认值(auto)，则 Simulink 为每个状态设置初始绝对误差限为 1e-6。

（5）其他参数项

建议使用默认值。

2. Data Imput/Export 参数设置

Data Imput/Export 参数设置包括 Load from workspace（从工作空间输入数据）、Save to workspace or file（将数据保存到工作空间或者文件夹）、Simulation Data Inspector（信号查看器）和 Additional Parameters（附加选项）。其设置如图 9-42 所示。

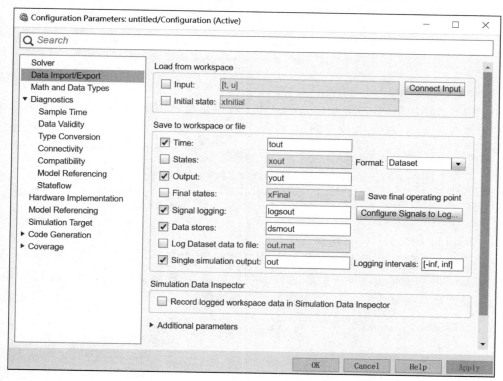

图 9-42　Data Imput/Export 参数设置

1) Load from workspace（从工作空间输入数据）

从工作空间输入数据，如图 9-43 所示，勾选复选框，运行仿真即可从 MATLAB 工作空间输入指定变量。一般时间定义为 t，输入变量定义为 u，也可以定位为其他名称，但要与工作空间中的变量名称保持一致。

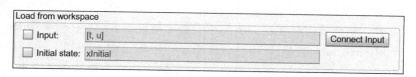

图 9-43　Load from workspace 参数设置

2) Save to workspace or file（将数据保存到工作空间或者文件夹）

将结果保存到工作空间，如图 9-44 所示，通常需要设置保持的时间向量 tout 和输出数据项 yout。

Save to workspace or file		
☑ Time:	tout	
☐ States:	xout	Format: Dataset ▾
☑ Output:	yout	
☐ Final states:	xFinal	☐ Save final operating point
☑ Signal logging:	logsout	Configure Signals to Log...
☑ Data stores:	dsmout	
☐ Log Dataset data to file:	out.mat	
☑ Single simulation output:	out	Logging intervals: [-inf, inf]

图 9-44 save to workspace 参数设置

3）Simulation Data Inspector（信号查看器）

用于信号数据的调试，如图 9-45 所示。用于将需要记录/监控的信号录入信号查看器，或将信号流写入 MATLAB 工作空间。

Simulation Data Inspector
☐ Record logged workspace data in Simulation Data Inspector

图 9-45 Simulation Data Inspector 参数设置

4）Additional Parameters（附加选项）

保存选项包含保存数据点设置和保存数据类型等，如图 9-46 所示。勾选"Limit data points to last"复选框将编辑保存最新的若干个数据点，系统默认值为保存最近的 1000 个数据点。通常取消该复选框的勾选，则保存所有的数据点。

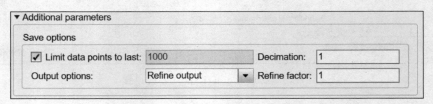

图 9-46 Additional Parameters 参数设置

（1）Output options 选项。

Refine output：此选项可理解为精细输出，其意义是在仿真输出太稀松时，Simulink 会产生额外的精细输出，如同插值处理一样。若要产生更光滑的输出曲线，改变精细因子比减小仿真步长更有效。精细输出只能在变步长模式中才能使用，并且在 ode45 中效果最好。

Produce additional output：允许用户直接指定产生输出的时间点。一旦选择了该项，则在它的右边出现一个 output times 编辑框，在这里用户指定额外的仿真输出点，它既可以是一个时间向量，也可以是表达式。与精细因子相比，这个选项会改变仿真的步长。

Produce specified output only：让 Simulink 只在指定的时间点上产生输出。为此求解器要调整仿真步长以使之和指定的时间点重合。这个选项在比较不同的仿真时可以确保它们在相同的时间输出。

（2）Decimation：设定一个亚采样因子,默认值为1,也就是对每个仿真时间点产生值都保存。若为2,则是每隔一个仿真时刻才保存一个值。

（3）Refine factor：用户可用其设置仿真时间步间插入的输出点数。

3. Math and Data Types 参数设置

用来对 Simulink 仿真进行优化配置,以提高仿真性能以及产生代码的性能,如图 9-47 所示。需完成对以下参数的设置：

Default for underspecified data type：用于选择已确认数据的类型；

Use division for fixed-point net slope computation：用区分定点法计算网络坡度；

Application lifespan(days)：设定应用的寿命。

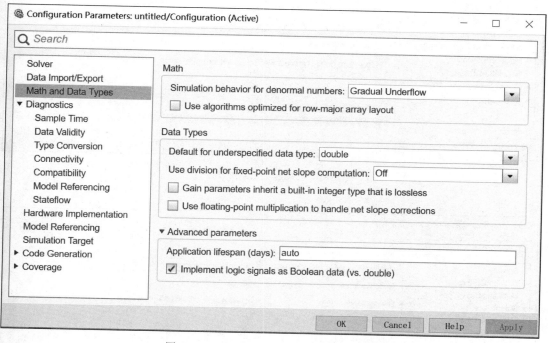

图 9-47　Math and Data Types 参数设置

4. Diagnostics 参数设置

主要用于对一致性检验、是否禁用过零检测、是否禁止复用缓存、是否进行不同版本的 Simulink 检验、仿真过程中出现各类错误时发出的警告等级等内容进行设置,如图 9-48 所示。设置内容为三类,其中"warning"表示提出警告但警告信息并不影响程序的运行；"error"为提示错误同时终止程序的运行；"none"为不做任何反应。

5. Hardware Implementation 参数设置

Hardware Implementation 参数设置主要针对计算机系统模型,如嵌入式控制器,允许设置用来执行模型所表示系统的硬件参数,如图 9-49 所示。

6. Model Referencing 参数设置

Model Referencing 参数设置主要设置模型引用的有关参数。允许用户设置模型中的其他子模型,以便仿真、调试和目标代码的生成,如图 9-50 所示。

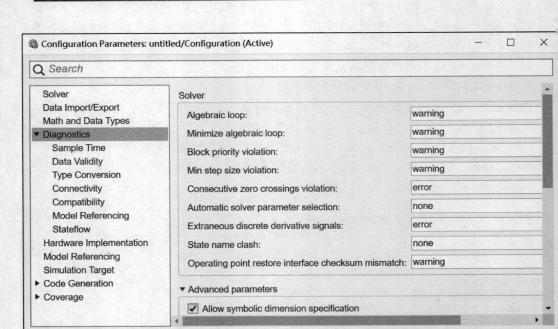

图 9-48　Diagnostics 参数设置

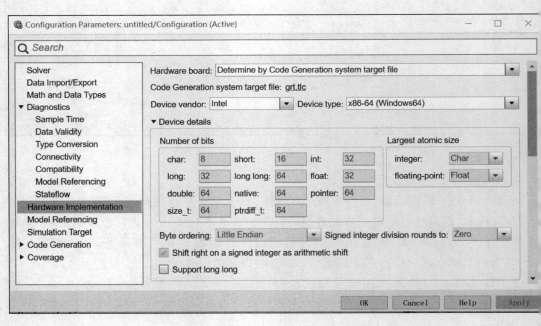

图 9-49　Hardware Implementation 参数设置

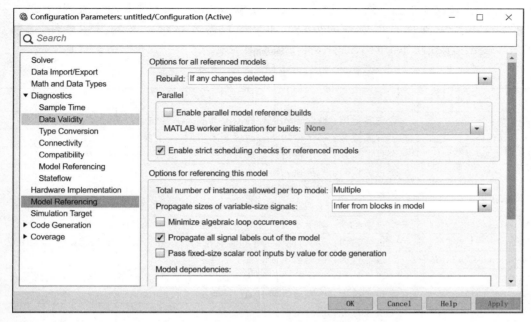

图 9-50　Model Referencing 参数设置

9.6　过零检测和代数环

动态系统在仿真时,Simulink 在每个时间步使用过零检测技术来检测系统状态变量的突变点。系统仿真时,Simulink 如果检测到突变点的存在,则 Simulink 会在该时间点前后增加附加的时间步进行仿真。

有些 Simulink 模块的输入端口支持直接输入,这表明这些模块的输出信号值在不知道输入端口的信号值之前是不能被计算出来的。当一个支持直接输入信号的输入端口由同一个模块的输出直接或间接地通过其他模块组成的反馈回路的输出驱动时,就会产生一个代数环。

下面介绍过零检测的工作原理以及如何产生代数环。

9.6.1　过零检测

使用过零检测技术,一个模块能够通过 Simulink 注册一系列过零变量,每个变量就是一个状态变量(含不连续点)的函数。当相应的不连续发生时,过零函数从正值或负值传递零值。在每个仿真步结束时,Simulink 通过调用每个注册了过零变量的模块来更新变量,然后 Simulink 检测是否有变量的符号发生变化(表明突变的产生)。

如果检测到过零点,Simulink 就会在每个发生符号改变的变量的前一时刻值和当前时刻值之间插入新值以评估过零点的个数,然后逐步增加内插点数目,并使该值依次越过每个过零点。这样,Simulink 通过过零检测技术就可以避免在不连续发生点处进行直接仿真。

过零检测使得 Simulink 可以精确地仿真不连续点而不必通过减小步长增加仿真点来

实现,因此仿真速度不会受到太大影响。大多数 Simulink 模块都支持过零检测,表 9-21 列出了 Simulink 中支持过零检测的模块。如果用户需要显示定义的过零事件,可使用 Discontiuities 子模块库中的 Hit Crossing 模块来实现。

表 9-21　支持过零点检测的 Simulink 模块

名　　称	功 能 说 明
Abs	一个过零检测:检测输入信号的沿上升或下降方向通过的过零点
Backlash	两个过零检测:一个检测是否超过上限阈值,一个检测是否超过下限阈值
Dead Zone	两个过零检测:一个检测何时进入死区,一个检测何时离开死区
Hit Crossing	一个过零检测:检测输入何时通过阈值
Integrator	若提供了 Reset 端口,就检测何时发生 Reset;若输出有限,则有 3 个过零检测,即检测何时达到上限饱和值、何时达到下限饱和值、何时离开饱和区
MinMax	一个过零检测:对于输出向量的每个元素,检测输入何时成为最大或最小值
Relay	一个过零检测:若 Relay 是 off 状态就检测开启点;若为 on 状态就检测关闭点
Relational Operator	一个过零检测:检测输出何时发生改变
Saturation	两个过零检测:一个检测何时达到或离开上限,一个检测何时离开或达到下限
Sign	一个过零检测:检测输入何时通过零点
Step	一个过零检测:检测阶跃发生时间
Switch	一个过零检测:检测开关条件何时满足
Subsystem	用于有条件的运行子系统:一个使能端口,一个触发端口

如果仿真的误差容忍度设置得太大,那么 Simulink 有可能检测不到过零点,如图 9-51 所示。

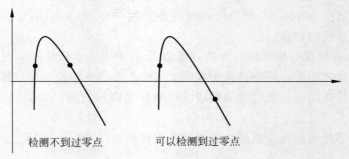

检测不到过零点　　　　可以检测到过零点

图 9-51　过零点检测

9.6.2　代数环

从代数的角度来看,图 9-52 模块其解是 $z=1$,但是大多数的代数环是无法直接看出解的。Algebraic Constraint 模块为代数方程等式建模及定义其初始解猜想值提供了方便,它约束输入信号 $F(z)=0$ 并输出代数状态 z,其输出必须能够通过反馈回路影响输入。用户可以为代数环状态提供一个初始猜想值,以提高求解代数环的效率。

一个标量代数环代表了一个标量等式或一个形如 $F(z)=0$ 的约束条件,其中,z 是环中一个模块的输出,函数 F 由环路中的另一个反馈回路组成。可将图 9-52 所示的含有反馈环的模型改成用 Algebraic Constraint 模块创建的模型(如图 9-53 所示),其仿真结果不变。

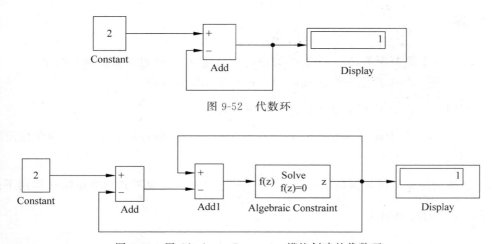

图 9-52 代数环

图 9-53 用 Algebraic Constraint 模块创建的代数环

创建向量代数环也很容易,在图 9-54 所示的向量代数环中可用下面的代数方程描述:

$$z_2 + z_1 - 2 = 0 \tag{9-1}$$

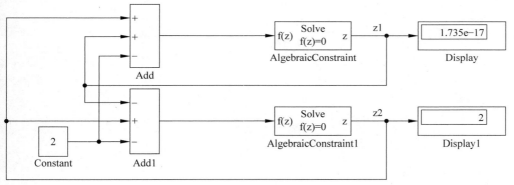

图 9-54 向量代数环

当一个模型包含一个 Algebraic Constraint 模块时就会产生一个代数环,这种约束可能是系统物理连接的结果,也可能是由于用户试图为一个微分-代数系统(DAE)建模的结果。

为了求解 $F(z)=0$,Simulink 环路求解器会采用弱线性收敛的秩为 1 的牛顿方法更新偏微分 Jacobian 矩阵。尽管这种方法很有效,但如果代数状态 z 没有一个好的初始估计值,求解器可能会不收敛。此时,用户可以为代数环中的某个连线(对应一个信号)定义一个初始值,设置方法有两种:一种是可通过 Algebraic Constraint 模块的参数设置;另一种是通过在连线上放置 IC 模块(初始信号设置模块)实现。

当一个系统包含有 Atomic Subsystem、Enabled Subsystem 或 Model 模块时,Simulink 可通过模块的参数设置来消除其中一些代数环。对于含有 Atomic Subsystem 和 Enabled Subsystem 模块的模型,可在模块设置对话框中选择 Minimize algebraic loop occurrences 项;对于含有 Model 模块的模型,可在 Configuration Parameters 对话框中的 Model Referencing 面板中选择 Minimize algebraic loop occurrences 项。

习题

1. 设计一个简单模型,将一个正弦波进行积分运算,并通过示波器显示结果。

2. 利用 Simulink 产生一个合成信号 $x(t)=3\sin 2t+4\sin t$。

3. 利用 Simulink 仿真求 $f=\int_0^1 2x\ln(1+x)\mathrm{d}x$。

4. 用 Simulink 求微分方程 $x''(t)+5x'(t)+4x(t)=3u(t)$,其中 $u(t)$ 为单位阶跃函数,初始状态为 0。

5. 已知给定开环传递函数:$G(s)=\dfrac{3s^3+7s^2-9}{s^4+2s^2+8s+2}$,试观测其在单位阶跃作用下的单位负反馈系统的时域响应。

MATLAB/Simulink 案例篇

MATLAB/Simulink 案例篇主要介绍 MATLAB 的矩阵及其运算、数值计算、符号计算、数据可视化、图形用户界面和 Simulink 系统仿真等经典案例。通过 MATLAB/Simulink 案例篇的 66 个经典案例的学习,读者可以掌握 MATLAB 软件解决数学计算的方法,提高数据可视化、图形用户界面设计,以及 Simulink 动态系统仿真等能力,提高读者解决实际问题的能力。

MATLAB/Simulink 案例篇包含:

第 10 章　MATLAB/Simulink 案例

MATLAB/Simulink 案例

本章要点:

- MATLAB 运算基础;
- MATLAB 矩阵运算;
- MATLAB 字符串及数组;
- MATLAB 程序设计;
- MATLAB 文件;
- MATLAB 多项式;
- MATLAB 数据插值和拟合;
- MATLAB 数据统计和数值计算;
- MATLAB 符号计算;
- MATLAB 绘图;
- MATLAB 图形用户界面;
- Simulink 仿真。

10.1 MATLAB 运算基础案例

10.1.1 三角函数运算案例

【案例 10-1】 设 $\theta1=69°,\theta2=-35°,A=1.6,B=-12,C=3.0,D=5$,计算 y 的值。$y=\dfrac{5\sin(\theta1+\theta2)}{|\cos(\alpha)|}$,其中 $\alpha=\arctan\dfrac{2\pi A-|B|/(2\pi C)}{\sqrt{D}}$。

微课视频

1. 程序代码及运行结果

```
>> thetha1 = pi/180 * 69;thetha2 = pi/180 * ( - 35);      % 将角度转换为弧度值
>> A = 1.6;B = - 12;C = 3.0;D = 5;
>> a = atan((2 * pi * A - abs(B)/(2 * pi * C))/sqrt(D))
a =
    1.3377
>> y = 5 * sin(thetha1 + thetha2)/abs(cos(a))
y =
   12.1017
```

2. 注意事项

需要指出,用 MATLAB 计算三角函数时,需要注意以下几点:

（1）乘号（＊）不能省略。

（2）MATLAB 语言的三角函数是用弧度操作的，所以先将角度转换为弧度。

（3）MATLAB 三角函数名称有些和数学的函数名称不一样，使用时要小心。比如，正切函数是 tan，反正切函数是 atan。

（4）绝对值 $|x|$ 的函数是 abs(x)。

10.1.2　指数和对数运算案例

微课视频

【案例 10-2】　设 $x=1.57, y=3.93$，计算 $z=\dfrac{\mathrm{e}^{x+y}}{\lg(x+y)}$。

1. 程序代码及运行结果

```
>> x = 1.57; y = 3.93;
>> z = exp(x + y)/log10(x + y)
z =
    330.5028
```

2. 注意事项

需要指出，用 MATLAB 计算指数和对数时，需要注意：

（1）MATLAB 语言用 exp 函数表示 e 为底的指数，例如，e^x 表示为 $\exp(x)$。

（2）MATLAB 语言用 log 函数表示对数，例如，以 10 为底的常用对数 $\lg(x)$，MATLAB 表示为 $\log 10(x)$，以 e 为底的自然对数 $\ln(x)$，MATLAB 表示为 $\log(x)$。

10.1.3　面积和周长案例

微课视频

【案例 10-3】　用 MATLAB 语言求直径、周长和面积：

（1）已知圆的半径为 4，求其直径、周长及面积。

（2）已知三角形三边 $a=8.5, b=14.6, c=18.4$，求三角形面积。

1. 程序代码及运行结果

```
>> r = 4;
>> D = 2 * r                        %直径
D =
     8
>> L = 2 * pi * r                   %周长
L =
    25.1327
>> S = pi * r * r                   %面积
S =
    50.2655
>> a = 8.5; b = 14.6; c = 18.4;
>> p = (a + b + c)/2;
>> s = sqrt(p * (p - a) * (p - b) * (p - c))    %三角形面积
s =
    60.6106
```

2. 注意事项

需要指出，用 MATLAB 计算面积和周长时，应该注意：

(1) 圆周率 π 用 pi 表示。

(2) 三角形的面积公式：$s = \sqrt{p \times (p-a) \times (p-b) \times (p-c)}$，其中 $p = (a+b+c)/2$。

(3) 开根号 $\sqrt{x}$ 用 sqrt(x) 表示。

(4) 写 MATLAB 表达式时，要注意括号配对使用。

10.1.4　关系和逻辑运算案例

【案例 10-4】　已知 $a=2, b=1, C=[1,2;2\ 0], D=[1\ 3;2\ 1]$，求：

(1) 关系运算：$a==b, a\sim=b, a==C$ 和 $C<D$。

(2) 逻辑运算：$a\&b, C\&D, a\,|\,b$ 和 $C\,|\,D$。

微课视频

1. 程序代码及运行结果

```
>> a = 2;b = 1;C = [1,2;2 0];D = [1 3;2 1];
>> a == b
ans =
  logical
   0
>> a~ = b
ans =
  logical
   1
>> a == C
ans =
  2×2 logical 数组
   0   1
   1   0
>> C < D
ans =
  2×2 logical 数组
   0   1
   0   1
>> a&b
ans =
  logical
   1
>> C&D
ans =
  2×2 logical 数组
   1   1
   1   0
>> a|b
ans =
  logical
   1
>> C|D
ans =
  2×2 logical 数组
   1   1
   1   1
```

2. 注意事项

需要指出,用 MATLAB 进行关系运算和逻辑运算时,需要注意以下几点:

(1) MATLAB 语言关系运算的结果只有两个值 0 或 1,0 表示关系表达式不成立,1 表示关系表达式成立。

(2) MATLAB 语言逻辑运算的结果也只有两个值 0 或 1,0 表示逻辑假,1 表示逻辑真。

(3) MATLAB 语言的关系运算和逻辑运算的结果数据类型都是 logical 类型。

10.2 MATLAB 矩阵运算案例

10.2.1 等差矩阵生成案例

微课视频

【案例 10-5】 分别用冒号法和 linspace 函数法生成矩阵 $A = [1\ 2\ 3\ 4\ 5\ 6]$ 和矩阵 $B = [12\ 9\ 6\ 3\ 0]$。

1. 程序代码及运行结果

```
>> A = 1:6
A =
     1     2     3     4     5     6
>> B = 12: - 3:0
B =
    12     9     6     3     0
>>  A = linspace(1,6,6)
A =
     1     2     3     4     5     6
>> B = linspace(12,0,5)
B =
    12     9     6     3     0
```

2. 注意事项

需要指出,用 MATLAB 的冒号法和 linspace 函数生成矩阵,需要注意:

(1) 这两种方法都可以生成 $1×n$ 的行向量。

(2) 这两种方法都可以生成等差递增和等差递减矩阵。

10.2.2 特殊矩阵生成案例

微课视频

【案例 10-6】 利用特殊矩阵生成函数生成下面的特殊矩阵。

$$A = \begin{bmatrix} 1 & 0 & 0 \\ 0 & 1 & 0 \\ 0 & 0 & 1 \end{bmatrix}, \quad B = \begin{bmatrix} 0 & 0 & 0 \\ 0 & 0 & 0 \\ 0 & 0 & 0 \end{bmatrix}, \quad C = \begin{bmatrix} 1 & 1 & 1 \\ 1 & 1 & 1 \\ 1 & 1 & 1 \end{bmatrix}$$

$$D = \begin{bmatrix} 1 & 0 & 0 \\ 0 & 2 & 0 \\ 0 & 0 & 3 \end{bmatrix}, \quad E = \begin{bmatrix} 0 & 0 & 0 \\ 1 & 0 & 0 \\ 1 & 1 & 0 \end{bmatrix}, \quad F = \begin{bmatrix} 1 & 1 & 1 \\ 0 & 1 & 1 \\ 0 & 0 & 1 \end{bmatrix}$$

程序代码及运行结果

```
>> A = eye(3)                   % 单位矩阵
A =
     1     0     0
     0     1     0
     0     0     1
>> B = zeros(3)                 % 0 矩阵
B =
     0     0     0
     0     0     0
     0     0     0
>> C = ones(3)                  % 1 矩阵
C =
     1     1     1
     1     1     1
     1     1     1
>> v = [1 2 3];
D = diag(v)                     % 对角矩阵
D =
     1     0     0
     0     2     0
     0     0     3
E = tril(C, -1)                 % 下三角矩阵
E =
     0     0     0
     1     0     0
     1     1     0
>> F = triu(C,0)                % 上三角矩阵
F =
     1     1     1
     0     1     1
     0     0     1
```

【案例 10-7】 试用 MATLAB 生成[1,5]区间内均匀分布的 3 阶随机矩阵和均值为 1、方差为 0.5 的正态分布的 4 阶随机矩阵。

1. 程序代码及运行结果

```
>> A = 1 + (5 - 1) * rand(3)      % 均匀分布矩阵
A =
    1.3902    4.8300    4.8824
    2.1140    4.8596    4.8287
    3.1875    1.6305    2.9415
>> B = 1 + sqrt(0.5) * randn(4)   % 正态分布矩阵
B =
    1.5054    1.9963    1.5072    1.5140
    0.8551    2.0021    2.1528    0.7854
    0.9122    1.4748    1.3457    1.2078
    2.0534    0.1462    1.7316    0.4433
```

微课视频

2. 注意事项

需要指出,用 MATLAB 生成特殊矩阵,需要注意:

（1）用特殊函数生成矩阵需要注意函数的参数，一般都是矩阵的行数或者列数。

（2）生成均匀分布和正态分布矩阵每次运行的结果一般不一样。

10.2.3　矩阵修改案例

微课视频

【案例 10-8】　将矩阵 $A = \begin{bmatrix} 1 & 2 & 3 \\ 3 & 4 & 5 \\ 5 & 6 & 7 \end{bmatrix}$ 中的第一行元素替换为 $[1 \quad 0 \quad 1]$，最后一列元素

替换为 $\begin{bmatrix} 1 \\ 1 \\ 1 \end{bmatrix}$，删除矩阵 A 的第二行元素。

程序代码及运行结果

```
>> A = [1 2 3;3 4 5;5 6 7];      %创建矩阵
>> A(1,:) = [1 0 1]              %替换第一行元素
A =
      1      0      1
      3      4      5
      5      6      7
>>  A = [1 2 3;3 4 5;5 6 7];
>> A(:,3) = [1 1 1]'             %替换第三列元素
A =
      1      2      1
      3      4      1
      5      6      1
>> A = [1 2 3;3 4 5;5 6 7];
>> A(2,:) = []                   %删除第二行元素
A =
      1      2      3
      5      6      7
```

微课视频

【案例 10-9】　已知矩阵 $A = \begin{bmatrix} 1 & 2 & 3 \\ 2 & 4 & 6 \\ 3 & 6 & 9 \end{bmatrix}$，对矩阵 A 实现上下翻转，左右翻转，逆时针旋

转 $90°$，顺时针旋转 $90°$，平铺矩阵 A 为 $3*3=9$ 块操作。

1. 程序代码及运行结果

```
>> A = [1 2 3;2 4 6;3 6 9];
>> B = flipud(A)                 %上下翻转
B =
      3      6      9
      2      4      6
      1      2      3
>> C = fliplr(A)                 %左右翻转
C =
      3      2      1
      6      4      2
      9      6      3
```

```
>> D = rot90(A)                    % 逆时针旋转 90°
D =
     3     6     9
     2     4     6
     1     2     3
>> E = rot90(A, -1)                % 顺时针旋转 90°
E =
     3     2     1
     6     4     2
     9     6     3
>>  F = repmat(A,3,3)              % 平铺矩阵 A 为 3 * 3 = 9 块操作
F =
     1     2     3     1     2     3     1     2     3
     2     4     6     2     4     6     2     4     6
     3     6     9     3     6     9     3     6     9
     1     2     3     1     2     3     1     2     3
     2     4     6     2     4     6     2     4     6
     3     6     9     3     6     9     3     6     9
     1     2     3     1     2     3     1     2     3
     2     4     6     2     4     6     2     4     6
     3     6     9     3     6     9     3     6     9
```

2. 注意事项

需要指出,用 MATLAB 修改矩阵时,需要注意:

(1) MATLAB 行或者列的维数用“:”表示所有行或者列。

(2) 删除某行或者某列,用空[ ]矩阵替换方式实现。

(3) MATLAB 的矩阵上下翻转,左右翻转,逆时针和顺时针旋转,平铺等操作函数可以应用于灰度图像的上下旋转,左右镜像旋转,逆时针和顺时针旋转,图像平铺等操作中。

10.2.4 矩阵运算案例

【案例 10-10】 已知矩阵 $A = \begin{bmatrix} 1 & 2 & 3 \\ 1 & -1 & 1 \\ -1 & 0 & 1 \end{bmatrix}$, $B = \begin{bmatrix} 1 & 0 & 1 \\ 0 & 1 & 0 \\ 1 & 1 & 1 \end{bmatrix}$,试用 MATLAB 分别实

微课视频

, A 和 B 两个矩阵的加、减、乘、点乘、左除和右除操作。

程序代码及运行结果

```
>> A = [1 2 3;1 -1 1;-1 0 1];
>> B = [1 0 1;0 1 0;1 1 1];
>> C = A + B                       % 矩阵加运算
C =
     2     2     4
     1     0     1
     0     1     2
>> D = A - B                       % 矩阵减运算
D =
     0     2     2
     1    -2     1
    -2    -1     0
```

```
>> E = A * B                    % 矩阵乘法
E =
     4     5     4
     2     0     2
     0     1     0
>> F = A. * B                   % 矩阵点乘运算
F =
     1     0     3
     0    -1     0
    -1     0     1
>> G = A\B                      % 矩阵左除

G =
   -0.5000    -0.3750    -0.5000
         0    -0.7500          0
    0.5000     0.6250     0.5000
>> H = B/A                      % 矩阵右除
H =
    0.2500     0.5000    -0.2500
    0.2500    -0.5000    -0.2500
    0.5000          0    -0.5000
```

【案例 10-11】 已知矩阵 $A = \begin{bmatrix} 1 & 1 & 1 \\ 1 & 2 & 4 \\ 1 & 3 & 6 \end{bmatrix}$，试用 MATLAB 分别求矩阵 A 的行列式、转

置、逆、特征值和特征向量。

1. 程序代码及运行结果

```
>> A = [1 1 1;1 2 4;1 3 6];
>> D = det(A)                   % 行列式
D =
    -1
>> B = A'                       % 转置
B =
     1     1     1
     1     2     3
     1     4     6
>> C = inv(A)                   % 逆矩阵
C =
     0     3    -2
     2    -5     3
    -1     2    -1
>> [v,D] = eig(A)               % 特征值与特征向量
v =
   -0.1879    -0.9440     0.4374
   -0.5501    -0.1691    -0.8340
   -0.8137     0.2834     0.3364
D =
    8.2588          0          0
         0     0.8789          0
         0          0    -0.1378
```

2. 注意事项

需要指出,用 MATLAB 进行矩阵运算时,需要注意:

(1) 两个矩阵做乘法运算需要满足第一个矩阵的列数和第二个矩阵的行数相同。

(2) 两个矩阵做点乘运算需要满足维度一样。

(3) 复数矩阵转置的规则是复数做共轭,然后行列互换。

10.2.5　线性方程组求解案例

【案例 10-12】　分别用 MATLAB 的左除法和逆矩阵方法,求下列方程组的解。

$$\begin{cases} x_1 + x_2 + x_3 = 4 \\ x_1 + x_3 = 2 \\ x_1 - x_2 = 1 \end{cases}$$

微课视频

程序代码及运行结果

```
>> A = [1 1 1;1 0 1;1 -1 0];
>> b = [4;2;1];
>> x = A\b                        %左除法
x =
     3
     2
    -1
>> x = inv(A) * b                 %逆矩阵法
x =
     3
     2
    -1
```

10.3　MATLAB 字符串及数组案例

10.3.1　MATLAB 字符串案例

【案例 10-13】　定义两个字符串 str1 = 'MATLAB　R2020a'和 str2 = 'MATLAB R2020A',试用字符串比较函数 strcmp、strncmp、strcmpi 和 strncmpi 比较 str1 和 str2 两个字符串。

微课视频

1. 程序代码及运行结果

```
>> str1 = 'MATLAB R2020a '          %创建字符串
str1 =
    'MATLAB R2020a '
>> str2 = 'MATLAB R2020A '
str2 =
    'MATLAB R2020A '
>> strcmp(str1,str2)                 %比较字符串
ans =
  logical
   0
```

```
>> strcmpi(str1,str2)          % 忽略大小写比较字符串
ans =
logical
   1
>> strncmp(str1,str2,13)        % 前 13 个字符比较
ans =
logical
   0
>> strncmpi(str1,str2,13)       % 忽略大小写,前 13 个字符比较
ans =
logical
   1
```

2. 注意事项

需要指出,用 MATLAB 进行字符串操作时,需要注意:

(1) 用一组单引号"'"创建字符串。

(2) 字符串比较函数的结果是 1 或者 0,1 表示字符串相等,0 表示字符串不相等。

10.3.2 MATLAB 多维数组案例

微课视频

【案例 10-14】 在 MATLAB 语言中,建立下面的多维数组。

$$A(:,:,1) =$$
$$\begin{matrix} 1 & 1 & 1 \\ 1 & 1 & 1 \\ 1 & 1 & 1 \end{matrix}$$

$$A(:,:,2) =$$
$$\begin{matrix} 1 & 0 & 0 \\ 0 & 1 & 0 \\ 0 & 0 & 1 \end{matrix}$$

$$A(:,:,3) =$$
$$\begin{matrix} 0 & 0 & 0 \\ 0 & 0 & 0 \\ 0 & 0 & 0 \end{matrix}$$

程序代码及运行结果

```
>> A(:,:,1) = ones(3);
>> A(:,:,2) = eye(3);
>> A(:,:,3) = zeros(3);
>> A
A(:,:,1) =
     1     1     1
     1     1     1
     1     1     1
A(:,:,2) =
     1     0     0
     0     1     0
```

```
            0        0        1
A(:,:,3) =
            0        0        0
            0        0        0
            0        0        0
```

10.3.3　MATLAB 元胞数组和结构数组案例

【案例 10-15】　在 MATLAB 语言中,建立下面的元胞数组。

$$A\{1,1\} =$$
$$1.0000 + 2.0000i$$
$$A\{2,1\} =$$
$$0 \quad 1 \quad 2 \quad 3 \quad 4 \quad 5$$
$$A\{1,2\} =$$
$$\text{Student}$$
$$A\{2,2\} =$$
$$1 \quad 2$$
$$3 \quad 4$$

微课视频

程序代码及运行结果

```
>> A = {1 + 2i, 'Student';0:5,[1 2;3 4]}
A =
  2×2 cell 数组
    {[1.0000 + 2.0000i]}    {'Student'  }
    {1×6 double         }    {2×2 double}
>> celldisp(A)
A{1,1} =
    1.0000 + 2.0000i
A{2,1} =
        0    1    2    3    4    5
A{1,2} =
Student
A{2,2} =
    1    2
    3    4
```

【案例 10-16】　在 MATLAB 语言中,建立下面的结构数组。

$$ht =$$
$$\text{line\_Name:}\ '曲线 1'$$
$$\text{line\_type:}\ '实线'$$
$$\text{line\_color:}\ 'red'$$
$$\text{line\_mark:}\ '*'$$

微课视频

1. 程序代码及运行结果

```
>> ht = struct('line_Name','曲线 1','line_type','实线', 'line_color', 'red', 'line_mark','*')
ht =
  包含以下字段的 struct:
```

```
line_Name: '曲线 1'
line_type: '实线'
line_color: 'red'
line_mark: '*'
```

2. 注意事项

需要指出,用 MATLAB 进行多维数组、元胞数组和结构数组操作时,需要注意:

(1) 多维数组的创建一般用直接创建和 cat 函数创建这两种方法。

(2) 要显示详细的元胞数组内容可以用 celldisp 函数。

(3) 结构体可以存储多种类型的数据。

10.4   MATLAB 程序结构案例

10.4.1   MATLAB 顺序结构案例

微课视频

【案例 10-17】   从键盘输入圆柱体的半径 r 和高 h,计算并显示这个圆柱体的表面积和体积 V。

1. 程序代码

```
>> r = input('半径 r:')
h = input('高 h:')
S = 2 * pi * r^2 + 2 * pi * r * h;
V = pi * r * r * h;
disp('圆柱体表面积 S = '),disp(S)
disp('圆柱体体积 V = '),disp(V)
```

2. 程序运行结果

```
半径 r:2
r =
     2
高 h:3
h =
     3
圆柱体表面积 S =
   62.8319
圆柱体体积 V =
   37.6991
```

10.4.2   MATLAB 选择结构案例

微课视频

【案例 10-18】   从键盘输入一个学生成绩,分别用 if 结构和 switch 结构判断该成绩什么等级,并显示等级信息任务。已知大于或等于 90 分为"优秀";大于或等于 80 分,且于 90 分,为"良好";大于或等于 70 分,且小于 80 分,为"中等";大于或等于 60 分,且小 70 分,为"及格";小于 60 分,为"不及格"。

1. if 结构

1)程序代码

```
>> S = input('请输入学生成绩 S:');
```

```
if S > = 90
    disp(['S = ',num2str(S),'为优秀']);
elseif (S > = 80&S < 90)
    disp(['S = ',num2str(S),'为良好']);
elseif (S > = 70&S < 80)
    disp(['S = ',num2str(S),'为中等']);
elseif (S > = 60&S < 70)
    disp(['S = ',num2str(S),'为及格']);
else
    disp(['S = ',num2str(S),'为不及格']);
end
```

2）程序运行结果

```
请输入学生成绩 S:96
S = 96 为优秀
再一次运行程序后的结果是：
请输入学生成绩 S:88
S = 88 为良好
再一次运行程序后的结果是：
请输入学生成绩 S:76
S = 76 为中等
再一次运行程序后的结果是：
请输入学生成绩 S:67
S = 67 为及格
再一次运行程序后的结果是：
请输入学生成绩 S:56
S = 56 为不及格
```

3）注意事项

if 和 end 必须配对使用。

2. switch 结构

1）程序代码

```
>> S = input('请输入学生成绩 S:');
s1 = fix(S/10);
switch s1
    case {10,9}
        disp(['S = ',num2str(S),'为优秀']);
    case 8
        disp(['S = ',num2str(S),'为良好']);
    case 7
        disp(['S = ',num2str(S),'为中等']);
    case 6
        disp(['S = ',num2str(S),'为及格']);
    otherwise
        disp(['S = ',num2str(S),'为不及格']);
end
```

2）程序运行结果

```
请输入学生成绩 S:90
S = 90 为优秀
再一次运行程序后的结果是：
请输入学生成绩 S:89
S = 89 为良好
再一次运行程序后的结果是：
请输入学生成绩 S:73
S = 73 为中等
再一次运行程序后的结果是：
请输入学生成绩 S:60
S = 60 为及格
再一次运行程序后的结果是：
请输入学生成绩 S:5
S = 5 不及格
```

3）注意事项

当任意一个 case 表达式为真，执行完其后的语句组，直接执行 end 后面的语句。

10.4.3　MATLAB 循环结构案例

微课视频

【**案例 10-19**】　使用梯形法计算定积分 $\int_a^b f(x)\mathrm{d}x$，其中 $a=0,b=5\pi$，被积函数为

$f(x)=\mathrm{e}^{-x}\cos\left(x+\dfrac{\pi}{6}\right)$，取积分区间等分数为 2000。

其中，$\displaystyle\int_a^b f(x)\mathrm{d}x \approx \sum_{i=1}^{n} d/2 \times (f(a+id)+f(a+(i+1)d))$，其中 $d=(b-1)/n$ 为

增量，n 为等分数。

1．程序代码

```
>> clear
a = 0;
b = 5 * pi;
n = 2000;
d = (b - a)/n;
s = 0;
y0 = exp( - a) * cos(a + pi/6);
for i = 1:n
    y1 = exp( - (a + i * d)) * cos(a + i * d + pi/6);
    s = s + (d/2) * (y0 + y1);
    y0 = y1;
end
s
```

2．程序运行结果

```
s =
    0.1830
```

微课视频

【案例 10-20】 分别使用 for 和 while 循环语句,编程计算 $sum = \sum_{i=1}^{20}(i^2 + i)$,当 $sum >$ 2000 时,终止程序,并输出 i 的值。

1. for 循环语句

1）程序代码

```
>> sum = 0;
for i = 1:20
    sum = sum + i * i + i;
    if sum > 2000
        break
    end
end
i
sum
```

2）程序运行结果

```
i =
    18
sum =
    2280
```

2. while 循环语句

1）程序代码

```
>> sum = 0;
i = 1;
while sum < 2000
    sum = sum + i * i + i;
    i = i + 1;
end
i - 1
sum
```

2）程序运行结果

```
ans =
    18
sum =
    2280
```

3）注意事项

（1）for 循环循环次数是确定的。

（2）for 循环体内不能对循环变量重新设置。

（3）for 循环允许嵌套使用；总的循环次数是外循环次数与内循环次数的乘积。可以用多个 for 和 end 配套实现多重循环。

（4）for 和 end 配套使用,且小写。

（5）while 循环循环次数一般是不确定的；当条件表达式为真,就执行循环体语句；否则,就结束循环。

(6) while 和 end 匹配使用。

10.5 MATLAB 文件案例

10.5.1 M 脚本文件案例

微课视频

【案例 10-21】 将【案例 10-17】中的程序代码存为脚本文件 exam_10_21.m,在命令空间输入文件名 exam_10_21.m,就能直接运行该脚本文件。结果如下:

```
>> exam_10_21
半径 r:3
高 h:4
圆柱体表面积 S =
    131.9469
圆柱体体积 V =
    113.0973
```

微课视频

【案例 10-22】 将【案例 10-19】中的程序代码存为脚本文件 exam_10_22.m,在命令空间输入文件名 exam_10_22.m,就能直接运行该脚本文件。结果如下:

```
>> exam_10_22
s =
    0.1830
```

注意事项:

(1) M 脚本文件按照命令先后顺序编写。

(2) M 脚本文件没有输入参数和返回输出参数。

(3) M 脚本文件执行完后,变量结果返回到工作空间,可以用 whos 命令查看。

(4) M 脚本文件可以按照程序中命令先后顺序直接运行。

10.5.2 M 函数文件案例

微课视频

【案例 10-23】 编写 M 函数文件,通过主函数调用 3 个子函数形式,计算下列式子,并输出计算之后的结果。

$$f(x,y)=\begin{cases}1-2\sin(0.5x+3y), & x+y\geqslant 1\\ 1-e^{-x}(1+y), & -1<x+y<1\\ 1-3(e^{-2x}-e^{-0.7y}), & x+y\leqslant -1\end{cases}$$

1. 程序代码

```
%M 函数文件 exam_10_23.m 如下:
function  z  = exam_10_23( x,y )           %主函数
p = x + y;
if(p > = 1)
    z = z1(x,y);
elseif (p > - 1&p < 1)
    z = z2(x,y);
```

```
    else
        z = z3(x,y);
    end
        function y = z1(x,y)
            y = 1 - 2 * sin(0.5 * x + 3 * y);
        end
    function y = z2(x,y)
            y = 1 - exp( - x) * (1 + y);
    end
    function y = z3(x,y)
            y = 1 - 3 * (exp( - 2 * x) - exp( - 0.7 * y));
    end
end
```

2. 程序运行结果

```
% 在命令窗口直接调用函数文件 exam_10_23.m:
>>  z  = exam_10_23(1,2)
z =
    0.5698
>> z  = exam_10_23( - 1,0.5)
z =
   - 3.0774
>> z  = exam_10_23( - 1, - 0.5)
z =
   - 16.9100
```

【**案例 10-24**】 编写输入和输出参数都是两个的 M 函数文件,当没有输入参数时,则输出为 0;当输入参数只有一个时,输出参数等于这个输入参数;当输入参数为两个时,输出参数分别等于这两个输入参数。

微课视频

1. 程序代码

```
% M 函数文件 exam_10_24.m 如下:
function [y1,y2 ] = exam_10_24( x1,x2 )
% 输入与输出参数的判断
if nargin == 0
    y1 = 0;
elseif nargin == 1
    y1 = x1;
else
    y1 = x1;
    y2 = x2;
end
```

2. 程序运行结果

```
% 在命令窗口直接调用函数文件 exam_10_24.m:
>>  exam_10_24
ans =
    0
>> exam_10_24(1)
ans =
    1
```

```
>> [y1,y2 ] = exam_10_24(2,3)
y1 =
      2
y2 =
      3
```

3. 注意事项

（1）M 函数文件第一行必须是以 function 开头的函数声明行。

（2）M 函数文件名和声明行中的函数名最好相同，以免出错。如果不同，MATLAB 将忽略函数名而确认函数文件名，调用时使用函数文件名。

（3）M 函数文件可以带有输入参数和返回输出参数。

（4）函数文件定义的变量为局部变量，当函数文件执行完，这些变量不会存在工作空间中。

（5）函数文件一般不能直接运行，需要定义输入参数，使用函数调用方式来调用它。

（6）函数调用时各实参数列表出现的顺序和个数，应与函数定义时的形参数列表的顺序和个数一致，否则会出错。

10.6　MATLAB 多项式案例

10.6.1　多项式的值和根案例

微课视频

【案例 10-25】　已知多项式为 $p(x)=x^4-2x^2+4x-6$，分别求 $x=3$ 和 $x=[0,2,4,6,8]$ 向量的多项式的值。

1. 程序代码

```
% M 脚本文件 exam_10_25.m 如下：
x1 = 3;
x = [0:2:8];
p = [1 0 -2 4 -6];
y1 = polyval(p,x1)
y = polyval(p,x)
```

2. 程序运行结果

```
>> exam_10_25
y1 =
     69
y =
          -6          10         234        1242        3994
```

微课视频

【案例 10-26】　已知多项式为 $p(x)=x^4-2x^2+4x-6$，试求：

（1）用 roots 函数求该多项式的根 r；

（2）用 poly 函数求根为 r 的多项式系数。

1. 程序代码

```
% M 脚本文件 exam_10_26.m 如下：
p = [1 0 -2 4 -6]
r = roots(p)
```

```
p = poly(r)
```

2. 程序运行结果

```
>> exam_10_26
p =
     1     0    -2     4    -6
r =
   -2.2343 + 0.0000i
    1.4485 + 0.0000i
    0.3929 + 1.3037i
    0.3929 - 1.3037i
p =
    1.0000        0   -2.0000    4.0000   -6.0000
```

3. 注意事项

polyval 函数可以求代数多项式的值,其调用格式为 y=polyval(p,x);其中,p 为多项式的系数,x 为自变量,当 x 为一个数值时,则表示求多项式在该点的值;若 x 为向量或矩阵,则对向量或矩阵每个元素求多项式的值。

10.6.2　多项式的四则运算案例

【案例 10-27】　已知多项式 $p_1(x)=x^4-3x^3+5x+1$,$p_2(x)=x^3+2x^2-6$,求:

(1) $p(x)=p_1(x)+p_2(x)$;

(2) $p(x)=p_1(x)-p_2(x)$;

(3) $p(x)=p_1(x)*p_2(x)$;

(4) $p(x)=p_1(x)/p_2(x)$。

微课视频

1. 程序代码

```
% M 脚本文件 exam_10_27.m 如下:
p1 = [1 - 3 0 5 1];
p2 = [0 1 2 0 - 6];
p3 = [1 2 0 - 6];
p = p1 + p2                    % p1(x) + p2(x)
poly2sym(p)
p = p1 - p2                    % p1(x) - p2(x)
poly2sym(p)
p = conv(p1,p2)               % p1(x) * p2(x)
poly2sym(p)
[q,r] = deconv(p1,p3)        % p1(x)/p2(x)
```

2. 程序运行结果

```
>> exam_10_27
p3 =
     1     2     0    -6
p =
     1    -2     2     5    -5
ans =
x^4 - 2 * x^3 + 2 * x^2 + 5 * x - 5
p =
     1    -4    -2     5     7
```

```
ans =
x^4 - 4 * x^3 - 2 * x^2 + 5 * x + 7
p =
     0     1    -1    -6    -1    29     2   -30    -6
ans =
x^7 - x^6 - 6 * x^5 - x^4 + 29 * x^3 + 2 * x^2 - 30 * x - 6
q =
     1    -5
r =
     0     0    10    11   -29
```

3. 注意事项

（1）多项式的加减运算,可以用多项式系数向量相加减运算。如果多项式阶次不同,则把低次多项式系数不足的高次项用 0 补足,使得多项式系数矩阵具有相同维度,以便加减运算。

（2）deconv 是 conv 的逆函数。

10.6.3　多项式的微积分运算案例

微课视频

【案例 10-28】 已知两个多项式为 $p_1(x) = x^4 - 3x^3 + x + 2$, $p_2(x) = x^3 - 2x^2 + 4$
试求:

（1）多项式 $p_1(x)$ 的导数;

（2）两个多项式乘积 $p_1(x) * p_2(x)$ 的导数;

（3）两个多项式相除 $p_2(x)/p_1(x)$ 的导数。

1. 程序代码

```
% M 脚本文件 exam_10_28.m 如下:
p1 = [1 - 3 0 1 2];
p2 = [1 - 2 0 4];
p = polyder(p1)
poly2sym(p)
p = polyder(p1, p2)
poly2sym(p)
[p, q] = polyder(p2, p1)
```

2. 程序运行结果

```
>> exam_10_28
p =
     4    -9     0     1
ans =
4 * x^3 - 9 * x^2 + 1
p =
     7   -30    30    20   -36    -8     4
ans =
7 * x^6 - 30 * x^5 + 30 * x^4 + 20 * x^3 - 36 * x^2 - 8 * x + 4
p =
    -1     4    -6   -14    40    -8    -4
q =
     1    -6     9     2    -2   -12     1     4     4
```

3. 注意事项

(1) polyder 函数可以对单个多项式求导,也可以对两个多项式乘积和商求导。

(2) polyint 函数用于多项式的积分,是 polyer 的逆函数。

10.6.4 多项式的部分分式展开案例

【案例 10-29】 已知分式表达式为 $f(s) = \dfrac{B(s)}{A(s)} = \dfrac{s+1}{s^2-7s+12}$,试求:

微课视频

(1) $f(s)$ 的部分分式展开式。

(2) 将部分分式展开式转换为分式表达式。

1. 程序代码

```
%M脚本文件 exam_10_29.m 如下:
a = [1 -7 12];
b = [1 1];
[r,p,k] = residue(b,a)
[b1,a1] = residue(r,p,k)
```

2. 程序运行结果

```
>> exam_10_29
r =
      5
     -4
p =
      4
      3
k =
     []
b1 =
      1      1
a1 =
      1     -7     12
```

3. 注意事项

residue 函数实现多项式的部分分式展开,还可以将部分分式展示式转换为两个多项式的除的分式。

10.7 MATLAB 数据插值和拟合案例

10.7.1 数据插值案例

【案例 10-30】 某电路元件,测试两端电压 U 与流过电流 I 的关系,实测数据见表 10-1,用不同插值方法(最接近点法、线性法、三次样条法和三次多项式法)计算 $I=9A$ 处的电压 U。

微课视频

表 10-1 电路元件两端电压 U 与流过电流 I 数据

流过的电流 I/A	0	2	4	6	8	10	12
两端的电压 U/V	0	2	5	8.2	12	16	21

1. 程序代码

```
% M 脚本文件 exam_10_30.m 如下:
I = 0:2:12;
U = [0 2 5 8.2 12 16 21];
I1 = 9;
U1 = interp1(I,U,I1,'nearest')
U2 = interp1(I,U,I1,'linear')
U3 = interp1(I,U,I1,'pchip')
U4 = interp1(I,U,I1,'spline')
```

2. 程序运行结果

```
>> exam_10_30
U1 =
    16
U2 =
    14
U3 =
    13.9316
U4 =
    13.9500
```

3. 注意事项

使用 interp1 函数进行一维多项式插值时,插值点可以是一个标量,也可以是向量,其取值如果超出已知数据 x 的范围,就会返回 NaN 错误信息。

微课视频

【案例 10-31】 某实验对一幅灰度图像灰度分布做测试。用 i 表示图像的宽度(PPI),j 表示图像的深度(PPI),I 表示测得的各点图像颜色的灰度,测量结果如表 10-2 所示。

(1) 分别用最近点二维插值、三次样条插值、线性二维插值法求(13,12)点的灰度值。

(2) 用三次多项式插值求图像宽度每 1PPI,深度每 1PPI 处各点的灰度值,并用图形显示插值前后图像的灰度分布图。

表 10-2　图像各点颜色灰度测量值

j	i					
	0	5	10	15	20	25
0	130	132	134	133	132	131
5	133	137	141	138	135	133
10	135	138	144	143	137	134
15	132	134	136	135	133	132

1. 程序代码

```
% M 脚本文件 exam_10_31.m 如下:
clear
i = [0:5:25];
j = [0:5:15]';
I = [130   132 134 133 132 131;
133 137 141 138 135 133;
135 138 144 143 137 134;
132 134 136 135 133 132];
```

```
i1 = 13;j1 = 12;
I1 = interp2(i,j,I,i1,j1,'nearest')
I2 = interp2(i,j,I,i1,j1,'linear')
I3 = interp2(i,j,I,i1,j1,'spline')
ii = [0:1:25];
ji = [0:1:15]';
Ii = interp2(i,j,I,ii,ji,'cubic');
subplot(1,2,1)
mesh(i,j,I)
xlabel('图像宽度(PPI)');ylabel('图像深度(PPI)');zlabel('灰度(I)')
title('插值前图像灰度分布图')
subplot(1,2,2)
mesh(ii,ji,Ii)
xlabel('图像宽度(PPI)');ylabel('图像深度(PPI)');zlabel('灰度(I)')
title('插值后图像灰度分布图')
```

2. 程序运行结果

```
>> exam_10_31
I1 =
   143
I2 =
   140.2000
I3 =
   143.1268
```

插值前后图像的灰度分布图如图 10-1 所示。

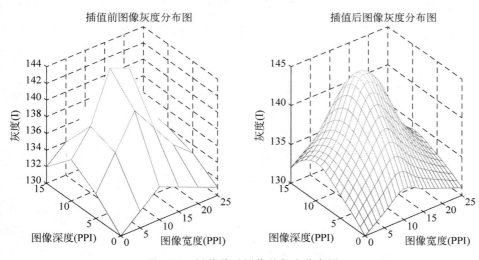

图 10-1　插值前后图像的灰度分布图

3. 注意事项

使用 interp2 函数进行二维多项式插值时,插值点不能超出采样点的取值范围,否则会返回 NaN 错误信息。

10.7.2　数据拟合案例

【**案例 10-32**】　用 polyfit 函数实现一个 5 阶和 7 阶多项式在区间 $[0,2]$ 内逼近函数

微课视频

$f(x) = \mathrm{e}^{-0.5x} + \sin x$。利用绘图的方法,比较 5 阶多项式拟合、7 阶多项式拟合和 $f(x)$ 的区别。

1. 程序代码

```
% M 脚本文件 exam_10_32.m 如下:
clear
x = linspace(0,3 * pi,30);
y = exp( - 0.5 * x) + sin(x);
[p1,s1] = polyfit(x,y,5)
g1 = poly2str(p1,'x')
[p2,s2] = polyfit(x,y,7)
g2 = poly2str(p2,'x')
y1 = polyval(p1,x);
y2 = polyval(p2,x);
plot(x,y,' - * ',x,y1,':O',x,y2,': + ')
legend('f(x)','5 阶多项式','7 阶多项式')
```

2. 程序运行结果

```
>> exam_10_32
p1 =
   - 0.0000    - 0.0118    0.2268    - 1.2850    1.9547    0.7522
s1 =
        R: [6x6 double]
       df: 24
    normr: 0.8335
g1 =
   - 3.0805e - 05 x^5 - 0.011773 x^4 + 0.22684 x^3 - 1.285 x^2 + 1.9547 x
   + 0.75223
p2 =
   - 0.0000    0.0006    - 0.0175    0.1744    - 0.6933    0.8020    0.1677    1.0214
s2 =
        R: [8x8 double]
       df: 22
    normr: 0.0999
g2 =
   - 1.7388e - 07 x^7 + 0.00062255 x^6 - 0.017545 x^5 + 0.17441 x^4
   - 0.69326 x^3 + 0.80196 x^2 + 0.16773 x + 1.0214
```

比较 5 阶多项式和 7 阶多项式拟合如图 10-2 所示。

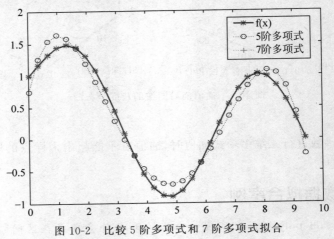

图 10-2   比较 5 阶多项式和 7 阶多项式拟合

10.8　MATLAB 数据统计和数值计算案例

10.8.1　数据统计案例

微课视频

【案例 10-33】　已知矩阵 $A = \begin{bmatrix} 10 & 4 & 7 \\ 9 & 6 & 2 \\ 3 & 9 & 4 \end{bmatrix}$，试求：

（1）用 max 和 min 函数，求每行和每列的最大和最小元素，并求整个 A 的最大和最小元素；

（2）矩阵 A 的每行和每列的平均值和中值；

（3）对矩阵 A 进行各种排序；

（4）对矩阵 A 的各列和各行求和与求乘积；

（5）矩阵 A 的行和列的标准方差；

（6）矩阵 A 列元素的相关系数。

1. 程序代码及运行结果

```
%最大值和最小值
>> clear
A = [10 4 7;9 6 2;3 9 4];
Y1 = max(A,[ ],2)
[Y2,K] = min(A,[ ],2)
Y3 = max(A)
[Y4,K1] = min(A)
ymax = max(max(A))
ymin = min(min(A))
```

运行结果如下：

```
Y1 =
    10
     9
     9
Y2 =
     4
     2
     3
K =
     2
     3
     1
Y3 =
    10     9     7
Y4 =
     3     4     2
K1 =
     3     1     2
ymax =
```

```
        10
ymin =
        2
```
% 均值和中值
```
>> Y1 = mean(A)
Y2 = mean(A,2)
Y3 = median(A)
Y4 = median(A,2)
```

运行结果如下：

```
Y1 =
    7.3333    6.3333    4.3333
Y2 =
    7.0000
    5.6667
    5.3333
Y3 =
    9    6    4
Y4 =
    7
    6
    4
```
% 排序
```
>> Y1 = sort(A)
Y2 = sort(A,1,'descend')
Y3 = sort(A,2,'ascend')
[Y4,I] = sort(A,2,'descend')
```

运行结果如下：

```
Y1 =
    3    4    2
    9    6    4
   10    9    7
Y2 =
   10    9    7
    9    6    4
    3    4    2
Y3 =
    4    7   10
    2    6    9
    3    4    9
Y4 =
   10    7    4
    9    6    2
    9    4    3
I =
    1    3    2
    1    2    3
    2    3    1
```
% 求和与求乘积

```
>> Y1 = sum(A)
Y2 = sum(A,2)
Y3 = prod(A)
Y4 = prod(A,2)
```

运行结果如下：

```
Y1 =
      22      19      13
Y2 =
      21
      17
      16
Y3 =
     270     216      56
Y4 =
     280
     108
     108
%标准方差和相关系数
>> D1 = std(A,0,1)
D2 = std(A,0,2)
R = corrcoef(A)
```

运行结果如下：

```
D1 =
    3.7859      2.5166      2.5166
D2 =
    3.0000
    3.5119
    3.2146
R =
    1.0000     -0.9621      0.2449
   -0.9621      1.0000     -0.5000
    0.2449     -0.5000      1.0000
```

2. 注意事项

（1）Y＝max(A)：返回一个矩阵 A 每列的最大值的行向量。Y＝max(A,dim)：当 dim 为 1 时，等同于 mean(A)；当 dim 为 2 时，返回一个矩阵 A 每行的最大值的列向量。

（2）Y＝mean(A)：返回一个矩阵 A 每列的算术平均值的行向量。Y＝mean(A,dim)：当 dim 为 1 时，等同于 mean(A)；当 dim 为 2 时，返回一个矩阵 A 每行的算术平均值的列向量。

（3）Y＝median(A)：返回一个矩阵 A 每列的中值的行向量。Y＝median(A,dim)：当 dim 为 1 时，等同于 median(A)；当 dim 为 2 时，返回一个矩阵 A 每行的中值的列向量。

（4）Y＝sort(A,dim,mode)：对矩阵 A 的各行或各列的元素重新排序，当 dim 为 1 时，矩阵元素按列排序；当 dim 为 2 时，矩阵元素按行排序。dim 默认为 1。当 mode 为 'ascend'，则按升序排序；当 mode 为 'descend'，则按降序排序。mode 默认取 'ascend'。

（5）Y＝sum(A)：返回一个矩阵 A 各列元素的和的行向量。Y＝sum(A,dim)：当

dim 为 1 时,该函数等同于 sum(A);当 dim 为 2 时,返回一个矩阵 A 各行元素的和的列向量。

(6) Y=prod(A):返回一个矩阵 A 各列元素的乘积的行向量。Y=prod(A,dim):当 dim 为 1 时,该函数等同于 prod(A);当 dim 为 2 时,返回一个矩阵 A 各行元素的乘积的列向量。

(7) D=std(A,flag,dim):当 dim 为 1 时,求矩阵 A 的各列元素的标准方差;当 dim 为 2 时,则求矩阵 A 的各行元素的标准方差。当 flag 为 0 时,按公式 D1 计算标准方差;当 flag 为 1 时,按 D2 计算标准方差。默认 flag=0,dim=1。

(8) R=corrcoef(A):返回矩阵 A 的每列之间计算相关形成的相关系数矩阵。

10.8.2　数值计算案例

微课视频

【案例 10-34】　已知 $y=e^{-0.5x}\sin(2*x)$,在 $0\leqslant x\leqslant\pi$ 区间内,使用 fminbnd 函数获取 y 函数的极小值。

1. 程序代码

```
% M 脚本文件 exam_10_34.m 如下:
clear
x1 = 0;x2 = pi;
fun = @(x)(exp( - 0.5 * x) * sin(2 * x));
[x,y1] = fminbnd(fun,x1,x2)
x = 0:0.1:pi;
y = exp( - 0.5 * x). * sin(2 * x);
plot(x,y)
grid on
```

2. 程序运行结果

```
>> exam_10_34
x =
      2.2337
y1 =
    - 0.3175
```

3. 注意事项

使用 fminbnd 函数获取函数 y 的极小值时,需要使用函数句柄或者是匿名函数。函数句柄的创建方法是 fun=@(x)y。

微课视频

【案例 10-35】　使用 fzero 函数求 $f(x)=x^2-8x+12$ 分别在初始值 $x_0=0$ 和 $x_0=$ 附近的过零点,并求出过零点函数的值。

1. 程序代码

```
% M 脚本文件 exam_10_35.m 如下:
clear
fun = @(x)(x^2 - 8 * x + 12);
x0 = 0
[x,y1] = fzero(fun,x0)
x0 = 7
[x,y1] = fzero(fun,x0)
```

2. 程序运行结果

```
>> exam_10_35
x0 =
     0
x =
     2
y1 =
     0
x0 =
     7
x =
     6
y1 =
     0
```

3. 注意事项

fzero 函数只能返回一个局部零点,不能找出所有的零点,因此需要设定零点的范围。

【案例 10-36】 已知矩阵 $A = \begin{bmatrix} 10 & 4 & 7 \\ 9 & 6 & 2 \\ 3 & 9 & 4 \end{bmatrix}$,分别求矩阵 A 行和列的一阶和二阶前向差分。

微课视频

1. 程序代码

```
% M 脚本文件 exam_10_36.m 如下:
clear
A = [10 4 7;9 6 2;3 9 4]
D = diff(A,1,1)
D = diff(A,1,2)
D = diff(A,2,1)
D = diff(A,2,2)
```

2. 程序运行结果

```
>> exam_10_36
A =
    10     4     7
     9     6     2
     3     9     4
D =
    -1     2    -5
    -6     3     2
D =
    -6     3
    -3    -4
     6    -5
D =
    -5     1     7
D =
     9
    -1
   -11
```

3. 注意事项

D＝diff(X,n)计算向量 X 的 n 阶向前差分,即：diff(X,n)＝diff(diff(X,n−1))；D
diff(A,n,dim)计算矩阵 A 的 n 阶差分,当 dim＝1(默认),按行计算矩阵 A 的差分；
dim＝2,按列计算矩阵的差分。

微课视频

【案例 10-37】 分别使用 quad 函数和 quadl 函数求 $q = \int_0^{2\pi} \frac{\sin(x)}{x + \cos^2 x} dx$ 的数值积分

1. 程序代码

```
% M 脚本文件 exam_10_37.m 如下:
clear
fun = @(x)(sin(x)./(x + cos(x). * cos(x)));
a = 0;b = 2 * pi;
q1 = quad(fun,a,b)
q2 = quadl(fun,a,b)
```

2. 程序运行结果

```
>> exan_10_37
q1 =
    0.7830
q2 =
    0.7830
```

3. 注意事项

quad 函数是一种采用自适应的 Simpson 方法的一重数值积分；quadl 函数是一种采用
自适应的 Lobatto 方法的一重数值积分。

微课视频

【案例 10-38】 求二重数值积分 $q = \int_0^{2\pi} \int_0^{2\pi} x\cos(y) + y\sin(x) dx dy$。

程序代码及运行结果

```
>>  q = dblquad('x * cos(y) + y * sin(x)',0,2 * pi,0,2 * pi)
q =
   - 4.7607e - 10
```

微课视频

【案例 10-39】 已知二阶微分方程 $\frac{d^2 y}{dt^2} - 2y' + y = 0, y(0) = 1, \frac{dy(0)}{dt} = 0, t \in [0,2]$,

用 ode45 函数解微分方程,作出 $y \sim t$ 的关系曲线图。

1. 程序代码

```
% M 脚本文件 exam_10_39.m 如下:
clear
t0 = [0,2];
y0 = [1;0];
[t,y] = ode45(@fexer04_15,t0,y0);
plot(t,y(:,1))
xlabel('t'),ylabel('y')
title('y(t) - t')
grid on
% fexer04_15.m 定义微分方程的函数文件
function y = fexer04_15(t,y)
```

```
y = [y(2);2 * y(2) - y(1)];
end
```

2. 程序运行结果

```
>> exam_10_39
```

$y \sim t$ 的关系曲线如图 10-3 所示。

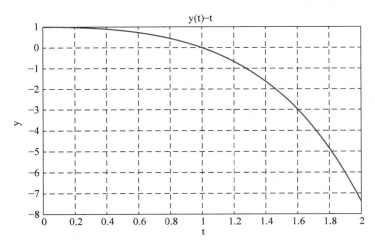

图 10-3 $y \sim t$ 的关系曲线图

10.9 MATLAB 符号计算案例

10.9.1 MATLAB 符号多项式函数运算案例

【案例 10-40】 求符号矩阵 $A = \begin{bmatrix} a & b \\ c & d \end{bmatrix}$ 的行列式、逆和特征根。

程序代码及运行结果

微课视频

```
% 在 MATLAB 命令窗口中直接输入下列命令行求行列式:
>> syms a b c d
>> A = [a b;c d];
>> D = det(A)
D =
a * d - b * c
% 接着直接输入下列命令行求逆:
>> B = inv(A)
B =
[   d/(a * d - b * c),  -b/(a * d - b * c)]
[ -c/(a * d - b * c),   a/(a * d - b * c)]
% 再接着直接输入下列命令行求特征根:
>> S = eig(A)
S =
a/2 + d/2 - (a^2 - 2 * a * d + d^2 + 4 * b * c)^(1/2)/2
a/2 + d/2 + (a^2 - 2 * a * d + d^2 + 4 * b * c)^(1/2)/2
```

【案例 10-41】 定义以下符号矩阵 A，试求其逆矩阵 B 并验证其逆矩阵 B 的运算结果是否正确。

$$A = \begin{bmatrix} a & h \\ d & k \end{bmatrix}$$

1. 程序代码及运行结果

```
% 首先定义符号矩阵如下:
>> syms a d h k
>> A = [a,h;d,k]
A =
[ a, h]
[ d, k]
% 求符号矩阵的逆:
>> B = inv(A)
B =
[  k/(a*k - d*h), -h/(a*k - d*h)]
[ -d/(a*k - d*h),  a/(a*k - d*h)]
% 验证逆矩阵的正确性:
>> A*B
ans =
[ (a*k)/(a*k - d*h) - (d*h)/(a*k - d*h),                                      0]
[                                      0, (a*k)/(a*k - d*h) - (d*h)/(a*k - d*h)]
>> simplify(A*B)
ans =
[ 1, 0]
[ 0, 1]
% A*B是单位矩阵。
>> simplify(B*A)
ans =
[ 1, 0]
[ 0, 1]
% B*A也是单位矩阵
```

2. 注意事项

MATLAB 已提供了多条函数指令用于符号矩阵的运算，常用的矩阵运算函数指令如表 10-3 所示，这些函数指令的应用极大地减轻了人们在做矩阵运算时的繁重工作量。

表 10-3 常用矩阵运算函数指令

函 数 指 令	运 算 功 能	函 数 指 令	运 算 功 能
det(A)	求方阵 A 的行列式	poly(A)	求矩阵 A 的特征多项式
inv(A)	求方阵 A 的逆	rref(A)	求矩阵 A 的行阶梯形
[V,D]=eig(A)	求 A 的特征向量 V 和特征值 D	colspace(A)	求矩阵 A 列空间的基
rank(A)	求 A 的秩	triu(A)	求矩阵 A 上三角形

10.9.2 MATLAB 符号微积分运算案例

【案例 10-42】 创建以下符号表达式 $f(t)$，并求其导数 $f'(t)$，当 $t=1$ 时，$f'(t)$ 及 $f(t)$ 的值各是多少。

$$f(t) = \sqrt{2} \cdot 220 \cdot \cos\left(100\pi \cdot t + \frac{\pi}{6}\right)$$

程序代码及运行结果

```
>> syms t
>> y = sqrt(2) * 220 * cos(100 * pi * t + pi/6)
y =
220 * 2^(1/2) * cos(pi/6 + 100 * pi * t)
% 求表达式 y 的导数:
>> dydt = diff(y)
dydt =
 - 22000 * 2^(1/2) * pi * sin(pi/6 + 100 * pi * t)
% 求 y 在 t = 1 时的值 y1:
>> y1 = subs(y,t,1)
y1 =
110 * 2^(1/2) * 3^(1/2)
% 将 y1 值简化为一个有理数:
>> eval(y1)
ans =
  269.4439
% 求 y 的导数 dydt 在 t = 1 时的值 dydt1:
>>  dydt1 = eval(subs(dydt,t,1))
dydt1 =
  - 4.8872e + 04
```

【案例 10-43】 将函数 $f(t) = \sin(\pi t)$ 在 $t = 1.2$s 处的泰勒级数展开式写出来,并验证其是否正确。

微课视频

程序代码及运行结果

```
>> syms t x
>> f = sin(pi * t)
f =
sin(pi * t)
% 将函数 f 在点 1.2 处展开成 5 阶的泰勒级数 h:
>> h = taylor(f,'ExpansionPoint',1.2,'order',5)
h =
(pi^3 * (5^(1/2)/4 + 1/4) * (t - 6/5)^3)/6 - (2^(1/2) * (5 - 5^(1/2))^(1/2))/4 - pi * (5^
(1/2)/4 + 1/4) * (t - 6/5) + (2^(1/2) * pi^2 * (5 - 5^(1/2))^(1/2) * (t - 6/5)^2)/8 - (2^
(1/2) * pi^4 * (5 - 5^(1/2))^(1/2) * (t - 6/5)^4)/96
% 验证泰勒级数 h 的正确性,先求函数 f 在点 1.2 处的值 f12:
>>  f12 = sin(pi * 1.2)
f12 =
   - 0.5878
% 再求泰勒级数 h 在点 1.2 处的值:
>> subs(h,t,1.2)
ans =
 - (2^(1/2) * (5 - 5^(1/2))^(1/2))/4
% 简化:
>> eval(ans)
ans =
```

```
            - 0.5878
    % eval(ans) = f12 = - 0.5878,证明泰勒级数 h 是正确的
```

微课视频

【案例 10-44】 已知隐函数关系式 $y = \ln(t+y)$，求 $y'(t)$，请给出 $t=3$ s 时的 $y'(t)$ 值

1. 程序代码及运行结果

```
% 先输入隐函数 F:
>> syms t y
>> F = log(t + y) + y
F =
y + log(t + y)
% 求 F 的导数:
>> dt = - diff(F,t)/diff(F,y)
dt =
- 1/((1/(t + y) + 1) * (t + y))
% 当 t = 3 时,需要知道 y 对应的值,而后代入上式即可求出 F 的导数值;
% 当 t = 3 时, y 对应的值:
>>  y = fsolve('nonfun',1,optimset('Display','off'))
y =
1.5052
% 所构造的 nonfun.m 函数代码如下:
function [ n ] = nonfun( m )
y = m;
n = exp(y) - y - 3;
end
% 将 t = 3,y = 1.5052 代入 F 的导数,得:
>> - 1/((1/( 1.5052 + 3) + 1) * ( 1.5052 + 3))
ans =
    - 0.1816
```

2. 注意事项

由隐函数 $F(x,y)$ 所确定的 y 与 x 之间的函数法则,无须做显性化处理就可以求导,但需要隐函数 $F(x,y)$ 对 x、y 的偏导数成立。

微课视频

【案例 10-45】 已知积分上限函数 $f(x)$，求导数 $f'(x)$。

$$f(x) = \int_0^{\frac{x}{2}} (5t^2 + 3) \mathrm{d}t$$

程序代码及运行结果

```
% 将积分的核函数输入:
syms x t
>> f = 5 * t^2 + 3
f =
5 * t^2 + 3
% 再求积分上限函数的导数:
>>  diff(int(f,0,x/2),x)
ans =
(5 * x^2)/8 + 3/2
% 结果与核函数是不同的。
```

微课视频

【案例 10-46】 求定积分 $s = \int_{-\infty}^{5} \frac{2}{\sqrt{\pi}} \mathrm{e}^{-\frac{t^2}{2}} \mathrm{d}t$ 的值。

程序代码及运行结果

```
% 将积分的核函数输入:
>> syms t
>> f = 2/sqrt(pi) * exp( - t^2/2)
f =
(5081767996463981 * exp( - t^2/2))/4503599627370496
% 求定积分:
>> s = int(f, - inf,5)
s =
(5081767996463981 * 2^(1/2) * pi^(1/2) * (erf((5 * 2^(1/2))/2) + 1))/9007199254740992
% 对结果简化:
>> eval(s)
ans =
    2.8284
```

【案例 10-47】 求分段函数 $f(t)=\sin(\pi t)u(t)+\sin(\pi(t-1))u(t-1)$ 的 laplace 变换 $F(s)$，$F(s)$ 的 laplace 逆变换函数又是怎样的？

微课视频

程序代码及运行结果

```
% 将分段函数 f 输入:
>> syms t
>> f = sin(pi * t) * heaviside(t) + sin(pi * (t - 1)) * heaviside(t - 1)
f =
heaviside(t - 1) * sin(pi * (t - 1)) + sin(pi * t) * heaviside(t)
% 求 f 的 laplace 变换:
>> Fs = laplace(f)
Fs =
pi/(s^2 + pi^2) + (pi * exp( - s))/(s^2 + pi^2)
% 求 Fs 的 laplace 逆变换:
>> ft = ilaplace(Fs)
ft =
sin(pi * t) + heaviside(t - 1) * sin(pi * (t - 1))
% 对函数 f 和函数 ft 进行比较,两者是一样的。
```

10.9.3 MATLAB 符号方程求解案例

【案例 10-48】 求下列线性方程组的符号解：

$$\begin{cases} ax + by = 3 \\ cx + dy = 4 \end{cases}$$

微课视频

1. 程序代码及运行结果

```
% 建立方程组
>> syms x y a b c d
>> eqn1 = a * x + b * y == 3
eqn1 =
a * x + b * y == 3
>> eqn2 = c * x + d * y == 4
eqn2 =
c * x + d * y == 4
```

```
% 求方程组的解:
>> [Sx, Sy] = solve(eqn1, eqn2, x, y)
Sx =
-(4 * b - 3 * d)/(a * d - b * c)
Sy =
(4 * a - 3 * c)/(a * d - b * c)
```

2. 注意事项

solve 函数指令可以加入"ReturnConditions"参数,"IgnoreProperties"参数,"IgnoreAnalyticConstraints"参数,"MaxDegree"参数,"PrincipalValue"参数,"Real"参数等,其中"ReturnConditions"参数若取为 true 时取得通解和解的条件;"IgnoreProperties"参数为 true 时求解时会忽略变量定义时的一些假设,比如假设变量为正(syms x positive);"Real"参数为 true 时只给出实数解;调整"MaxDegree"参数可以给出大于 3 解的显性解;"IgnoreAnalyticConstraints"参数为 true 时可以忽略掉一些分析的限制;"PrincipalValue"参数为 true 时只给出主值。

微课视频

【案例 10-49】 求常微分方程 $ay'(t)+bt \cdot y(t)=0, y(0)=1$ 的符号解。

1. 程序代码及运行结果

```
% 定义 Dy:
>>  syms t y(t) a b
>> Dy = diff(y)
% 求常微分方程符号解:
>> yt = dsolve(Dy == - b * t * y/a, y(0) == 1)
yt =
exp( - (b * t^2)/(2 * a))
```

2. 注意事项

微分方程及初始条件的格式均为符号表达式而非字符串形式。符号表达式中的等号应采用关系运算符"=="。

10.10 MATLAB 绘图案例

10.10.1 二维曲线的绘制案例

微课视频

【案例 10-50】 在同一图形窗口,利用 plot 函数绘制函数曲线 $y_1=t\sin(2\pi t), t \in [0, 2\pi]$, $y_2=5e^{-t}\cos(2\pi t), t \in [0, 2\pi]$, y_1 线型选为点画线,颜色为红色,数据点设置为五角星; y_2 线型选为实线,颜色为蓝色,数据点设置为圆圈, x 轴标签设为 t, y 轴标签设置为 $y_1 \& y_2$, 添加图例和网格。

1. 程序代码

```
% M 脚本文件 exam_10_50.m 如下:
clear
t = [0:0.1:2 * pi];
y1 = t. * sin(2 * pi * t);
y2 = 5 * exp( - t). * cos(2 * pi * t);
plot(t, y1, 'r - .p', t, y2, 'b - O')
xlabel('t')
```

```
ylabel('y1&y2')
legend('t * sin(2 * pi * t)', '5 * exp(t) * cos(2 * pi * t)')
grid on
```

2. 程序运行结果

`>> exam_10_50`

结果如图 10-4 所示。

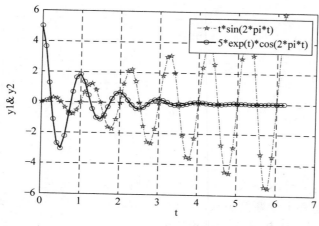

图 10-4　图例及网格修饰

【**案例 10-51**】　在同一图形窗口,分割为 4 个子图,分别绘制 4 条曲线 $y_1 = \sin(t)$, $y_2 = \sin(2t)$, $y_3 = \cos(t)$, $y_4 = \cos(2t)$, t 的范围均为 $[0, 3\pi]$,要求给每个子图添加标题和网格。

微课视频

1. 程序代码

```
% M 脚本文件 exam_10_51.m 如下:
clear
t = (0:0.1:3 * pi);
y1 = sin(t);y2 = sin(2 * t);
y3 = cos(t);y4 = cos(2 * t);
subplot(2,2,1);plot(t,y1)
title('sin(t)')
grid on
subplot(2,2,2);plot(t,y2)
title('sin(2 * t)')
grid on
subplot(2,2,3);plot(t,y3)
title('cos(t)')
grid on
subplot(2,2,4);plot(t,y4)
title('cos(2 * t)')
grid on
```

2. 程序运行结果

`>> exam_10_51`

结果如图 10-5 所示。

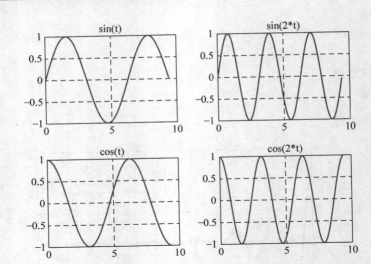

图 10-5 子图绘制及修饰

3．注意事项

（1）x 和 y 为向量时，plot(x, y)中 x 和 y 它们长度必须相等。

（2）title 为设置图形标题的函数；xlabel 和 ylabel 为设置 x 和 y 坐标轴的标签函数；标题和坐标轴标签可以是串，也可为结构数组。

（3）调用 subplot 函数时，subplot(m, n, p)中的逗号"，"可以省略；子图排序原则是：左上方为第一幅，从左往右，从上向下依次排序，子图之间彼此独立；m 为子图行数，n 为子图列数，共分割为 m * n 个子图。

10.10.2 二维特殊图形的绘制案例

微课视频

【案例 10-52】 已知一个班有 4 个同学，他们 3 次考试的成绩为 $\begin{bmatrix} 72 & 98 & 86 & 76 \\ 80 & 92 & 85 & 90 \\ 65 & 88 & 82 & 56 \end{bmatrix}$，请

分别用垂直柱状图、水平柱状图、三维垂直柱状图和三维水平柱状图显示成绩。

1．程序代码

```
% M 脚本文件 exam_10_52.m 如下：
clear
x1 = [72 80 65];
x2 = [98 92 88];
x3 = [86 85 82];
x4 = [76 90 56];
x = [x1;x2;x3;x4];
subplot(2,2,1);bar(x)              % 在第一个子图绘制垂直柱状图
title('垂直柱状图')
xlabel('同学');ylabel('分数')
subplot(2,2,2);barh(x, 'stacked')  % 在第二个子图绘制水平柱状图
title('水平柱状图')
xlabel('分数');ylabel('同学')
subplot(2,2,3);bar3(x)             % 在第三个子图绘制三维垂直柱状图
```

```
title('三维垂直柱状图')
xlabel('第几次考试');ylabel('同学');zlabel('分数')
subplot(2,2,4);bar3h(x,'detached')          % 在第四个子图绘制三维水平柱状图
title('三维水平柱状图')
xlabel('第几次考试');ylabel('分数');zlabel('同学')
```

2. 程序运行结果

```
>> exam_10_52
```

结果如图 10-6 所示。

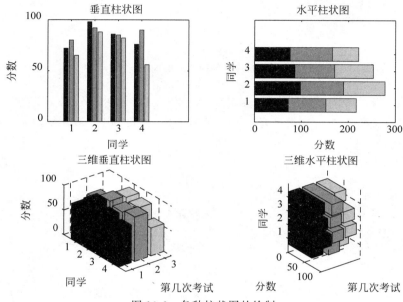

图 10-6 各种柱状图的绘制

【案例 10-53】 已知一个班成绩为 x＝[61 98 78 65 54 96 93 87 83 72 99 81 77 72 62 4 65 40 82 71]，用 hist 函数统计 60 分以下、60～70 分、70～80 分、80～90 分和 90～100 分各分数段同学人数，分别用二维和三维饼图显示各分数段学生百分比，分别对应标注"不及格""及格""中等""良好"和"优秀"。

微课视频

1. 程序代码

```
% M 脚本文件 exam_10_53.m 如下：
x = [61 98 78 65 54 96 93 87 83 72 99 81 77 72 62 74 65 40 82 71];
y = [55 65 75 85 95];
N = hist(x,y)
subplot(1,2,1)
pie(N,{'不及格','及格','中等','良好','优秀'})
subplot(1,2,2)
pie3(N,{'不及格','及格','中等','良好','优秀'})
```

2. 程序运行结果

```
>> exam_10_53
N =
     2     4     6     4     4
```

结果如图 10-7 所示。

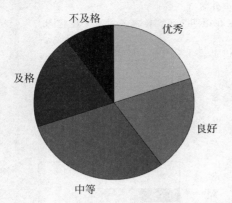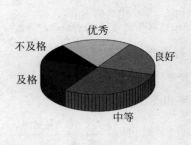

图 10-7　各种饼图的绘制

【案例 10-54】　已知 4 个极坐标 $\rho_1 = \sin(2\theta), \rho_2 = 2\cos(2\theta), \rho_3 = 2\sin^2(5\theta), \rho_4 = \cos^3(6\theta), -\pi \leqslant \theta \leqslant \pi$，在同一图形窗口 4 个不同子图，使用 polar 函数绘制 4 个极坐标图。

1. 程序代码

```
%M脚本文件 exam_10_54.m 如下:
clear;                              %清除工作空间变量
theta = - pi:0.01:pi;
rho1 = sin(2 * theta);             %计算 4 个半径
rho2 = 2 * cos(2 * theta);
rho3 = 2 * sin(5 * theta).^2;
rho4 = cos(6 * theta).^3;
subplot(2,2,1);
polar(theta,rho1)                  %绘制第一条极坐标曲线
title('sin(2θ)')
subplot(2,2,2);
polar(theta,rho2,'r')              %绘制第二条极坐标曲线
title('2 * cos(2θ) ')
subplot(2,2,3);
polar(theta,rho3,'g')              %绘制第三条极坐标曲线
title('2 * sin2(5θ) ')
subplot(2,2,4);
polar(theta,rho4,'c')              %绘制第四条极坐标曲线
title('cos3(6θ) ')
```

2. 程序运行结果

```
>> exam_10_54
```

结果如图 10-8 所示。

3. 注意事项

polar 函数中输入参数相角以弧度为单位。

【案例 10-55】　在同一图形窗口，4 个不同子图中绘制 $y = 5e^x, 0 \leqslant x \leqslant 5$ 函数的线性坐标、半对数坐标和双对数坐标图。

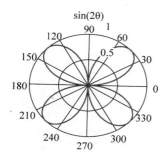
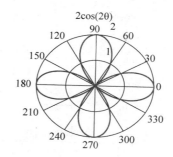
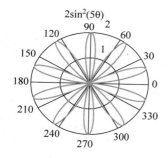
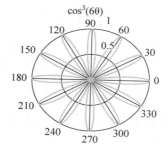

图 10-8　各种极坐标图绘制

1. 程序代码

```
%M 脚本文件 exam_10_55.m 如下:
clear;                          %清除变量空间
x = 0:0.1:5;y = 5 * exp(x);     %计算作图数据
subplot(2,2,1);
plot(x,y)                       %绘制线性坐标图
title('线性坐标图')
subplot(2,2,2);
semilogx(x,y,'r - .')           %绘制半对数坐标图 x
title('半对数坐标图 x')
subplot(2,2,3);
semilogy(x,y,'g - ')            %绘制半对数坐标图 y
title('半对数坐标图 y')
subplot(2,2,4);
loglog(x,y,'c -- ')             %绘制双对数坐标图
title('双对数坐标图')
```

2. 程序运行结果

>> exam_10_55

结果如图 10-9 所示。

3. 注意事项

(1) semilogx 函数使用半对数坐标,x 轴为常用对数刻度,y 轴为线性坐标刻度;

(2) semilogy 函数也使用半对数坐标,x 轴为线性坐标刻度,y 轴为常用对数刻度;

(3) loglog 函数使用全对数坐标,x 和 y 轴均采用常用对数刻度。

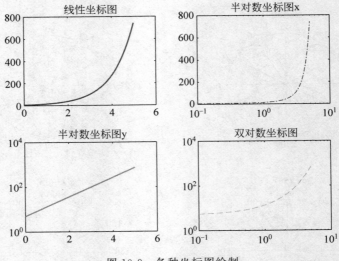

图 10-9　各种坐标图绘制

微课视频

【**案例 10-56**】　用 ezplot 函数绘制曲线 $y = x\sin(2x)$, $x \in [0, 2\pi]$。

1. 程序代码

```
% M 脚本文件 exam_10_56.m 如下:
clear;
f1 = 'x. * sin(2 * x)';
ezplot(f1,[0,2 * pi])
title('f = x * sin(2 * x)')
grid on
```

2. 程序运行结果

```
>> exam_10_56
```

结果如图 10-10 所示。

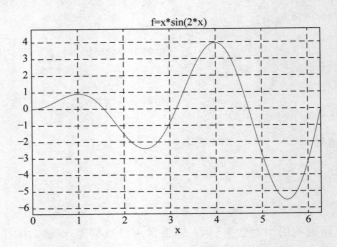

图 10-10　ezplot 绘图

10.10.3 三维曲线和曲面的绘制案例

【案例 10-57】 试用绘制三维曲线函数 plot3,绘制 $x\in[0,2\pi]$,$y=\cos(x)$,$z=2\sin(x)$ 的曲线。

微课视频

1. 程序代码

%M脚本文件 exam_10_57.m 如下:
```
clear;
x = [0:0.1:6 * pi]';
y = cos(x);z = 2 * sin(x);          % 创建三维数据
plot3(x,y,z)
title('矩阵的三维曲线绘制')
```

2. 程序运行结果

```
>> exam_10_57
```

结果如图 10-11 所示。

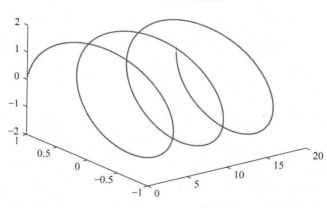

图 10-11 三维曲线图绘制

3. 注意事项

使用 plot3(x,y,z)绘制三维曲线时,选项 x,y,z 必须是同维的向量或者矩阵,若是向量,则绘制一条三维曲线,若是矩阵,按矩阵的列绘制多条三维曲线,三维曲线的条数等于矩阵的列数。

【案例 10-58】 已知 $z=2x^2+y^2$,x,$y\in[-3,3]$,分别使用 plot3、mesh、meshc 和 meshz 绘制三维曲线和三维网格图。

微课视频

1. 程序代码

%M脚本文件 exam_10_58.m 如下:
```
clear;
x = - 3:0.2:3;
[X,Y] = meshgrid(x);             % 生成矩形网格数据
Z = 2 * X.^2 + Y.^2;
subplot(2,2,1);
plot3(X,Y,Z)                     % 绘制三维曲线
```

```
title('plot3')
subplot(2,2,2);
mesh(X,Y,Z)                         %绘制三维网格图
title('mesh')
subplot(2,2,3);
meshc(X,Y,Z)                        %绘制带等高线的三维网格图
title('meshc')
subplot(2,2,4);
meshz(X,Y,Z)                        %绘制带基准平面的三维网格图
title('meshz')
```

2. 程序运行结果

>> exam_10_58

结果如图 10-12 所示。

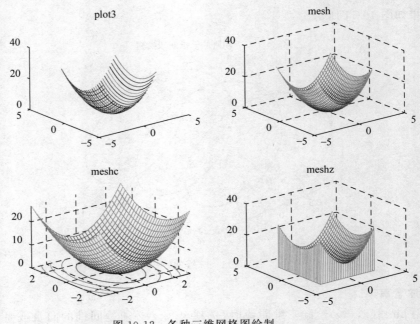

图 10-12　各种三维网格图绘制

10.11　MATLAB 图形用户界面案例

10.11.1　曲线修饰演示系统案例

【案例 10-59】　设计一个 GUI 曲线修饰演示系统,实现绘制曲线、添加网格、取消网格、退出系统、修改线型和线颜色、标识数据点和修改线宽等功能。

(1) 用鼠标拖放 5 个静态文本 ▥ 按钮,4 个普通按钮 ▥ ,4 个弹出式菜单 ▱ 和 1 个坐标区 ▨ ,各个按钮布局如图 10-13 所示。

(2) 修改静态文本、按钮和弹出式菜单的属性"String"值,修改"FontSize"为 10 号字。

(3) 分别单击各按钮、弹出式菜单,在回调函数 callback 对应的程序位置写入程序。

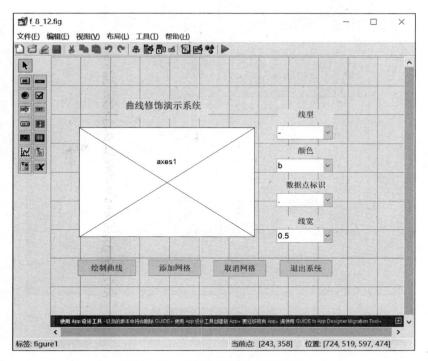

图 10-13　曲线修饰演示系统 GUI

码,实现相应功能。

在"绘制曲线"按钮的 callback 处,写入如下代码:

```
t = 0:0.02:2 * pi;
y = sin(t);
axes(handles.axes1)
plot(t,y)
```

运行 GUI,得到如图 10-14 的结果。

在"添加网格"和"取消网格"按钮的 callback 处,分别写入如下代码:

```
grid on                          % 添加网格
grid off                         % 取消网格
```

运行 GUI,得到如图 10-15 的结果。

在"弹出式菜单"按钮的 callback 处,写入如下代码:

```
t = 0:0.2:2 * pi;
y = sin(t);
ind1 = get(handles.popupmenu1,'value');      % 线型
xx = ['-',':','- -','- .'];
ind2 = get(handles.popupmenu2,'value');      % 颜色
ys = ['b','g','r','c','m','y','k','w'];
ind3 = get(handles.popupmenu3,'value');      % 数据点标识
bs = ['.','o','x','+','*','s','d','v','^','<','>','p','h'];
ind4 = get(handles.popupmenu4,'value');      % 线宽
```

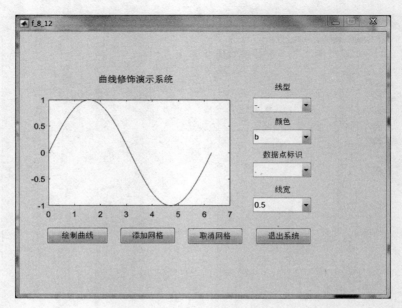

图 10-14　GUI 绘制曲线

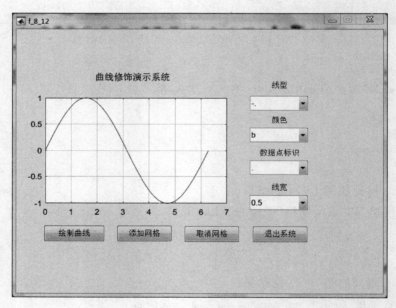

图 10-15　GUI 添加网格

```
xk = [0.5,1,1.5,2,2.5,3,3.5,4,4.5,5];
plot(t,y,xx(ind1),'color',ys(ind2),'marker',bs(ind3),'linewidth',xk(ind4))
```

运行 GUI,得到如图 10-16 的结果。用户在弹出式菜单选择不同的修饰项,就能得到不同的修饰效果。

在"退出系统"按钮的 callback 处,分别写入如下代码:

```
clc,clear,close all                      % 清除命令窗口数据,清除工作区数据和关闭所有图形窗口
```

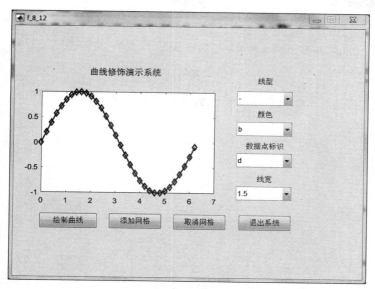

图 10-16 曲线修饰演示系统 GUI 结果 1

10.11.2 图像预处理演示系统案例

【案例 10-60】 设计一个 GUI 图像预处理演示系统,实现图像的几何运算(图像裁剪、图像缩小、图像放大、左右旋转、上下旋转、逆时针旋转 90°、顺时针旋转 90°等),图像滤波(平滑滤波、中值滤波和维纳滤波等)、图像边缘检测(Roberts 算子、Sobel 算子、Prewitt 算子、LoG 算子和 Canny 算子等)等功能,可以添加椒盐噪声、高斯噪声和斑点噪声三种噪声,还可以保存处理后的图像。 微课视频

(1)用鼠标拖放 7 个静态文本▦按钮、3 个普通按钮▦、4 个弹出式菜单▭和 2 个坐标区▦,各个按钮布局如图 10-17 所示。

(2)修改静态文本,按钮和弹出式菜单的属性"String"的值,修改"FontSize"为 10 号字,如图 10-18 所示。

(3)分别单击各按钮、弹出式菜单,在回调函数 callback 对应的程序位置写入程序代码,实现相应功能。

在"打开图像"按钮的 callback 处,写入如下代码,实现打开图像并显示图像的功能。

```
global im                                          % 定义全局变量
[file,path] = uigetfile({'*.jpg';'*.bmp';'*.tif'},'选择图片');
str = [path,file];                                 % 合并路径和图像文件名
im = imread(str);                                  % 读图
axes(handles.axes1);                               % 在轴 1 绘图
imshow(im)                                         % 显示图像
```

在"保存图像"按钮的 callback 处,写入如下代码,实现保存图像的功能。

```
global im_proc
[path] = uigetdir('','保存处理后的图像');             % 获取保存的路径
imwrite(uint8(im_proc),strcat(path,'\','pic_corr.bmp'),'bmp');
```

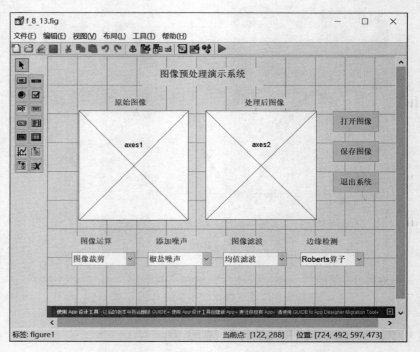

图 10-17　图像预处理演示系统 GUI

%保存为.bmp 格式图像

在"退出系统"按钮的 callback 处,写入如下代码,实现退出系统的功能。

```
clc,clear,close all                                    %退出系统
```

在图像运算的"弹出式菜单"按钮的 callback 处,写入如下代码,实现图像的几何运算功能。

```
global im im_proc
fun = get(handles.popupmenu1,'value');                 %获取弹出式菜单 1 的值
switch fun
    case 1
        im_proc = imcrop();                            %用鼠标裁剪图像
        axes(handles.axes2)                            %在轴 2 下绘图
        imshow(im_proc)                                %显示处理后的图像
    case 2
        im_proc = imresize(im,0.5);                    %图像缩小 1/2
        axes(handles.axes2)
        imshow(im_proc)
    case 3
        im_proc = imresize(im,2,'bilinear');           %图像放大一倍
        axes(handles.axes2)
        imshow(im_proc)
    case 4
        im_proc = fliplr(im);                          %图像左右旋转
        axes(handles.axes2)
```

```
        imshow(im_proc)
    case 5
        im_proc = flipud(im);                          % 图像上下旋转
        axes(handles.axes2)
        imshow(im_proc)
    case 6
        im_proc = rot90(im);                           % 图像逆时针旋转 90°
        axes(handles.axes2)
        imshow(im_proc)
    case 7
        im_proc = rot90(im, - 1);                      % 图像顺时针旋转 90°
        axes(handles.axes2)
        imshow(im_proc)
end
```

运行 GUI,得到如图 10-18 的结果。用户在图像运算的弹出式菜单选择不同的项,就能得到不同的几何运算的效果。

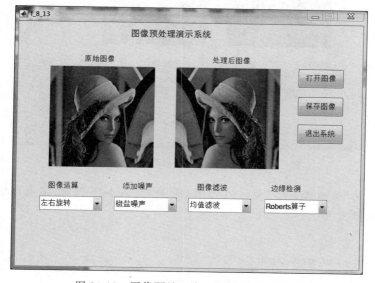

图 10-18   图像预处理演示系统的几何运算

在添加噪声的"弹出式菜单"按钮的 callback 处,写入如下代码,实现图像的添加各种噪声的功能。

```
global im im_proc
fun = get(handles.popupmenu4,'value');
switch fun
    case 1
        im_proc = imnoise(im,'salt & pepper',0.02);    % 添加椒盐噪声
        axes(handles.axes2)
        imshow(im_proc)
    case 2
        im_proc = imnoise(im,'gaussian',0.02);         % 添加高斯噪声
        axes(handles.axes2)
```

```
            imshow(im_proc)
        case 3
            im_proc = imnoise(im,'speckle',0.02);              % 添加斑点噪声
            axes(handles.axes2)
            imshow(im_proc)
    end
```

运行 GUI,得到如图 10-19 的结果。用户在添加噪声的弹出式菜单选择不同的项,就能得到添加不同的噪声效果。

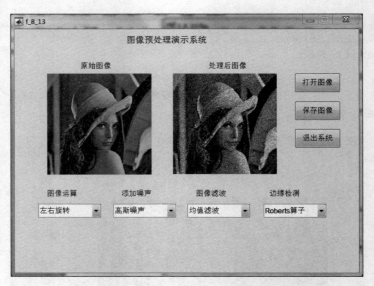

图 10-19　图像预处理演示系统的添加噪声

在图像滤波的"弹出式菜单"按钮的 callback 处,写入如下代码,实现图像的均值滤波中值滤波和维纳滤波功能。

```
global im im_proc
fun = get(handles.popupmenu2,'value');
switch fun
    case 1
        im_proc1 = imnoise(im,'salt & pepper',0.02);
        axes(handles.axes1)
        imshow(im_proc1)
        im_proc = filter2(fspecial('average',3),im_proc1)/255; % 3 * 3 窗口平滑滤波
        axes(handles.axes2)
        imshow(im_proc)
    case 2
         im_proc1 = imnoise(im,'salt & pepper',0.02);
        axes(handles.axes1)
        imshow(im_proc1)
        im_proc = medfilt2(im_proc1);                          % 中值滤波
        axes(handles.axes2)
        imshow(im_proc)
    case 3
```

```
    im_proc1 = imnoise(im,'gaussian',0.02);
    axes(handles.axes1)
    imshow(im_proc1)
    im_proc = wiener2(im_proc1,[5,5]);          % 5 * 5 窗口的维纳滤波
    axes(handles.axes2)
    imshow(im_proc)
end
```

运行 GUI,得到如图 10-20 的结果。用户在图像滤波的弹出式菜单选择不同的项,就能得到不同的滤波效果。

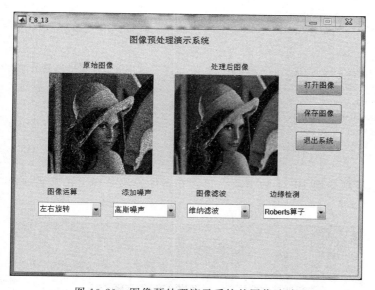

图 10-20　图像预处理演示系统的图像滤波

在边缘检测的"弹出式菜单"按钮的 callback 处,写入如下代码,实现图像的各种边缘检测算子检测边缘的功能。

```
global im im_proc
fun = get(handles.popupmenu3,'value');
switch fun
    case 1
        im_proc = edge(im,'roberts',0.04);      % 用 roberts 算子检测图像边缘
        axes(handles.axes1)
        imshow(im)
        axes(handles.axes2)
        imshow(im_proc)
        im_proc = 255 * im_proc;                 % 将检测后的 0 和 1 的二值图像变为 0 和
                                                  % 255 的二值图像,便于保存图像
    case 2
        im_proc = edge(im,'sobel');              % 用 sobel 算子检测图像边缘
        axes(handles.axes1)
        imshow(im)
        axes(handles.axes2)
        imshow(im_proc)
        im_proc = 255 * im_proc;
```

```
    case 3
        im_proc = edge( im,'prewitt');          % 用 prewitt 算子检测图像边缘
        axes(handles.axes1)
        imshow( im)
        axes(handles.axes2)
        imshow( im_proc)
        im_proc = 255 * im_proc;
    case 4
        im_proc = edge( im,'log');              % 用 LoG 算子检测图像边缘
        axes(handles.axes1)
        imshow( im)
        axes(handles.axes2)
        imshow( im_proc)
        im_proc = 255 * im_proc;
    case 5
        im_proc = edge( im,'canny');            % 用 canny 算子检测图像边缘
        axes(handles.axes1)
        imshow( im)
        axes(handles.axes2)
        imshow( im_proc)
        im_proc = 255 * im_proc;
end
```

运行 GUI,得到如图 10-21 的结果。用户在图像滤波的弹出式菜单选择不同的项,就能得到不同的滤波效果。

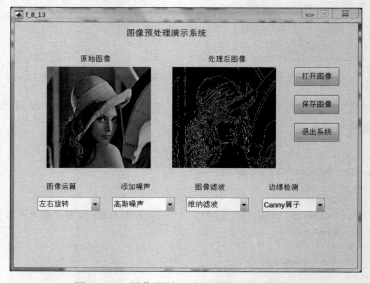

图 10-21　图像预处理演示系统的边缘检测

10.12　Simulink 仿真案例

微课视频

【案例 10-61】　已知传递函数为:$G(s) = \dfrac{5.2s^2 + 11.2s + 35.3}{s^3 + 8.5s^2 + 32s + 3}$,试建立其 Simulink 模型。

步骤 1:创建一个空白的 Simulink 模型窗口。

步骤 2：将 Transfer Fcn 模块添加至空白窗口。

步骤 3：设置相关参数如图 10-22 所示。

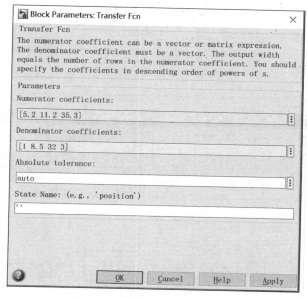

图 10-22　案例 10-61 参数设置

步骤 4：得到如图 10-23 所示模型。

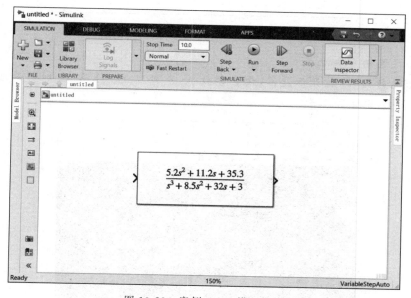

图 10-23　案例 10-61 模型结构

【案例 10-62】　利用 Simulink 构建如图 10-24 所示的系统，求系统在阶跃作用下的动态响应，并分析当比例系数 K 增大时系统动态响应的变化。

步骤 1：创建一个空白的 Simulink 模型窗口，将所需模块添加至空白窗口并连接相关模块，构成所需的系统模型，如图 10-25 所示。

微课视频

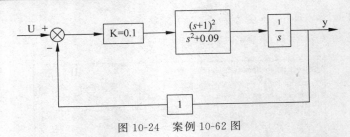

图 10-24　案例 10-62 图

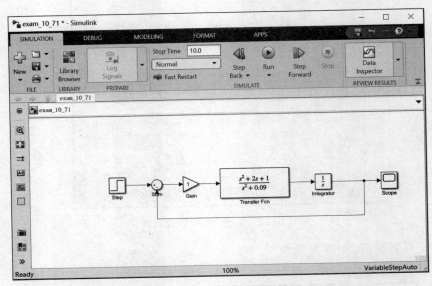

图 10-25　案例 10-62 系统模型

步骤 2：设置相关参数。

步骤 3：运行仿真，打开示波器，设置参数 K 分别为 0.1、1 和 10 时仿真波形分别如图 10-26～图 10-28 所示。

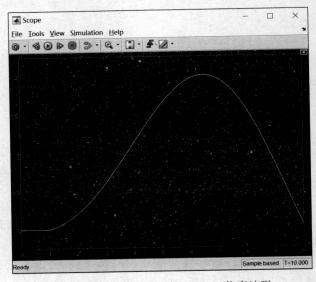

图 10-26　案例 10-62 中 $K=0.1$ 仿真波形

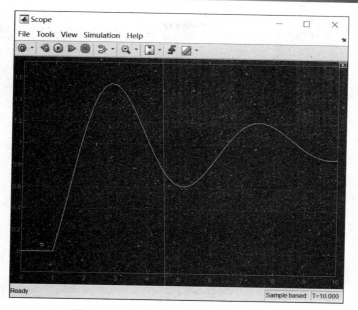

图 10-27　案例 10-62 中 $K=1$ 仿真波形

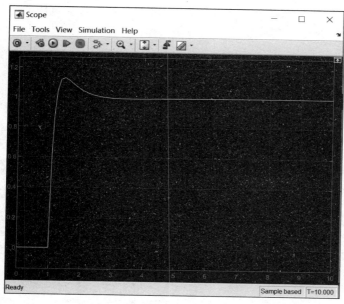

图 10-28　案例 10-62 中 $K=10$ 仿真波形

【**案例 10-63**】　利用 Simulink,构建逻辑关系式 $Z=\overline{A\cdot\overline{A\cdot B}+B\cdot\overline{A\cdot B}}$。
创建一个空白的 Simulink 模型窗口,将所需模块添加至空白窗口并连接相关模块,构成所需的系统模型,如图 10-29 所示。

【**案例 10-64**】　考虑简单的线性微分方程

$$y^{(4)}+3y'''+3y''+4y'+5y=\mathrm{e}^{-3t}+\mathrm{e}^{-5t}\sin\left(4t+\frac{\pi}{3}\right)$$

方程初值 $y(0)=1,y^{(1)}(0)=y^{(2)}(0)=1/2,y^{(3)}=0.2,$

微课视频

微课视频

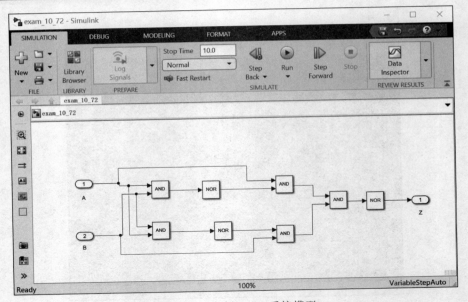

图 10-29 案例 10-63 系统模型

（1）试用 Simulink 搭建系统的仿真模型，并绘制出仿真结果曲线。

（2）若给定的微分方程变成时变线性微分方程

$$y^{(4)} + 3ty''' + 3t^2 y'' + 4y' + 5y = e^{-3t} + e^{-5t}\sin\left(4t + \frac{\pi}{3}\right)$$

试用 Simulink 搭建起系统的仿真模型，并绘制出仿真结果曲线。

步骤 1：创建一个空白的 Simulink 模型窗口，将所需模块添加至空白窗口并连接相关模块，构成所需的系统模型，如图 10-30 所示。

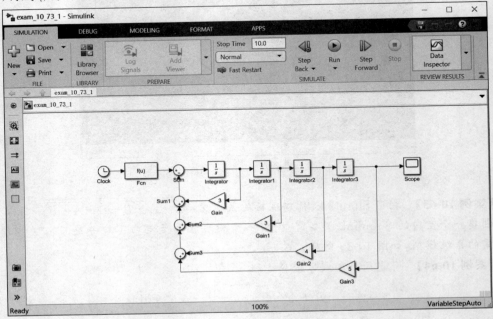

图 10-30 案例 10-64 系统模型 1

步骤 2：设置相关参数，其中 Fcn 模块参数设置如图 10-31 所示。

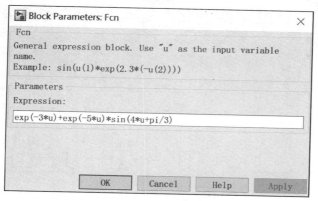

图 10-31　案例 10-64 参数设置

步骤 3：运行仿真，打开示波器，仿真波形如图 10-32 所示。

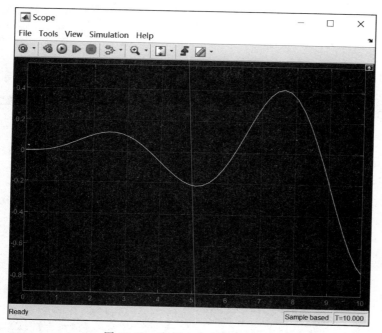

图 10-32　案例 10-64 仿真波形 1

步骤 4：在上述系统模型窗口里添加相关模块并连线，构成如图 10-33 所示系统；运行仿真，打开示波器，仿真波形如图 10-34 所示。

【案例 10-65】　已知开环传递函数 $G(s)=\dfrac{1}{(s+2)(s^2+4s+4)}$。创建一个仿真系统，输入阶跃信号，经过单位负反馈系统将信号送到示波器，修改仿真参数 solver 为 ode23，Stop time 为 50，Max step size 为 0.2。

微课视频

步骤 1：创建一个空白的 Simulink 模型窗口，将所需模块添加至空白窗口并连接相关模块，构成所需的系统模型，如图 10-35 所示。

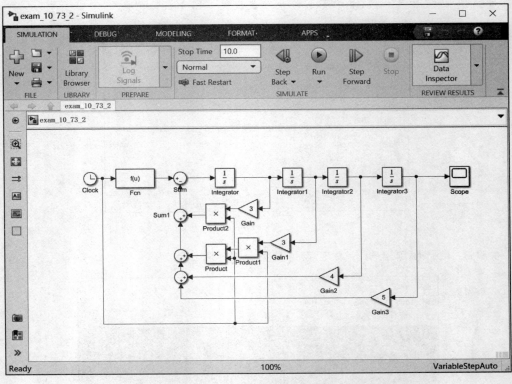

图 10-33　案例 10-64 系统模型 2

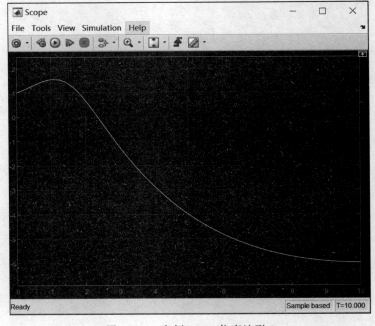

图 10-34　案例 10-64 仿真波形 2

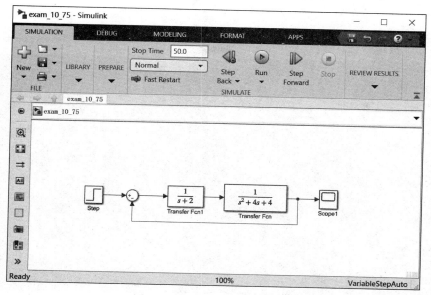

图 10-35　案例 10-65 系统模型

步骤 2：设置相关参数，如图 10-36 所示。

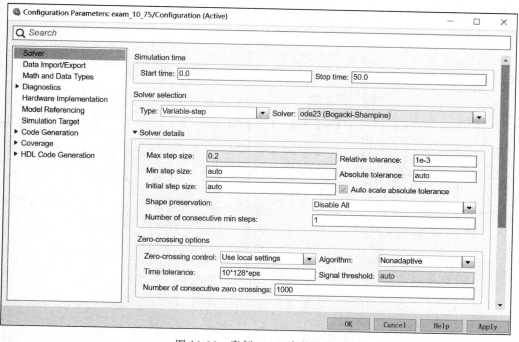

图 10-36　案例 10-65 参数设置

步骤 3：运行仿真，打开示波器，仿真波形如图 10-37 所示。

【案例 10-66】　构建一个 Simulink 模型实现三八译码器电路，当输入脉冲序列时仿真
观察译码结果。

步骤 1：创建一个空白的 Simulink 模型窗口。

微课视频

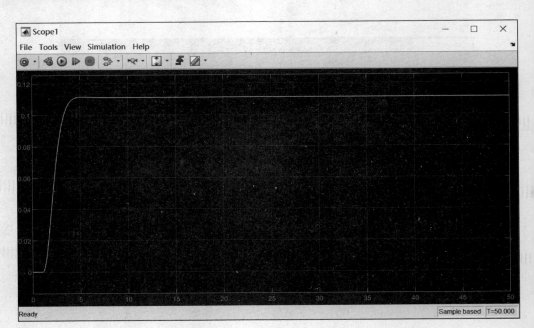

图 10-37   案例 10-65 仿真波形

步骤 2：将 Pulse Generator、Logical Operator、Scope 模块添加至空白窗口并连接相□模块，构成所需的系统模型，如图 10-38 所示。

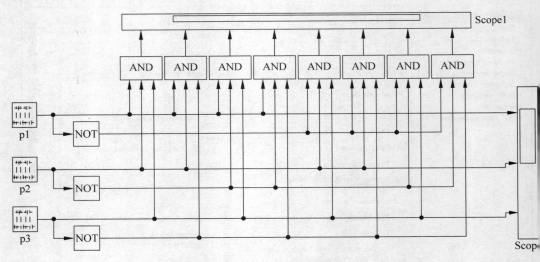

图 10-38   三八译码器系统模型

步骤 3：设置相关参数。选择模型窗口的 Simulation 菜单栏下的 Model Configuratio□ Parameters 对话框，将 Solver 设置为 discrete；三个 Pulse Generator 模块 p1、p2、p3 □ Pulse type、Amplitude、Period、Pulse width、Phase delay 参数均分别设置为 Sample base□ 2、2、1、1、p1、p2、p3 的参数项"Sample time"分别设置为 1、2、4。

步骤 4：运行仿真，打开示波器，观察到的三线输入信号波形如图 10-39 所示，译码后□ 到的八线输出信号如图 10-40 所示。

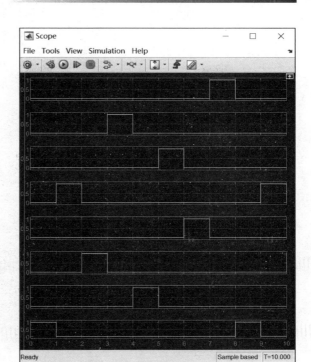

图 10-39 三线输入信号波形

图 10-40 八线译码输出波形

MATLAB/Simulink 实验篇

MATLAB/Simulink 实验篇主要介绍 MATLAB/Simulink 基础部分的 11 个实验。为了读者更好地学习 MATLAB 软件，掌握 MATLAB/Simulink 的基础知识和编程方法，我们精心设计了这部分内容，可以帮助读者完成实验学习和上机练习。

MATLAB/Simulink 实验篇包含：

实验一　MATLAB 运算基础

实验二　向量和矩阵的运算

实验三　字符串及矩阵分析

实验四　M 脚本文件和函数文件

实验五　程序结构设计

实验六　多项式运算及多项式插值和拟合

实验七　数据统计和数值计算

实验八　符号计算

实验九　MATLAB 绘图

实验十　MATLAB 图形用户界面

实验十一　Simulink 仿真

第 11 章

MATLAB/Simulink 实验

11.1 实验一 MATLAB 运算基础

1. 实验目的

(1) 了解 MATLAB 的工作环境及其安装步骤。

(2) 认识 MATLAB 的各个窗口界面。

(3) 掌握 MATLAB 的基本操作。

(4) 掌握 MATLAB 表达式的书写规则以及常用函数的使用。

2. 实验内容与步骤

(1) 认识 MATLAB 基本用户窗口。

熟悉 MATLAB 操作环境,认识命令窗口、工作区窗口、历史命令窗口以及当前目录浏览窗。

(2) 学习使用常见的 MATLAB 函数。

在命令窗口调用常用的 MATLAB 函数:exist('A'),clear,who,whos,help,lookfor 等函数。

(3) 熟悉 MATLAB 常用数学函数,独立完成以下基本数学运算习题。

练习 1:设 $A=1.2,B=-4.6,C=8.0,D=3.5,E=-4.0$,计算

$$T=\arctan\left(\frac{2\pi A + E/(2\pi BC)}{D}\right)$$

练习 2:设 $a=5.67,b=7.811$,计算

$$\frac{e^{a+b}}{\lg(a+b)}$$

练习 3:已知圆的半径为 15,求其直径、周长及面积。

练习 4:已知三角形三边 $a=8.5,b=14.6,c=18.4$,求三角形面积。

提示:$s=\sqrt{p\times(p-a)\times(p-b)\times(p-c)}$。其中:$p=(a+b+c)/2$

练习 5:已知 $a=2,b=1,\boldsymbol{C}=[1\ 2;2\ 0],\boldsymbol{D}=[1\ 3;2\ 1]$,求:

(1) 关系运算:$a==b,a\sim=b,a==\boldsymbol{C}$ 和 $\boldsymbol{C}<\boldsymbol{D}$。

(2) 逻辑运算:$a\&b,\boldsymbol{C}\&\boldsymbol{D},a\,|\,b,\boldsymbol{C}\,|\,\boldsymbol{D}$。

3. 实验分析总结

11.2 实验二 向量和矩阵的运算

1. 实验目的

（1）熟练掌握向量和矩阵的创建方法。

（2）掌握特殊矩阵的创建方法。

（3）掌握向量和矩阵的基本运算。

2. 实验内容与步骤

（1）复习第 2 章内容，在机子上学习巩固向量和矩阵的创建方法，特殊矩阵的创建方法，以及向量和矩阵的基本运算。

（2）复习第 2 章内容，在机子上学习操作书本上的向量和矩阵的基本运算例题。

（3）利用学过的知识，在 MATLAB 命令窗口完成以下习题。

练习 1：分别用冒号法和 linspace 函数，生成矩阵 $A = [1\ 2\ 3\ 4\ 5\ 6\ 7\ 8\ 9]$ 和矩阵 $B = [1\ 2\ 10\ 8\ 6\ 4\ 2\ 0]$。

练习 2：利用特殊矩阵生成函数，生成下面的单位阵 A、0 阵 B、1 阵 C，对角矩阵 D、三角矩阵 E、F 和魔方矩阵 G。

$$A = \begin{bmatrix} 1 & 0 & 0 \\ 0 & 1 & 0 \\ 0 & 0 & 1 \end{bmatrix}, \quad B = \begin{bmatrix} 0 & 0 & 0 \\ 0 & 0 & 0 \\ 0 & 0 & 0 \end{bmatrix}, \quad C = \begin{bmatrix} 1 & 1 & 1 \\ 1 & 1 & 1 \\ 1 & 1 & 1 \end{bmatrix}$$

$$D = \begin{bmatrix} 1 & 0 & 0 \\ 0 & 2 & 0 \\ 0 & 0 & 3 \end{bmatrix}, \quad E = \begin{bmatrix} 0 & 0 & 0 \\ 1 & 0 & 0 \\ 1 & 1 & 0 \end{bmatrix}, \quad F = \begin{bmatrix} 1 & 1 & 1 \\ 0 & 1 & 1 \\ 0 & 0 & 1 \end{bmatrix}$$

$$G = \begin{bmatrix} 8 & 1 & 6 \\ 3 & 5 & 7 \\ 4 & 9 & 2 \end{bmatrix}$$

练习 3：试用 MATLAB 的 rand 函数生成 $[5,10]$ 区间的均匀分布 3 阶随机矩阵和 randn 函数生成均值为 1，方差为 0.3 的正态分布的 5 阶随机矩阵。

练习 4：将矩阵 $A = \begin{bmatrix} 1 & 2 & 3 \\ 7 & 8 & 9 \\ 4 & 3 & 2 \end{bmatrix}$ 中的第一行元素替换为 $[1\ 0\ 1]$，最后一列元素替换为 $\begin{bmatrix} 1 \\ 2 \\ 0 \end{bmatrix}$，删除矩阵 A 的第二列元素。

练习 5：已知矩阵 $A = \begin{bmatrix} 4 & 6 & 8 \\ 5 & 7 & 9 \\ 3 & 2 & 1 \end{bmatrix}$，对矩阵 A 实现上下翻转、左右翻转、逆时针旋转 90° 顺时针旋转 90° 和平铺矩阵 A 为 $2 \times 3 = 6$ 块操作。

练习6：已知矩阵 $A = \begin{bmatrix} 1 & 2 & 3 \\ 6 & 5 & 4 \\ 2 & 8 & 9 \end{bmatrix}$，$B = \begin{bmatrix} 0 & 1 & 1 \\ 1 & 0 & 1 \\ 1 & 1 & 1 \end{bmatrix}$，试用 MATLAB 分别实现 A 和 B 两个矩阵加、减、乘、点乘、左除和右除操作。

3. 实验分析总结

11.3　实验三　字符串及矩阵分析

1. 实验目的

（1）掌握字符串的创建方法。

（2）熟悉字符串操作。

（3）掌握矩阵分析方法。

2. 实验内容与步骤

（1）复习第2章内容，在机子上学习巩固字符串的创建方法，以及字符串的操作。

（2）复习第2章内容，在机子上学习操作书本上的矩阵分析例题。

（3）利用学过的知识，在 MATLAB 命令窗口完成以下习题。

练习1：定义两个字符串 str1＝'Welcome to Guangdong R2016'和 str2＝'Welcome to Guangdong r2016'，试用字符串比较函数 strcmp、strncmp、strcmpi 和 strncmpi 比较 str1 和 str2 两个字符串。

练习2：已知矩阵 $A = \begin{bmatrix} 1 & 2 & 1 \\ 2 & 1 & 3 \\ 1 & 4 & 9 \end{bmatrix}$，试用 MATLAB 分别求矩阵 A 的行列式、转置、秩、逆、特征值和特征向量。

练习3：已知三阶对称正定矩阵 $A = \begin{bmatrix} 1 & 1 & 1 \\ 1 & 2 & 3 \\ 1 & 3 & 6 \end{bmatrix}$，试用 MATLAB 分别对矩阵 A 进行 Cholesky 分解、LU 分解和 QR 分解。

练习4：分别用 MATLAB 的左除和逆矩阵方法，求解下列方程组的解。

$$\begin{cases} x_1 + x_2 + x_3 = 4 \\ x_1 - x_3 = 2 \\ 2x_1 - x_2 + x_3 = 1 \end{cases}$$

练习5：分别用 MATLAB 的左除和伪逆矩阵方法求解下列方程组的一组解。

$$\begin{cases} x_1 + x_2 - x_3 = 2 \\ x_1 - x_2 + x_3 = 4 \end{cases}$$

3. 实验分析总结

11.4　实验四　M 脚本文件和函数文件

1. 实验目的

(1) 掌握 M 脚本文件和 M 函数文件编写规则。

(2) 学会编写 M 文件,并用来解决简单的数学问题。

(3) 掌握主函数和子函数的编写和调用。

2. 实验内容与步骤

(1) 复习第 3 章内容,在机子上学习 M 脚本文件和 M 函数文件编写规则。

(2) 复习第 3 章内容,在机子上学习操作书本上的 M 脚本文件和 M 函数文件例题。

(3) 利用学过的知识,在 MATLAB 文件编译器窗口完成以下习题。

练习 1:编写 M 脚本文件,当 x, y 分别为: $x=1,2,3,4$, $y=0.1,0.2,0.3,0.4$。求

表达式 $z=\dfrac{\sqrt{4x^2+1}+0.5457\mathrm{e}^{-0.75x^2-3.75y^2-1.5x}}{2\sin3y-1}$ 的值。

练习 2:编写 M 函数文件,给定两个实数 a,b 和一个正整数 n,求 $k=1,2,\cdots,n$ 时,有 $m=a^k-b^k$ 的值。

在命令窗口编写 M 脚本文件,调用函数文件,当 $a=2$ 和 $b=3$ 的值,设 $n=8$。

练习 3:编写 M 函数文件,已知圆柱体的半径 r 和高 h,求一个圆柱体的表面积 S 和体积 V。并在命令窗口调用函数文件,当 $r=2,h=3$ 时,圆柱体的表面积 S 和体积 V。

练习 4:编写 M 函数文件,实现直角坐标 (x,y) 与极坐标 (ρ,θ) 之间的转换。已知转换

公式为: $\begin{cases}\rho=\sqrt{x^2+y^2}\\\theta=\arctan(y/x)\end{cases}$。

练习 5:编写 M 函数文件,通过主函数调用 3 个子函数形式,计算下列式子,并输出计算之后的结果。

$$f(x,y)=\begin{cases}1-2\mathrm{e}^{-0.5x}\sin(3y) & x+y\leqslant-1\\1-\mathrm{e}^{-x}(1+y) & -1<x+y<1\\1-2(\mathrm{e}^{-0.5x}-\mathrm{e}^{-0.3y}) & x+y\geqslant1\end{cases}$$

3. 实验分析总结

11.5　实验五　程序结构设计

1. 实验目的

(1) 掌握 if 选择结构编程。

(2) 掌握 switch 选择结构的编程。

(3) 掌握 for 循环结构的编程。

(4) 掌握 while 循环结构的编程。

2. 实验内容与步骤

(1) 复习第 3 章内容,在机子上学习选择结构和循环结构编程规则。

（2）复习第 3 章内容，在机子上学习操作书本上的选择结构和循环结构例题。

（3）利用学过的知识，在 MATLAB 文件编译器窗口完成以下习题。

练习 1：旅客乘车旅行，可免费携带 25 公斤行李，超过 25 公斤需要支付每公斤 10 元托运费，超过 50 公斤部分则每公斤需要支付 20 元托运费，利用 if 语句，从键盘输入旅客行李重量，计算其应付的行李托运费。

练习 2：从键盘输入一个学生百分制成绩，分别用 if 结构和 switch 结构完成判断该成绩的绩点，并显示成绩绩点信息任务。已知：$90 \sim 100$ 分 $=4.0$；$80 \sim 89$ 分 $=3.0$；$79 \sim 70$ 分 $=2.0$；$69 \sim 60$ 分 $=1.0$；60 以下 $=0$。

练习 3：利用 for 循环语句，验证当 n 等于 10 和 100 时，下面式子的值。

$$y = \frac{1}{4} + \frac{1}{16} + \frac{1}{64} + \cdots + \frac{1}{4^n}$$

练习 4：分别使用 for 和 while 循环语句，编程计算 $y = 1 - \frac{1}{3} + \frac{1}{5} - \frac{1}{7} + \cdots + (-1)^n \frac{1}{2n+1}$，当 $\left| y - \frac{\pi}{4} \right| \leqslant 10^{-6}$ 时，终止程序，并输出 n 和 y 的值。

3. 实验分析总结

11.6　实验六　多项式运算及多项式插值和拟合

1. 实验目的

（1）掌握多项式的运算。

（2）掌握多项式的插值。

（3）掌握多项式的拟合。

2. 实验内容与步骤

（1）复习第 4 章内容，在机子上学习多项式的运算、多项式插值和多项式拟合内容。

（2）复习第 4 章内容，在机子上学习操作书本上的多项式的运算、多项式插值和多项式拟合的例题。

（3）利用学过的知识，在 MATLAB 中编程完成以下习题。

练习 1：已知多项式：$f(x) = x^6 + 6x^5 - 4x^4 + 2x^2 + 8x + 8$，求多项式的根，多项式的微分，并显示微分后的多项式。

练习 2：已知两个多项式 $f(x) = x^4 - 7x^3 + 8x + 1$ 和 $g(x) = x^3 + 5x + 2$，求：

（1）$f(x) + g(x)$；

（2）$f(x) - g(x)$；

（3）$f(x) * g(x)$；

（4）$f(x) / g(x)$。

练习 3：已知分式表达式为 $f(s) = \dfrac{B(s)}{A(s)} = \dfrac{2s^2 + 1}{s^3 - 5s + 6}$。

（1）求 $f(s)$ 的部分分式展开式。

（2）将部分分式展开式转换为分式表达式。

练习 4：电路实验，测试某个元件两端的电压和流过的电流，实测数据见表 11-1 所示，用不同插值方法（最接近点法、线性法、三次样条法和三次多项式法）计算 $I=0:0.5:10$A 处的电压 U。

表 11-1　电路元件的电压和电流测量值

流过的电流 $I/$A	0	2	4	6	8	10
两端的电压 $U/$V	0	2	4.5	7.5	10	13

练习 5：假设测量的数据来自函数 $f(x)=5\mathrm{e}^{-0.5x}$，$x=0:0.2:2*$pi，试根据生成的数据，使用 polyfit 函数实现 5 阶多项式拟合，并用拟合的多项式计算 $x=0:0.1:2*$pi 处对应的值。

3. 实验分析总结

11.7　实验七　数据统计和数值计算

1. 实验目的

（1）了解和掌握数据统计的常函数。

（2）掌握函数极值、函数零点、数值积分和数值微分。

2. 实验内容与步骤

（1）复习第 4 章内容，在机子上学习数据统计和数值计算相关内容。

（2）复习第 4 章内容，在机子上学习操作书本上的数据统计和数值计算的例题。

（3）利用学过的知识，在 MATLAB 中，编程完成以下习题。

练习 1：已知 $A=[1\ 3\ 7;8\ 1\ 5;6\ 9\ 1]$，分别计算：

（1）用 max 和 min 函数，求每行和每列的最大和最小元素，并求整个 A 的最大和最小元素；

（2）求矩阵 A 的每行和每列的平均值和中值；

（3）对矩阵 A 做各种排序；

（4）对矩阵 A 的各列和各行求和与求乘积；

（5）求矩阵 A 的行和列的标准方差；

（6）求矩阵 A 列元素的相关系数。

练习 2：使用 fminbnd 函数，求 $f(x)=\dfrac{\sin x}{x}$ 在区间 $[1,2]$ 中的极值。

练习 3：使用 fzero 函数求 $f(x)=x^2-7x+10$ 分别在初始值 $x_0=0$，$x_0=6$ 附近的过零点，并求出过零点函数的值。

练习 4：分别使用 quad 函数和 quadl 函数求 $q1=\displaystyle\int_0^{2\pi}\frac{\sin(x)}{x}\mathrm{d}x$，$q2=\displaystyle\int_0^{2\pi}\int_0^{2\pi}x\cos(y)-y\sin(x)\mathrm{d}x\,\mathrm{d}y$ 的数值积分。

练习 5：已知二阶微分方程 $\dfrac{\mathrm{d}^2y}{\mathrm{d}t^2}-y'+4y=2$，$y(0)=2$，$\dfrac{\mathrm{d}y(0)}{\mathrm{d}t}=0$，$t\in[0,1]$，试用 ode45 函数解微分方程，作出 $y\sim t$ 的关系曲线图。

3. 实验分析总结

11.8 实验八 符号计算

1. 实验目的

（1）了解符号运算的概念，掌握它的一些基本使用方法。

（2）能够使用符号运算解决一般的微积分、极限和微分方程的求解问题。

2. 实验内容与步骤

（1）复习第 5 章内容，在机子上学习符号计算相关内容。

（2）复习第 5 章内容，在机子上学习操作书本上的符号计算的例题。

（3）利用学过的知识，在 MATLAB 中，编程完成以下习题：

练习 1：用符号方法求极限 $\lim\limits_{x\to 0^+}(\cos\sqrt{x})^{\pi/x}$。

练习 2：已知 $y=\dfrac{1-\sin(2x)}{x}$，用符号方法求 y'，y''。

练习 3：用符号方法，求积分 $\int_0^\pi \sin x - \sin^2 x\,\mathrm{d}x$。

练习 4：求微分方程 $y''+4y'+4y=\mathrm{e}^{-2x}$ 的通解。

练习 5：求 $\dfrac{\mathrm{d}y}{\mathrm{d}t}=ay+1$，$y|_{t=0}=0$ 的特解，a 为系数。

3. 实验分析总结

11.9 实验九 MATLAB 绘图

1. 实验目的

（1）应用 M 语言绘制各种二维和三维图形。

（2）按要求对图形进行修饰及控制。

（3）学会特殊图形的绘制。

2. 实验内容与步骤

（1）复习第 6 章内容，在机子上学习数据可视化相关内容。

（2）复习第 6 章内容，在机子上学习操作书本上的数据可视化例题。

（3）利用学过的知识，在 MATLAB 中，编程完成以下习题：

练习 1：按照 $\Delta x=0.1$ 的步长间隔绘制函数 $y=x\mathrm{e}^{-x}$，在 $0\leqslant x\leqslant 1$ 时的曲线。

练习 2：利用 plot 函数，绘制函数曲线 $y=x\mathrm{e}^{\sin x}$，$x\in[0,2\pi]$，y 线型选为点线，颜色为红，数据点设置为钻石型，x 轴标签设置为 t，y 轴标签设置为 y，标题设置为 $x*\exp(\sin(x))$。

练习 3：将图形窗口分割成四个区域，并分别绘 $\sin x$，$\cos x$，$\tan x$，$\cot x$，在 $[0,2\pi]$ 区间的图形，并加上适当的图形修饰。

练习 4：已知甲乙两个同学，三次考试成绩为 $\begin{bmatrix}72 & 98\\82 & 90\\90 & 99\end{bmatrix}$，请用垂直柱状图、水平柱状图、

三维垂直柱状图和三维水平柱状图分别显示成绩。

练习5：一个车间四个季度的加工件数为 $x=[600\ 760\ 770\ 920]$，分别用二维和三维饼图显示四个季度加工件数的百分比，标注"第一季度"、"第二季度"、"第三季度"和"第四季度"。

练习6：已知极坐标方程 $\rho_1=3\sin(2\theta)+1$，$\rho_2=2/\cos(3\theta)$，$-\pi\leqslant\theta\leqslant\pi$ 在同一图形窗口两个不同子图，使用 polar 函数绘制两个极坐标图。

练习7：绘制一个三维图形 $x=\sin2t$，$y=\cos2t$，$t\in[0,10\pi]$，并加上适当的三维图形修饰。

3. 实验分析总结

11.10 实验十 MATLAB 图形用户界面

1. 实验目的

(1) 了解 GUI 图形用户界面的多种控件。

(2) 熟悉图形用户界面控制框常用对象及功能。

(3) 掌握根据用户体验和用户需求来设计的用户界面。

2. 实验内容与步骤

(1) 复习第8章内容，在机子上学习操作书本上的图形用户界面的例题。

(2) 启动 guide，打开 GUI 设计窗口，创建空白的 GUI 文件。熟悉各个选择按钮、普通话按钮、滑块按钮、单选按钮、复选框、可编辑文本、静态文本、弹出式菜单、列表框、切换按钮、表、轴、面板、按钮组和 Active X 控件。

(3) 利用学过的知识，在 guide 中，设计以下习题。

练习1：设计一个 GUI，通过滑块控制静态文本显示[0 255]范围内的任意整数。

练习2：设计一个 GUI 简单计算器，实现两个加数的加、减、乘和除法运算。

练习3：设计一个 GUI，包括一个弹出式菜单和一个列表框，弹出式菜单依次是"江西省"和"湖北省"，当选择"江西省"时，列表依次显示"南昌""赣州""九江""上饶""宜春"和"景德镇"；当选择"湖北省"时，列表依次显示"武汉""黄冈""襄樊""宜昌""荆州"和"孝感"。

3. 实验分析总结

11.11 实验十一 Simulink 仿真

1. 实验目的

(1) 熟悉 Simulink 仿真工具箱中的各个系统模型库。

(2) 掌握仿真模型的建立、调试、运行以及仿真结果分析。

2. 实验内容与步骤

(1) 启动 Simulink 模型库浏览窗口，熟悉各个系统模型库，新建一模型窗口，进行以下操作：

- 分别从以下模型库 Sources、Connection、Math、Sink 找出阶跃信号(step)、比例增益(gain)、积分(integrator)、微分(derivative)、传递函数(transfer Fcn)、示波器(scope)元件；

- 将找到的各个元件放置于新建模型窗口中；
- 对各个元件进行复制、粘贴、翻转、扩展、压缩、搬移、删除操作；
- 对各个元件进行中文文本标注；
- 对传递函数(transfer Fcn)赋参数值；
- 调整示波器参数；
- 将各个元件用连线连接，构成一仿真模型。

（2）复习第 9 章内容，在机子上学习操作书本上的 Simulink 例题。

（3）利用学过的知识，在 Simulink 中，编程完成以下习题。

练习 1：在 Simulink 环境下，对图 11-1 所示控制系统进行建模、调试、仿真：

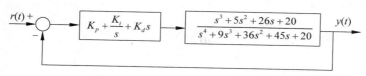

图 11-1 典型 PID 控制系统结构图

步骤：

- 启动 Simulink，浏览各个子模型库。
- 新建一个模型窗口。
- 从各个系统模型库中找出需要元件，按系统结构图连接各元件，构造图 11-1 控制系统仿真模型。系统输入为阶跃信号。
- 仿真模型建立完毕，以"系统仿真模型"文件名存盘。
- 设置各元件的参数，包括示波器参数设置。
- 设置 P、I、D 控制参数。
- 单击菜单"Simulink-parameters"，进行以下仿真参数设置。
- 仿真时间范围、仿真步长模式、仿真精度定义、输出选项。
- 仿真判断设置。
- 运行仿真，观察示波器的输出曲线，并将输入曲线与输出曲线进行比较。
- 记录仿真结果。

练习 2：设 $f(x)$ 是周期函数，它在 $(0,2\pi)$ 上的表达式为：

$$f(x) = \begin{cases} 1, & 0 < x < \pi \\ -1, & \pi < x < 2\pi \end{cases}$$

将 $f(x)$ 展开成傅里叶级数。利用 Simulink 仿真傅里叶级数。

提示：利用高等数学知识，可以计算出 $f(x)$ 的傅里叶级数展开式为：

$$f(x) = 4/\pi(\sin(x) + 1/3*\sin(3x) + \cdots + 1/(2k-1)*\sin(2k-1)x)$$

为了仿真方便，在误差允许的范围内，可以取前四项做仿真。

3. 实验分析总结

附录 A
APPENDIX A

习 题 答 案

第 1 章　MATLAB 语言概述

1. 略　　　 2. 略　　　 3. 略　　　 4. 略　　　 5. 略

6. A = 1.6, B = − 12, C = 3.0, D = 5,

　a = atan((2 * pi * A − abs(B)/(2 * pi * C))/sqrt(D))

7. x = 1.57, y = 3.93

　z = exp(x + y)/log10(x + y)

第 2 章　MATLAB 矩阵及其运算

1. A＝1：0.5：6；

　B＝10：−2：0

2. A＝linspace(1,8,8)

　B＝linspace(10,0,6)

3. 略

4. A＝eye(3)

　B＝zeros(3)

　C＝ones(3)

　v＝[1 2 3];

　D＝diag(v)

　A＝ones(3)

　E＝tril(A,−1)

　F＝triu(A,0)

5. A＝magic(5)

　B＝sum(A)　　　　　　　　　%计算每列的和

　C＝sum(A')　　　　　　　　　%计算每行的和

6. A＝10＋(16−10) * rand(5)

7. A＝1＋sqrt(0.2) * randn(4)

8. A＝[1 2 3；4 5 6；7 8 9];

　A(1,:)＝[1 1 1]

　A＝[1 2 3；4 5 6；7 8 9];

　A(:,3)＝[1 2 3] '

　A＝[1 2 3；4 5 6；7 8 9];

　A(2,:)＝[]

9. A＝[1 2 3 4；3 4 6 8；5 5 7 9；4 3 2 1];

```
    B=flipud(A)
    C=fliplr(A)
    D=rot90(A)
    E=rot90(A,-1)
    F=repmat(A,2,3)
10. A=[1 2 3;4 5 6;6 8 9];
    B=[1 1 1;0 1 1;1 0 1];
    C=A+B
    D=A-B
    E=A*B
    F=A.*B
    G=A\B
    H=B/A
11. A=[1 1 1;1 2 3;1 4 9];
    D=det(A)
    B=A '
    C=inv(A)
    [v,D]=eig(A)
12. A=[1 1 1;1 2 3;1 3 6];
    [R,p]=chol(A)
    [L,U]=lu(A)
    [Q,R]=qr(A)
13. (1)
    A=[1 1 1;1 -1 1;1 -1 2];
    b=[6;4;8]
    x=A\b
    x=inv(A)*b
    (2)
    A=[1 1 1;1 0 1;2 -1 0];
    b=[6;2;4]
    x=A\b
    x=inv(A)*b
14. (1)
    A=[1 1 1;1 -1 1];
    b=[4;2]
    x=A\b
    x=pinv(A)*b
    (2)
    A=[1 1 1 1;1 0 1 2;2 -1 1 0]
    b=[6;4;2]
    x=A\b
    x=pinv(A)*b
```

第3章 MATLAB 字符串和数组

```
1. str1= 'MATLAB R2016a ';
   str2= 'MATLAB R2016A ';
```

```
strcmp(str1,str2)
strcmpi(str1,str2)
strncmp(str1,str2,13)
strncmpi(str1,str2,13)
```

2. A(:,:,1)=zeros(3)
   A(:,:,2)=ones(3)
   A(:,:,3)=eye(3)

3. dz1161=struct('Name','Li ke','Sex','Male','Province','Guangdong','Tel','13800000000')

第 4 章   MATLAB 程序结构和 M 文件

1. (1) 下面是 if 结构代码存为 exer_4_1.m 脚本文件

```
S = input('请输入学生成绩 S:');
if S >= 90
    disp(['S = ',num2str(S),'为优秀']);
elseif (S >= 80&S < 90)
    disp(['S = ',num2str(S),'为良好']);
elseif (S >= 70&S < 80)
    disp(['S = ',num2str(S),'为中等']);
elseif (S >= 60&S < 70)
    disp(['S = ',num2str(S),'为及格']);
else
    disp(['S = ',num2str(S),'为不及格']);
end
```

(2) 下面是 switch 结构代码存为 exer_4_1_1.m 脚本文件

```
S = input('请输入学生成绩 S:');
s1 = fix(S/10);
switch s1
    case {10,9}
        disp(['S = ',num2str(S),'为优秀']);
    case 8
        disp(['S = ',num2str(S),'为良好']);
    case 7
        disp(['S = ',num2str(S),'为中等']);
    case 6
        disp(['S = ',num2str(S),'为及格']);
    otherwise
        disp(['S = ',num2str(S),'为不及格']);
end
```

2. 下面代码存为 exer_4_2.m 脚本文件

```
a = 0;
b = 5 * pi;
n = 2000;
d = (b - a)/n;
s = 0;
y0 = exp( - a) * cos(a + pi/6)
for i = 1:n
```

```
        y1 = exp( - (a + i * d)) * cos(a + i * d + pi/6);
        s = s + (d/2) * (y0 + y1);
        y0 = y1;
    end
    s
```

3. （1）

```
function  s  =  exer_4_3( n )
s = 0;
for i = 1:n
    s = s + 1/i/i;
end
end
```

（2）

```
function  s  =  exer_4_3_1( n )
s = 0;
for i = 0:n
    s = s + ( - 1)^i/(2 * i + 1);
end
end
```

4. （1）for 循环结构

```
sum = 0;
for i = 1:20
    sum = sum + i * i + i;
    if sum > 2000
        break
    end
end
i
sum
```

（2）while 循环结构

```
sum = 0;
i = 1;
while sum < 2000
    sum = sum + i * i + i;
    i = i + 1;
end
i - 1
sum
```

5.

```
function  C  =  exer_4_5(A, B )
% EXER_3_5 乘积和点积
% 徐国保于 2017 年 3 月 1 日编写'
try
    C = A * B;
catch
```

```
        C = A. * B;
end
lasterr
>> A = [1 2 3];
>> B = [2 3 4];
>> C = exer_4_5(A,B)
ans =
错误使用  *
内部矩阵维度必须一致.
C =
     2     6    12
```

6.
```
function  z  = exer_4_6( x,y )                        % 主函数
% EXER_3_6 主函数和子函数
%    徐国保于 2017 年 3 月 1 日编写'
p = x + y;
if(p > = 1)
    z = z1(x,y);
elseif (p > - 1&p < 1)
    z = z2(x,y);
else
    z = z3(x,y);
end
    function y = z1(x,y)
        % x + y > = 1
        y = 1 - 2 * sin(0.5 * x + 3 * y);
    end
    function y = z2(x,y)
        % - 1 < x + y < 1
        y = 1 - exp( - x) * (1 + y);
    end
    function y = z3(x,y)
        % x + y < = - 1
        y = 1 - 3 * (exp( - 2 * x) - exp( - 0.7 * y));
    end
end
```

7.
```
function [y1,y2 ] = exer_4_7( x1,x2 )
% EXER_3_7 输入与输出参数的判断
%    徐国保于 2017 年 3 月 1 日编写'
if nargin == 0
    y1 = 0;
elseif nargin == 1
    y1 = x1;
else
    y1 = x1;
    y2 = x2;
end
```

第 5 章 MATLAB 数值计算

1. 下面代码存为 exer_5_1.m 脚本文件

```
p1 = [1 -3 0 5 1];
p2 = [0 1 2 0 -6];
p3 = [1 2 0 -6]
p = p1 + p2                % p1(x) + p2(x)
poly2sym(p)
p = p1 - p2                % p1(x) - p2(x)
poly2sym(p)
p = conv(p1,p2)            % p1(x) * p2(x)
poly2sym(p)
[q,r] = deconv(p1,p3)      % p1(x)/p2(x)
```

2. 下面代码存为 exer_5_2.m 脚本文件

```
x1 = 3;
x = [0:2:8];
p = [1 0 -2 4 -6];
y1 = polyval(p,x1)
y = polyval(p,x)
```

3. 下面代码存为 exer_5_3.m 脚本文件

```
p=[1 0 -2 4 -6]
r=roots(p)
p=poly(r)
```

4. 下面代码存为 exer_5_4.m 脚本文件

```
p1=[1 -3 0 1 2];
p2=[1 -2 0 4];
p=polyder(p1)
poly2sym(p)
p=polyder(p1,p2)
poly2sym(p)
[p,q]=polyder(p2,p1)
```

5. 下面代码存为 exer_5_5.m 脚本文件

```
a=[1 -7 12];
b=[1 1];
[r,p,k]=residue(b,a)
[b1,a1]=residue(r,p,k)
```

6. 下面代码存为 exer_5_6.m 脚本文件

```
I=0:2:12;
U=[0 2 5 8.2 12 16 21];
I1=9;
U1=interp1(I,U,I1,'nearest')
U2=interp1(I,U,I1,'linear')
U3=interp1(I,U,I1,'cubic')
U4=interp1(I,U,I1,'spline')
```

7. 下面代码存为 exer_5_7.m 脚本文件

```
clear
i = [0:5:25];
j = [0:5:15]';
I = [130    132 134 133 132 131;
133 137 141 138 135 133;
135 138 144 143 137 134;
132 134 136 135 133 132];
i1 = 13;j1 = 12;
I1 = interp2(i,j,I,i1,j1,'nearest')
I2 = interp2(i,j,I,i1,j1,'linear')
I3 = interp2(i,j,I,i1,j1,'spline')
ii = [0:1:25];
ji = [0:1:15]';
Ii = interp2(i,j,I,ii,ji,'cubic');
subplot(1,2,1)
mesh(i,j,I)
xlabel('图像宽度(PPI)');ylabel('图像深度(PPI)');zlabel('灰度')
title('插值前图像灰度分布图')
subplot(1,2,2)
mesh(ii,ji,Ii)
xlabel('图像宽度(PPI)');ylabel('图像深度(PPI)');zlabel('灰度')
title('插值后图像灰度分布图')
```

8. 下面代码存为 exer_5_8. m 脚本文件

```
clear
x = linspace(0,3 * pi,30);
y = exp( - 0.5 * x) + sin(x);
[p1,s1] = polyfit(x,y,5)
g1 = poly2str(p1,'x')
[p2,s2] = polyfit(x,y,7)
g2 = poly2str(p2,'x')
y1 = polyval(p1,x);
y2 = polyval(p2,x);
plot(x,y,' - * ',x,y1,':O',x,y2,': + ')
legend('f(x)','5 阶多项式','7 阶多项式')
```

9. 下面代码存为 exer_5_9. m 脚本文件

```
clear
% 最大值和最小值
A = [10 4 7;9 6 2;3 9 4];
Y1 = max(A,[],2)
[Y2,K] = min(A,[],2)
Y3 = max(A)
[Y4,K1] = min(A)
ymax = max(max(A))
ymin = min(min(A))
% 均值和中值
Y1 = mean(A)
Y2 = mean(A,2)
Y3 = median(A)
```

```
Y4 = median(A,2)
%排序
Y1 = sort(A)
Y2 = sort(A,1,'descend')
Y3 = sort(A,2,'ascend')
[Y4,I] = sort(A,2,'descend')
%求和与求乘积
Y1 = sum(A)
Y2 = sum(A,2)
Y3 = prod(A)
Y4 = prod(A,2)
%标准方差和相关系数
D1 = std(A,0,1)
D2 = std(A,0,2)
R = corrcoef(A)
```

10. 下面代码存为 exer_5_10.m 脚本文件

```
clear
x1 = 0;x2 = pi;
fun = @(x)(exp(-0.5*x)*sin(2*x));
[x,y1] = fminbnd(fun,x1,x2)
x = 0:0.1:pi;
y = exp(-0.5*x).*sin(2*x);
plot(x,y)
grid on
```

11. 下面代码存为 exer_5_11.m 脚本文件

```
clear
fun = @(x)(x^2-8*x+12);
x0 = 0
[x,y1] = fzero(fun,x0)
x0 = 7
[x,y1] = fzero(fun,x0)
```

12. 下面代码存为 exer_5_12.m 脚本文件

```
clear
A = [10 4 7;9 6 2;3 9 4]
D = diff(A,1,1)
D = diff(A,1,2)
D = diff(A,2,1)
D = diff(A,2,2)
```

13. 下面代码存为 exer_5_13.m 脚本文件

```
clear
fun = @(x)(sin(x)./(x+cos(x).*cos(x)));
a = 0;b = 2*pi;
q1 = quad(fun,a,b)
q2 = quadl(fun,a,b)
```

14. q = dblquad('x*cos(y)+y*sin(x)',0,2*pi,0,2*pi)

15. 下面代码存为 exer_5_15. m 脚本文件

```
clear
t0 = [0,2];
y0 = [1;0];
[t,y] = ode45(@fexer05_15,t0,y0);
plot(t,y(:,1))
xlabel('t'),ylabel('y')
title('y(t) - t')
grid on
```

16. 下面代码存为 exer_5_16. m 脚本文件

```
clear
t0 = [0,30];
x0 = [0;0;10e - 10];
[t,x] = ode45(@fexer05_16,t0,x0);
subplot(1,2,1)
plot(t,x(:,1))
xlabel('t'),ylabel('x')
title('x(t) - t')
grid on
subplot(1,2,2)
plot(x(:,1),x(:,2))
xlabel('x(t)'),ylabel('x''(t)')
title('x''(t) - x(t)')
grid on
% 定义 fexer05_16 函数文件
function x = fexer05_16(t,x)
% FEXER05_16 定义 Lorenz 微分方程的函数句柄
% 徐国保于 2017 年 3 月 12 日编写
a = 10;
ro = 28;
b = 8/3
x = [ - b * x(1) + x(2) * x(3); - a * x(2) + a * x(3); - x(2) * x(1) + ro * x(2) - x(3)];
end
```

第 6 章   MATLAB 符号运算

1. 首先定义符号矩阵如下：

```
>> syms a d h k
>> A = [a,h;d,k]
A =
[a, h]
[d, k]
```

其次求符号矩阵的逆：

```
>> B = inv(A)
B =
[k/(a * k - d * h), - h/(a * k - d * h)]
[ - d/(a * k - d * h),  a/(a * k - d * h)]
```

最后验证逆矩阵的正确性：

```
>> A * B
ans =
[ (a * k)/(a * k - d * h) - (d * h)/(a * k - d * h),                                    0]
[                              0, (a * k)/(a * k - d * h) - (d * h)/(a * k - d * h)]
>> simplify(A * B)
ans =
[ 1, 0]
[ 0, 1]
```

A * B 是单位矩阵；

```
>>  simplify(B * A)
ans =
[ 1, 0]
[ 0, 1]
```

B * A 也是单位矩阵；

2. 首先定义表达式 y 如下：

```
>> syms t
>> y = sqrt(2) * 220 * cos(100 * pi * t + pi/6)
y =
220 * 2^(1/2) * cos(pi/6 + 100 * pi * t)
```

求表达式 y 的导数：

```
>> dydt = diff(y)
dydt =
- 22000 * 2^(1/2) * pi * sin(pi/6 + 100 * pi * t)
```

求 y 在 $t=1$ 时的值 $y1$：

```
>> y1 = subs(y,t,1)
y1 =
110 * 2^(1/2) * 3^(1/2)
```

将 $y1$ 值简化为一个有理数：

```
>> eval(y1)
ans =
  269.4439
```

求 y 的导数 dydt 在 $t=1$ 时的值 dydt1：

```
>>  dydt1 = eval(subs(dydt,t,1))
dydt1 =
  - 4.8872e + 04
```

3. 首先将输入多项式 $p1$、$p2$：

```
>> p1 = [1 5 3 1]
p1 =
     1      5      3      1
>> p2 = [4 2 6]
p2 =
     4      2      6
```

求两个多项式乘积再求导数多项式 p：

```
>> p = polyder(p1,p2)
p =
20    88    84    80    20
```

求导数多项式 p 在 $t=5$ 时的值：

```
>> p5 = polyval(p,5)
p5 =
       26020
```

求两个多项式 $p1$ 除以 $p2$ 再求导数多项式：

```
[Q,D] = polyder(p1,p2)
Q =
        4     4    16    52    16
D =
16    16    52    24    36
```

答案为：Q/D；

4. 首先定义 f 函数：

```
>> syms t x
>> f = sin(pi * t)
f =
sin(pi * t)
```

将函数 f 在点 1.2 处展开成 5 阶的泰勒级数 h：

```
>> h = taylor(f,'ExpansionPoint',1.2,'order',5)
h =
(pi^3 * (5^(1/2)/4 + 1/4) * (t - 6/5)^3)/6 - (2^(1/2) * (5 - 5^(1/2))^(1/2))/4 - pi * (5
(1/2)/4 + 1/4) * (t - 6/5) + (2^(1/2) * pi^2 * (5 - 5^(1/2))^(1/2) * (t - 6/5)^2)/8 - (2
(1/2) * pi^4 * (5 - 5^(1/2))^(1/2) * (t - 6/5)^4)/96
```

验证泰勒级数 h 的正确性，先求函数 f 在点 1.2 处的值 $f12$：

```
>>   f12 = sin(pi * 1.2)
f12 =
  - 0.5878
```

再求泰勒级数 h 在点 1.2 处的值：

```
>> subs(h,t,1.2)
ans =
- (2^(1/2) * (5 - 5^(1/2))^(1/2))/4
```

简化：

```
>> eval(ans)
ans =
  - 0.5878
```

$eval(ans) = f12 = -0.5878$，证明泰勒级数 h 是正确的；

5. 先输入隐函数 F：

```
>> syms t y
```

```
>> F = log(t + y) + y
F =
y + log(t + y)
```

求 F 的导数：

```
>> dt = - diff(F,t)/diff(F,y)
dt =
-1/((1/(t + y) + 1) * (t + y))
```

当 $t=3$ 时，需要知道 y 对应的值，而后代入上式即可求出 F 的导数值；
当 $t=3$ 时，y 对应的值：

```
>>  y = fsolve('nonfun', 1, optimset('Display', 'off'))
y =
1.5052
```

所构造的 nonfun.m 函数代码如下：

```
function [n] = nonfun(m)
y = m;
n = exp(y) - y - 3;
end
```

将 $t=3$，$y=1.5052$ 代入 F 的导数，得：

```
>> -1/((1/(1.5052 + 3) + 1) * (1.5052 + 3))
ans =
    - 0.1816
```

6. 将积分的核函数输入：

```
syms x t
>> f = 5 * t^2 + 3
f =
5 * t^2 + 3
```

再求积分上限函数的导数：

```
>>  diff(int(f, 0, x/2), x)
ans =
(5 * x^2)/8 + 3/2
```

结果与核函数是不同的。

7. 将积分的核函数输入：

```
>> syms t
>> f = 2/sqrt(pi) * exp(-t^2/2)
f =
(5081767996463981 * exp(-t^2/2))/4503599627370496
```

求定积分：

```
>> s = int(f, -inf, 5)
s =
(5081767996463981 * 2^(1/2) * pi^(1/2) * (erf((5 * 2^(1/2))/2) + 1))/9007199254740992
```

对结果简化：

```
>> eval(s)
ans =
    2.8284
```

8. 将分段函数 f 输入:

```
>> syms t
>> f = sin(pi * t) * heaviside(t) + sin(pi * (t - 1)) * heaviside(t - 1)
f =
heaviside(t - 1) * sin(pi * (t - 1)) + sin(pi * t) * heaviside(t)
```

求 f 的 laplace 变换:

```
>> Fs = laplace(f)
Fs =
pi/(s^2 + pi^2) + (pi * exp( - s))/(s^2 + pi^2)
```

求 Fs 的 laplace 逆变换:

```
>> ft = ilaplace(Fs)
ft =
sin(pi * t) + heaviside(t - 1) * sin(pi * (t - 1))
```

对函数 f 和函数 ft 进行比较,两者是一样的。

9. 建立方程组

```
>> syms x y a b c d
>> eqn1 = a * x + b * y == 3
eqn1 =
a * x + b * y == 3
>> eqn2 = c * x + d * y == 4
eqn2 =
c * x + d * y == 4
```

求方程组的解:

```
>> [Sx, Sy] = solve(eqn1, eqn2, x, y)
Sx =
 - (4 * b - 3 * d)/(a * d - b * c)
Sy =
(4 * a - 3 * c)/(a * d - b * c)
```

10. 定义 Dy:

```
>>   syms t y(t) a b
>> Dy = diff(y)
```

求常微分方程符号解:

```
>> yt = dsolve(Dy == - b * t * y/a, y(0) == 1)
yt =
exp( - (b * t^2)/(2 * a))
```

第 7 章   MATLAB 数据可视化

1. 下面代码存为 exer_7_1. m 脚本文件

```
clear;
```

```
x = 0:0.1:2 * pi;
y = 2 * sin(x);
plot(x, y)
```

2. 下面代码存为 exer_7_2.m 脚本文件

```
clear
t = [0:0.1:2 * pi];
y = sin(t) + cos(t);
plot(t, y, 'r - .d')
xlabel('t')
ylabel('y')
title('sin(t) + cos(t)')
```

3. 下面代码存为 exer_7_3.m 脚本文件

```
clear
t = [0:0.1:2 * pi];
y1 = t. * sin(2 * pi * t);
y2 = 5 * exp( - t). * cos(2 * pi * t);
plot(t, y1, 'r - .p', t, y2, 'b - O')
xlabel('t')
ylabel('y1&y2')
legend('t * sin(2 * pi * t)', '5 * exp(t) * cos(2 * pi * t)')
grid on
title('sin(t) + cos(t)')
```

4. 下面代码存为 exer_7_4.m 脚本文件

```
clear
t = (0:0.1:3 * pi);
y1 = sin(t); y2 = sin(2 * t);
y3 = cos(t); y4 = cos(2 * t);
subplot(2, 2, 1); plot(t, y1)
title('sin(t)')
grid on
subplot(2, 2, 2); plot(t, y2)
title('sin(2 * t)')
grid on
subplot(2, 2, 3); plot(t, y3)
title('cos(t)')
grid on
subplot(2, 2, 4); plot(t, y4)
title('cos(2 * t)')
grid on
```

5. 下面代码存为 exer_7_5.m 脚本文件

```
clear
x1 = [72 80 65];
x2 = [98 92 88];
x3 = [86 85 82];
x4 = [76 90 56];
x = [x1;x2;x3;x4];
```

```
subplot(2,2,1);bar(x)                              % 在第一个子图绘制垂直分组式柱状图
title('垂直柱状图')
xlabel('同学');ylabel('分数')
subplot(2,2,2);barh(x,'stacked')                   % 在第二个子图绘制水平堆栈式柱状图
title('水平柱状图')
xlabel('分数');ylabel('同学')
subplot(2,2,3);bar3(x)                             % 在第三个子图绘制三维垂直柱状图
title('三维垂直柱状图')
xlabel('第几次是考试');ylabel('学生');zlabel('分数')
subplot(2,2,4);bar3h(x,'detached')                 % 在第四个子图绘制三维水平分离式柱状图
title('三维水平柱状图')
xlabel('第几次是考试');ylabel('分数');zlabel('学生')
```

6. 下面代码存为 exer_7_6.m 脚本文件

```
x = [61 98 78 65 54 96 93 87 83 72 99 81 77 72 62 74 65 40 82 71];
y = [55 65 75 85 95];
subplot(2,2,1)
hist(x,y)
N = hist(x,y)
subplot(2,2,2)
pie(N,{'不及格','及格','中等','良好','优秀'})
supplot(2,2,3)
pie3(N,{'不及格','及格','中等','良好','优秀'})
```

7. 下面代码存为 exer_7_7.m 脚本文件

```
clear
t = 0:0.1:2 * pi;
y = cos(2 * t);
subplot(2,1,1);
stairs(t,y,'r - ')                                 % 绘制正弦曲线的阶梯图
xlabel('t');ylabel('cos(2t)')
title('正弦曲线的阶梯图')
subplot(2,1,2);
stem(t,y,'fill')                                   % 绘制正弦曲线的火柴杆图
xlabel('t');ylabel('cos(2t)')
title('正弦曲线的火柴杆图')
```

8. 下面代码存为 exer_7_8.m 脚本文件

```
clear
A1 = 2 + 2i;
A2 = 3 - 2i;
A3 = - 1 + 2i;                                      % 输入三个复数向量
subplot(1,2,1);
compass([A1,A2,A3],'b')                            % 绘制罗盘图
title('罗盘图')
subplot(1,2,2);
feather([A1,A2,A3],'r')                            % 绘制羽毛图
title('羽毛图')
figure
quiver([0,1,2],0,[real(A1),real(A2),real(A3)],...,  % 绘制向量场图
```

```
[imag(A1),imag(A2),imag(A3)],'b')
title('向量场图')
```

9. 下面代码存为 exer_7_9.m 脚本文件

```
clear;                              % 清除工作空间变量
theta = - pi:0.01:pi;
rho1 = sin(2 * theta);             % 计算四个半径
rho2 = 2 * cos(2 * theta);
rho3 = 2 * sin(5 * theta).^2;
rho4 = cos(6 * theta).^2;
subplot(2,2,1);
polar(theta,rho1)                  % 绘制第一条极坐标曲线
title('sin(2θ)')
subplot(2,2,2);
polar(theta,rho2,'r')              % 绘制第二条极坐标曲线
title('2 * cos(2θ) ')
subplot(2,2,3);
polar(theta,rho3,'g')              % 绘制第三条极坐标曲线
title('2 * sin2(5θ) ')
subplot(2,2,4);
polar(theta,rho4,'c')              % 绘制第四条极坐标曲线
title('cos3(6θ) ')
```

10. 下面代码存为 exer_7_10.m 脚本文件

```
clear;                              % 清除变量空间
x = 0:0.1:5;y = 5 * exp(x);        % 计算作图数据
subplot(2,2,1);
plot(x,y)                          % 绘制线性坐标图
title('线性坐标图')
subplot(2,2,2);
semilogx(x,y,'r - .')              % 绘制半对数坐标图 x
title('半对数坐标图 x')
subplot(2,2,3);
semilogy(x,y,'g - ')              % 绘制半对数坐标图 y
title('半对数坐标图 y')
subplot(2,2,4);
loglog(x,y,'c -- ')               % 绘制双对数坐标图
title('双对数坐标图')
```

11. 下面代码存为 exer_7_11.m 脚本文件

```
clear;
f1 = 'x. * sin(2 * x)';
ezplot(f1,[0,2 * pi])
title('f = x * sin(2 * x)')
grid on
```

12. 下面代码存为 exer_7_12.m 脚本文件

```
clear;
x = [0:0.1:6 * pi]';
y = cos(x);z = 2 * sin(x);         % 创建三维数据
```

```
plot3(x,y,z)
title('矩阵的三维曲线绘制')
```

13. 下面代码存为 exer_7_13.m 脚本文件

```
clear;                                              %
x = - 3:0.2:3;
[X,Y] = meshgrid(x);                               % 生成矩形网格数据
Z = 2 * X.^2 + Y.^2;
subplot(2,2,1);
plot3(X,Y,Z)                                        % 绘制三维曲线
title('plot3')
subplot(2,2,2);
mesh(X,Y,Z)                                         % 绘制三维网格图
title('mesh')
subplot(2,2,3);
meshc(X,Y,Z)                                        % 绘制带等高线的三维网格图
title('meshc')
subplot(2,2,4);
meshz(X,Y,Z)                                        % 绘制带基准平面的三维网格图
title('meshz')
```

14. 下面代码存为 exer_7_14.m 脚本文件

```
clear;
x = - 3:0.2:3;
[X,Y] = meshgrid(x);                               % 生成矩阵网格数据
Z = cos(sqrt(X.^2. * Y.^2))./ sqrt(X.^2. * Y.^2);
subplot(2,2,1);mesh(X,Y,Z)                         % 绘制三维网格图
title('mesh')
subplot(2,2,2);surf(X,Y,Z)                         % 绘制三维表面图
title('surf')
subplot(2,2,3);surfc(X,Y,Z)                        % 绘制带有等高线的表面图
title('surfc')
subplot(2,2,4);surfl(X,Y,Z)                        % 绘制带有光照效果的表面图
title('surfl')
```

第 8 章　MATLAB 图形用户界面

1. 设计一个 GUI，单击按钮调用颜色设置对话框，设置按钮上的标签颜色。

步骤 1　新建一个 GUI 文件：选择 Blank　GUI(Default)。

步骤 2　创建一个按钮，双击打开属性查看器，String 属性值为"颜色设置"，FrontSize 属性值为 10。

步骤 3　编写回调函数，在该按钮上单击右键，选择"查看回调→Callback"，则显示该按钮的 ButtonDownFcn 回调函数，在该函数体内编写如下代码：

```
c = get(hObject, 'foregroundcolor');
c_user = uisetcolor(c,'选择颜色');
set(hObject,'foreg',c_user);
```

步骤 4　保存 GUI 及其 M 文件，运行 GUI，如图 A-1 所示。

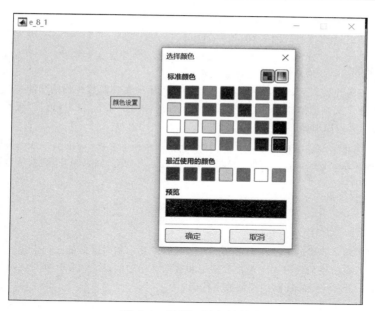

图 A-1 习题 1 运行结果

2. 设计一个 GUI,通过滑块控制静态文本显示[0 200]范围内的任意整数。

步骤 1 新建一个 GUI 文件:选择 Blank GUI(Default)。

步骤 2 创建一个静态文本和一个滑块,并双击设置属性;其中静态文本属性 FrontSize 设置为 10,String 设置为空字符串,Tag 设置为 text1;滑块属性 Max 设置为 200,Min 为 0,SlideStep 为[0.005 0.05]。

步骤 3 编写回调函数,在滑块上右击,选择"查看回调→Callback"命令,在该 Callback 回调函数内编写如下代码:

```
val = get(hObject,'Value');
set(handles.text1,'string',sprintf('%3.0f',val));
```

步骤 4 保存 GUI 及其 M 文件,运行 GUI,如图 A-2 所示。

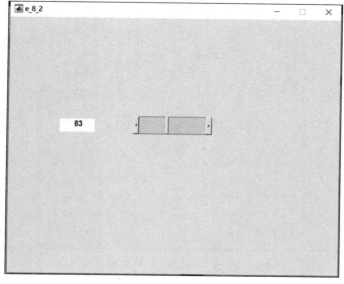

图 A-2 习题 2 运行结果

3. 设计一个 GUI,实现两个加数的加法运算。

步骤 1 新建一个 GUI 文件:选择 Blank GUI(Default)。

步骤 2 进入 GUI 开发环境以后添加 3 个编辑文本框,5 个静态文本框和一个按钮,布置如图 A-3 所示;(+ = 数据 1 绿色显示框等都是静态文本框)。

步骤 3 布置好各控件以后,就可以为这些控件编写程序来实现两数相加的功能了。

步骤 4 为数据 1 文本框添加代码;选中数据 1 上方的可编辑文本,右击,选择"查看回调→Callback"命令,在调转到的代码中添加如下代码:

```
% 以字符串的形式来存储数据文本框 1 的内容,如果字符串不是数字,则显示空白内容
input = str2num(get(hObject,'String')); % 检查输入是否为空,如果为空,则默认显示为 0
if(isempty(input))
    set(hObject,'String','0')
end
guidata(hObject,handles);
```

步骤 5 用与步骤 4 同样的方法在数据 2 上方的可编辑文本相应回调处添加上述代码。

步骤 6 为计算按钮添加代码来实现把数据 1 和数据 2 相加的目的;选中"计算"按钮,右击,选择"查看回调→Callback",在调转到的代码中添加如下代码:

```
a = get(handles.edit1,'String');
b = get(handles.edit2,'String');
c = num2str(str2num(a) + str2num(b));
set(handles.edit3,'String',c);
guidata(hObject,handles);
```

步骤 7 在对象编辑器中点击运行(绿三角)或者运行 m 文件,就得到如图 A-3 图形用户界面版的加法计算器。

步骤 8 在空白框中输入两个数字,单击"计算"按钮,就会出结果。以上就完成了 GUI 图形用户界面制作加法计算器的工作。

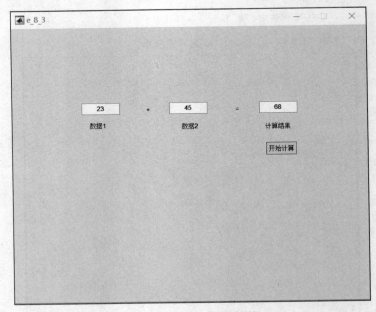

图 A-3 习题 3 运行结果

4. 设计一个 GUI,当单击单选按钮时,弹出"文件保存"对话框,并显示用户选择的路径和保存的文件名。

步骤 1 打开 GUI 编辑器,创建一个静态文本和一个单选按钮,双击设置属性;静态文本框的属性 FrontSize 为 10,HorizontalAlignment 为 left,String 为空字符串;单选按钮属性 FrontSize 为 10,Strin 为保存数据。

步骤 2 编写回调函数,在单选按钮上右击,选择"查看回调→Callback",在该 Callback 回调函数内编写如下代码:

```
if get(hObject,'Value')
    [filename,pathname,index] = uiputfile({'*.txt''*.xls'},'数据另存为');
    if index
        set(handles.text1,'string',[pathname filename])
    end
end
```

步骤 3 保存 GUI 及其 M 文件,运行 GUI,如图 A-4 所示。

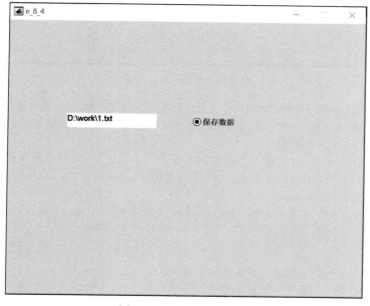

图 A-4 习题 4 运行结果

5. 设计一个 GUI,包括一个标签为"滑动允许"的复选框和一个滑动值范围为[0 1]的滑块,当复选框处于"选中"状态时,允许滑动滑块,否则,禁止滑动滑块。

步骤 1 打开 GUI 编辑器,创建一个复选框和一个滑块,双击设置属性;复选框的属性 FrontSize 为 0,String 为滑动允许,Tag 为 slid_permit;滑动条属性 Enable 为 off,Tag 为 slider1。

步骤 2 编写回调函数,在复选框上单击鼠标右键,选择"查看回调→Callback",在该 Callback 回调函数内编写如下代码:

```
if get(hObject,'Value')
    set(handles.slider1,'enable''on');
else
    set(handles.slider1,'enable''off');
end
```

步骤 3 保存 GUI 及其 M 文件,运行 GUI,如图 A-5 所示。

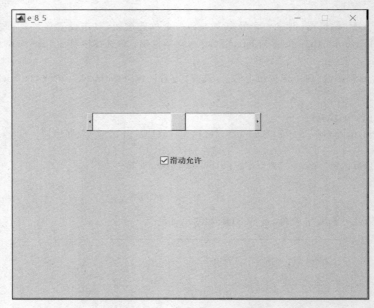

图 A-5 习题 5 运行结果

6. 设计一个 GUI,包括一个弹出式菜单和一个列表框,弹出式菜单依次是"黑龙江省"和"湖北省"。当选择"黑龙江省"时,列表依次显示哈尔滨、大庆、阿城、齐齐哈尔和黑河;当选择"湖北省"时,列表依次显示武汉、黄冈、襄樊、宜昌、荆州和孝感。

步骤 1 打开 GUI 编辑器,创建一个弹出式菜单和一个列表框,双击设置属性;列表框的属性 FrontSize 为 10,String 为空字符串,Tag 为 city;弹出式菜单的 Frontsize 为 10;String 为{'--请选择省份--';'黑龙江省';'湖北省'},Tag 为 province。

步骤 2 编写回调函数,在弹出式菜单上右击,选择"查看回调→Callback",在该 Callback 回调函数内编写如下代码:

```
sel = get(hObject, 'Value');
stra = {'哈尔滨';'大庆';'阿城';'齐齐哈尔';'黑河'};
strb = {'武汉';'黄冈';'襄樊';'宜昌';'荆州';'孝感'};
switch sel
      case 1
        set(handles.city, 'string', '', 'value', 1);
      case 2
        set(handles.city, 'string', stra, 'value', 1);
       case 3
        set(handles.city, 'string', strb, 'value', 1);
end
```

步骤 3 保存 GUI 及其 M 文件,运行 GUI,如图 A-6 所示。

7. 设计一个 GUI,创建一个静态文本和一个切换按钮,当切换按钮弹起时,静态文本显示为红色;当切换按钮按下时,静态文本显示为绿色。

步骤 1 打开 GUI 编辑器,创建一个静态文本和一个切换按钮,双击设置属性;静态文本的属性 String 为空字符串,Tag 为 t1;切换按钮的 Frontsize 为 10;String 为颜色切换。

步骤 2 编写回调函数,在切换按钮上单击右键,选择"查看回调→Callback"命令,在该 Callback 回调

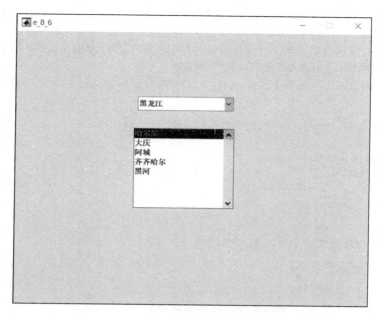

图 A-6 习题 6 运行结果

函数内编写如下代码：

```
val = get(hObject, 'Value');
if val
    set(handles.t1, 'BackgroundColor', 'g');
else
    set(handles.t1, 'BackgroundColor', 'r');
end
```

步骤 3 保存 GUI 及其 M 文件，运行 GUI，如图 A-7 所示。

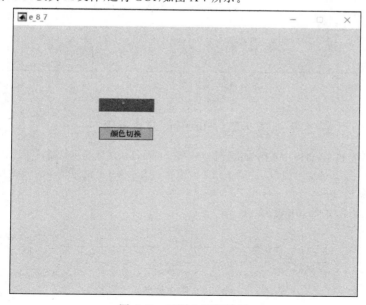

图 A-7 习题 7 运行结果

8. 设计一个 GUI,包括一个坐标轴和一个按钮,单击按钮时弹出文件选择对话框,载入用户指定的 *.jp 或 *.bmp 图片。

步骤 1 打开 GUI 编辑器,创建一个坐标轴和一个按钮,双击设置属性;坐标轴属性 Tag 为 axes1;按钮的 Frontsize 为 10,String 为载入图像,Tag 为 load_pic。

步骤 2 编写回调函数,在按钮上右击,选择"查看回调→Callback",在该 Callback 回调函数内编写如下代码:

```
[fname,pname,index] = uigetfile({'*.jpg';'*.bmp'},'选择图片');
if index
    str = [pname fname];
    c = imread(str);
    image(c,'Parent',handles.axes1);
    axis off;
end
```

步骤 3 保存 GUI 及其 M 文件,运行 GUI,如图 A-8 所示。

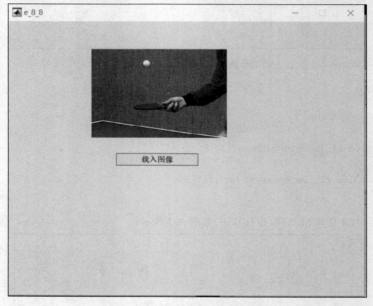

图 A-8 习题 8 运行结果

第 9 章   Simulink 仿真基础

1. 设计一个简单模型,将一个正弦波进行积分运算,并通过示波器显示结果。

步骤 1 打开一个新的模型窗口,在 Simulink 库中找到 Sine wave 模块、Scope 模块以及 Integrator 模块,添加模块到模型窗口。

步骤 2 连接模块,如图 A-9 所示。

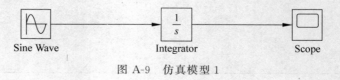

图 A-9 仿真模型 1

步骤3 运行仿真,观察示波器的信号波形,如图 A-10 所示。

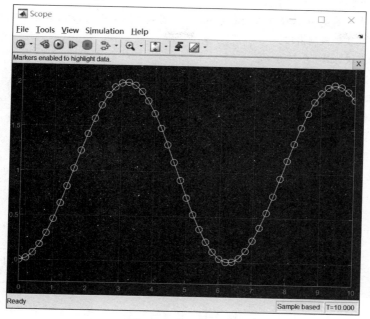

图 A-10 仿真结果1

2. 利用 Simulink 产生一个合成信号 $x(t) = 3\sin2t + 4\sin t$。

步骤1 打开一个新的模型窗口,在 Simulink 库中找到 Sine wave 模块、Scope 模块以及 Add 模块,添加模块到模型窗口。

步骤2 连接模块,如图 A-11 所示。

步骤3 系统仿真参数设置;分别双击每个正弦信号,参数设置分别为:频率:2,1;幅度值 3,4。其余参数为默认值。

步骤4 运行仿真,观察示波器的信号波形,如图 A-12 所示。

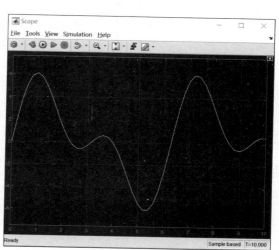

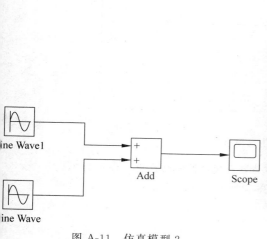

图 A-11 仿真模型2

图 A-12 仿真结果2

3. 利用 Simulink 仿真求 $f = \int_0^1 2x \ln(1+x)\,\mathrm{d}x$。

步骤 1 打开一个新的模型窗口,在 Simulink 库中找到 Clock 模块、Fcn 模块、Integrator 模块以及 Display 模块,添加模块到模型窗口。

步骤 2 连接模块,如图 A-13 所示。

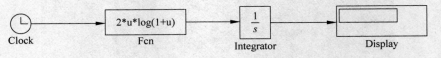

图 A-13 仿真模型 3

步骤 3 系统仿真参数设置;双击 Fcn 模块,打开模块参数设置对话框,在 Expression 文本框中输入 $2*u*\log(1+u)$;打开系统仿真参数对话框,选择 Solver 项,设置 Start time 为 0,Stop time 为 1,Type 为 Fixed-step,Solver 为 ode5,Fixed step size 为 0.002。

步骤 4 运行仿真,结果如图 A-14 所示。

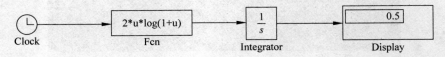

图 A-14 仿真结果 3

4. 用 Simulink 求微分方程 $x''(t)+5x'(t)+4x(t)=3u(t)$,其中 $u(t)$ 为单位阶跃函数,初始状态为 0。

步骤 1 打开一个新的模型窗口,在 Simulink 库中找到 Step 模块、Gain 模块、Integrator 模块、Add 模块以及 Scope 模块,添加模块到模型窗口。

步骤 2 连接模块,如图 A-15 所示。

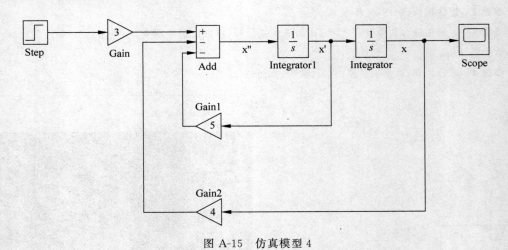

图 A-15 仿真模型 4

步骤 3 设置模块参数,双击 Gain 模块,打开模块参数设置对话框,依次设置 Gain 为 3,5。

步骤 4 打开系统仿真参数对话框,选择 Solver 项,设置 Stop time 为 20s。

步骤 5 运行仿真,结果如图 A-16 所示。

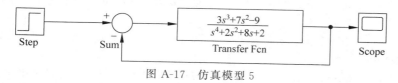

图 A-16 仿真结果 4

5. 已知给定开环传递函数：$G(s)=\dfrac{3s^{3}+7s^{2}-9}{s^{4}+2s^{2}+8s+2}$，试观测其在单位阶跃作用下的单位负反馈系统的时域响应。

步骤 1 创建一个空白的 Simulink 模型窗口，将所需模块添加至空白窗口并连接相关模块，构成所需的系统模型，如图 A-17 所示。

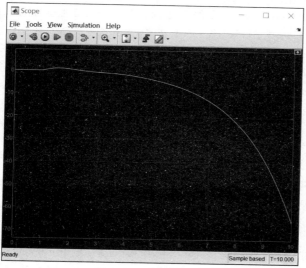

图 A-17 仿真模型 5

步骤 2 设置相关参数。

步骤 3 运行仿真，打开示波器，如图 A-18 所示。

图 A-18 仿真结果 5

参 考 文 献

[1] 徐国保,赵黎明,吴凡,等.MATLAB/Simulink 实用教程:编程、仿真及电子信息学科应用[M].北京:清华大学出版社,2017.

[2] 徐国保,张冰,石丽梅,等.MATLAB/Simulink 权威指南:开发环境、程序设计、系统仿真与案例实战[M].北京:清华大学出版社,2019.

[3] 温正,丁伟.MATLAB 应用教程[M].北京:清华大学出版社,2016.

[4] 曹戈.MATLAB 教材及实训[M].2 版.北京:机械工业出版社,2013.

[5] 张德丰.MATLAB R2015b 数学建模[M].北京:清华大学出版社,2016.

[6] 刘卫国.MATLAB 程序设计与应用[M].2 版.北京:高等教育出版社,2006.

[7] 张志涌,杨祖樱.MATLAB 教程 R2011a[M].北京:北京航空航天大学出版社,2010.

[8] 徐金明,张孟喜,丁涛.MATLAB 实用教程[M].北京:清华大学出版社,北京交通大学出版社,2005.

[9] 史峰,邓森,等.MATLAB 函数速查手册[M].北京:中国铁道出版社,2011.

[10] 林家薇,杜思深,等.通信系统原理考点分析[M].哈尔滨:哈尔滨工程大学出版社,2003.

[11] 樊昌信,曹丽娜.通信原理[M].6 版.北京:国防工业出版社,2014.

[12] 郭运瑞.高等数学[M].成都:西南交通大学出版社,2014.

[13] 同济大学应用数学系.线性代数及其应用[M].北京:高等教育出版社,2008.

[14] 韩晓军.数字图像处理技术与应用[M].北京:电子工业出版社,2009.

[15] 王正林,刘明,陈连贵.精通 MATLAB[M].3 版.北京:电子工业出版社,2013.

[16] 陈怀琛,吴大正,高西全.MATLAB 及在电子信息课程中的应用[M].4 版.北京:电子工业出版社,2013.

[17] 唐向宏,岳恒立,郑雪峰.计算机仿真技术——基于 MATLAB 的电子信息类课程[M].3 版.北京:电子工业出版社,2013.

[18] 尹霄丽,张健明.MATLAB 在信号与系统中的应用[M].厦门:厦门大学出版社,2016.

[19] 郑君里,应启珩,杨为理.信号与系统(上册)[M].2 版.北京:高等教育出版社,2000.

[20] 郑君里,应启珩,杨为理.信号与系统(下册)[M].2 版.北京:高等教育出版社,2000.

[21] 燕庆明,于凤芹,顾斌杰.信号与系统教程[M].3 版.北京:高等教育出版社,2013.

[22] 陈金西.信号与系统——Matlab 分析与实现[M].北京:电子工业出版社,2013.

[23] 魏晗,陈刚.MATLAB 数字信号与图像处理范例实战速查宝典[M].北京:清华大学出版社,2013.

[24] MATLAB 技术联盟,史洁玉.MATLAB 信号处理超级学习手册[M].北京:人民邮电出版社,2014.

[25] 徐明远,刘增力.MATLAB 仿真在信号处理中的应用[M].西安:西安电子科技大学出版社,2007.

[26] Rafael C Gonzalez,Richard E Woods.数字图像处理[M].阮秋琦,阮宇智,等译.3 版.北京:电子工业出版社,2011.

[27] 陈刚,魏晗,高豪林.计算机仿真技术——基于 MATLAB 的电子信息类课程[M].3 版.北京:清华大学出版社,2016.

[28] 高飞.MATLAB 图像处理 375 例[M].北京:人民邮电出版社,2015.

[29] 杨帆.数字图像处理及应用[M].北京:化学工业出版社,2013.

[30] 赵小川,何灏,缪远诚.MATLAB 数字图像处理实战[M].北京:机械工业出版社,2013.

[31] 余胜威,丁建明,吴婷,等.MATLAB 图像滤波去噪分析及其应用[M].北京:北京航空航天大学出版社,2015.

[32] 刘浩,韩晶.MATLAB R2016a 完全自学一本通[M].北京:电子工业出版社,2016.

[33] 王正林,郭阳宽.过程控制与 Simulink 应用[M].北京:电子工业出版社,2006.

[34] 黄永安,李文成,高小科. Matlab 7.0/Simulink 6.0 应用实例仿真与高效算法开发[M].北京:清华大学出版社,2008.

[35] 王正林,郭阳宽. MATLAB/Simulink 与过程控制系统仿真[M].北京:电子工业出版社,2012.

[36] 罗华飞. MATLAB GUI 设计学习手记[M].北京:北京航空航天大学出版社,2014.

[37] 张德丰,杨文茵. MATLAB 仿真技术与应用[M].北京:清华大学出版社,2012.

[38] 李晖,林志阳. Matlab/Simulink 应用基础与提高[M].北京:科学出版社,2016.

图 书 资 源 支 持

感谢您一直以来对清华大学出版社图书的支持和爱护。为了配合本书的使用，本书提供配套的资源，有需求的读者请扫描下方的"书圈"微信公众号二维码，在图书专区下载，也可以拨打电话或发送电子邮件咨询。

如果您在使用本书的过程中遇到了什么问题，或者有相关图书出版计划，也请您发邮件告诉我们，以便我们更好地为您服务。

我们的联系方式：

地　　址：北京市海淀区双清路学研大厦 A 座 701

邮　　编：100084

电　　话：010-83470236　　010-83470237

资源下载：http://www.tup.com.cn

客服邮箱：tupjsj@vip.163.com

QQ：2301891038（请写明您的单位和姓名）

用微信扫一扫右边的二维码，即可关注清华大学出版社公众号。

教学资源·教学样书·新书信息

人工智能科学与技术
人工智能|电子通信|自动控制

资料下载·样书申请

书圈